“十四五”精品课程规划教材——建筑类

全过程工程造价管理

主编 王 群 张 璐 靖秀辉

天津大学出版社
TIANJIN UNIVERSITY PRESS

图书在版编目（CIP）数据

全过程工程造价管理 / 王群，张璐，靖秀辉主编．
天津：天津大学出版社，2025. 5. --（“十四五”精品
课程规划教材）. -- ISBN 978-7-5618-8026-5
Ⅰ. TU723.31
中国国家版本馆 CIP 数据核字第 2025VW4062 号

全过程工程造价管理
QUANGUOCHENG GONGCHENG ZAOJIA GUANLI

出版发行　天津大学出版社
地　　址　天津市卫津路 92 号天津大学内（邮编：300072）
电　　话　发行部：022-27403647　邮购部：022-27402742
网　　址　www.tjupress.com.cn
印　　刷　河北鑫彩博图印刷有限公司
经　　销　全国各地新华书店
尺　　寸　889mm × 1194mm　1/16
印　　张　19.75
字　　数　528 千字
版　　次　2025 年 5 月第 1 版
印　　次　2025 年 5 月第 1 次
定　　价　58.00 元

编委会成员

主　编　王　群　张　璐　靖秀辉

副主编　张子圆　曹小菊　韩妮晏

刘利利　马　昭　高瑞霞

前　言

中共中央、国务院在《关于加强和改进新形势下高校思想政治工作的意见》中指出，要坚持全员全过程全方位育人。教育作为国之大计、党之大计，其核心目标是培养能够适应国家经济及社会发展的高素质人才。工程造价管理是高等教育阶段工程造价、工程管理专业一门重要的学科，旨在运用科学、技术、经济、管理和法律手段，研究和解决工程建设活动中的工程造价问题，以实现工程项目的投资效益和社会经济效益的最大化。

本书以国家经济及社会发展的实际需求为导向，以学生为中心，注重培养学生的实践能力和家国情怀，贯彻立德树人的教育理念。通过对本书的学习，学生能够全面了解和掌握全过程工程造价管理的基本理论和实践方法，提高自身的综合素质和实践能力，为未来的职业发展打下坚实的基础。

本书分为七章，包括全过程工程造价管理概论、决策阶段工程造价管理、设计阶段工程造价管理、招标投标阶段工程造价管理、施工阶段工程造价管理、竣工阶段工程造价管理、全过程工程造价信息化管理。本书具有以下特色。

1. 实用性强，融合了最新的工程造价管理理论与实际案例分析，为读者提供了切实可行的指导方案。

2. 内容详尽，全面涵盖工程造价管理的各个阶段，确保读者能够全面而深入地掌握造价管理知识。

3. 书中附带大量图表和数据，有助于读者更直观地理解和应用相关概念及方法。

4. 针对性突出，特别强调信息化在现代工程造价管理中的应用，紧跟当前行业的发展趋势。

本书由西安欧亚学院王群、西安欧亚学院张璐、聊城职业技术学院靖秀辉担任主编；西安欧亚学院张子圆、西安欧亚学院曹小菊、西安欧亚学院韩妮晏、西安欧亚学院刘利利、宁夏建设职业技术学院马昭、邯郸职业技术学院高瑞霞担任副主编。具体编写分工如下：第一章由张璐编写，第二章由王群、张子圆编写，第三章由王群、张子圆、张璐编写，第四章由张璐、刘利利、靖秀辉编写，第五章由王群、韩妮晏编写，第六章由韩妮晏、王群、高瑞霞编写，第七章由靖秀辉、曹小菊、马昭编写。全书由王群统稿。

本书适用于高等院校管理科学与工程学科下工程造价专业、工程管理专业本科教育。在本书编写过程中，编者借鉴和引用了相关教材、规范、著作等中的部分资料，在此对相关作者表示衷心的感谢！由于编者水平有限，书中难免有不妥之处，恳请广大读者批评指正。

目录

第一章　全过程工程造价管理概论

DI-YI ZHANG QUANGUOCHENG GONGCHENG ZAOJIA GUANLI GAILUN

本章导学

知识目标

- ◆理解全过程工程造价管理的基本概念、原理和重要性。
- ◆认识工程造价管理在不同阶段（如策划、设计、施工和运维）的特点和作用。
- ◆掌握工程项目成本控制和预算管理的基本方法。
- ◆了解国内外工程造价管理的发展趋势和实际案例分析。

能力目标

- ◆能够分析和解释工程项目在不同阶段的成本管理问题。
- ◆培养学生在实际工程项目中进行造价控制和预算管理的能力。
- ◆增强学生利用现代信息技术进行造价管理的技能。
- ◆培养批判性思维，使学生能够评估不同造价管理策略的优劣。

育人目标

- ◆培养学生的职业道德，强调诚信、责任感和公平性在工程造价管理中的重要性。
- ◆加强国家发展意识和社会责任意识，使学生了解工程造价管理对社会经济发展的影响。
- ◆通过案例分析，培养学生的社会实践能力和团队协作精神。
- ◆引导学生理解和践行可持续发展的理念，增强环境保护意识。

内容概述

本章主要介绍了工程造价、全过程工程咨询、全过程工程造价管理的内涵以及国内外发展历程，建设项目总投资费用的构成、全过程工程造价管理各个阶段控制的重点，概述了造价工程师的管理制度、素质要求和职业道德要求。这一章节旨在为学生提供全过程工程造价管理的全面视角，帮助学生构建基础知识框架，并激发其对后续学习内容的兴趣。

课程导入

中国工匠故事数不胜数，古有木匠鼻祖鲁班、都江堰水利工程修建者李冰父子……；今有用精准爆破技术打通川藏天路的高级隧道爆破技师彭祥华、20 年钻研攻克火箭发动机焊接难题的航天院首席技能专家高凤林等大国工匠。《庖丁解牛》写到“道也，进乎技矣”，这表现了自古中国工匠就对高超的技艺有着狂热的追求和坚定的信仰，历经数千年的风吹雨打，这种工匠精神早已融入中华民族的文化血液。

我国的工程造价管理历史悠久，自周朝便有记载可查。几千年来，历代工匠技能不断传承，造价知识逐渐积累，国外先进造价管理经验不时融入，促进我国工程造价管理结合国情不断变革发展。

全过程工程造价管理理念的推行使造价行业向系统化转变，也对造价人员提出了更高的要求，即不再是只参与到某个阶段，而是在项目全过程中参与决策。就工程造价专业而言，其工匠精神是以社会主义核心价值观为核心，以工程造价职业道德为基础，以公平公正、尊重客观事实为原则，要求严格遵守工程造价计量计价规范、标准及政策文件，结合全过程工程造价管理各阶段的特征及要求，精准计量、科学计价，持续控制工程投资和成本费用，在有限资源消耗的前提下实现工程投资效益最大化。

对于造价咨询工程师而言，合理的造价是实现成本有效控制的关键支撑。而有效的成本控制理念、手段和方法，又是确定合理造价的前提，建设项目全过程工程造价管理是目前最为科学且有效的模式。

第一节 工程造价概述

一、工程造价的内涵

（一）工程造价的含义

工程造价通常指工程建设期（预计或实际）支出的建设费用。由于所处的角度不同，工程造价有不同的含义。

1. 工程造价的第一层含义——建设投资角度

工程造价，其第一层含义指建设一项工程预计开支或实际开支的全部固定资产投资费用。

建设方为了控制工程项目的投入费用，需要对项目进行策划决策及建设实施，直至竣工验收等一系列投资管理活动。在上述活动中所花费的全部费用，就构成了工程造价。从这个意义上讲，建设工程造价就是建设项目的固定资产总投资。

2. 工程造价的第二层含义——市场交易角度

工程造价，其第二层含义指为建成一项工程，预计或实际在工程承发包交易活动中所形成的建筑安装工程费用或建设工程总费用。

工程造价的这种含义是以建设工程这一特定的商品作为交易对象，通过招标投标或其他交易方式，在进行多次预估的基础上，最终由市场形成的价格。这里的工程既可以是涵盖范围很大的一个建设项目，也可以是其中的一个单项工程或单位工程，甚至可以是整个建设工程中的某个阶段，如土地开发工程、建筑装饰工程、安装工程等。通常，工程造价的第二层含义被认定为工程承发包价格。

工程造价的两种含义实质上就是从不同角度把握同一事物的本质。对市场经济条件下的建设方来说，工程造价就是项目投资，是“购买”工程项目要支付的价格；同时，工程造价也是发包人作为市场供给主体“出售”工程项目时确定价格和衡量投资经济效益的尺度。

（二）工程计价的特征

由工程项目的特点决定，工程计价具有以下特征。

1. 计价的单件性

建筑产品的单件性特点决定了每项工程都必须单独计算造价。

2. 计价的多次性

工程项目需要按程序进行策划、决策和建设实施，工程计价也需要在不同阶段多次进行，以保证工程造价计算的准确性和控制的有效性。多次计价是一个逐步深入和不断细化，最终确定实际工程造价的过程。工程多次计价过程如图 1-1 所示。

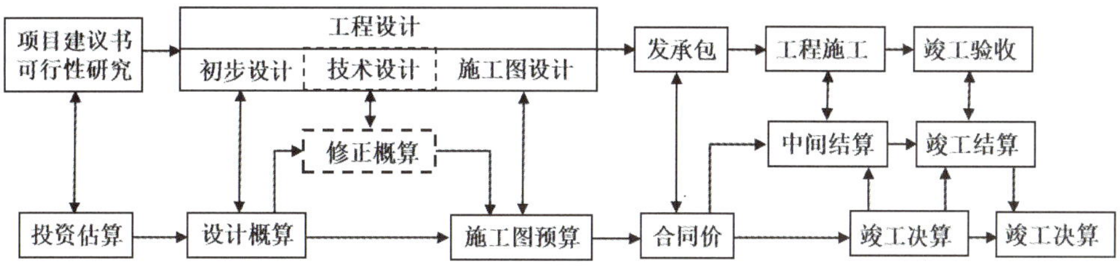

图 1-1 建设程序的各阶段工程造价确定

（注：竖向箭头表示对应关系，横向箭头表示多次计价流程及逐步深化过程）

（1）投资估算

投资估算是指在项目建议书和可行性研究阶段通过编制估算文件预先测算的工程造价。投资估算是进行项目决策、筹集资金和合理控制造价的主要依据。

（2）设计概算

设计概算是指在初步设计阶段，根据设计意图，通过编制设计概算文件，预先测算的工程造价。与投资估算相比，设计概算的准确性有所提高，但受投资估算的控制。设计概算一般又可分为：建设项目总概算、各单项工程综合概算、各单位工程概算。

（3）修正概算

修正概算是指在技术设计阶段（如果有），根据技术设计要求，通过编制修正概算文件预先测算的工程造价。修正概算是对初步设计概算的修正和调整，比设计概算准确，但受设计概算控制。

（4）施工图预算

施工图预算是指在施工图设计阶段，根据施工图纸，通过编制预算文件预先测算的工程造价。施工图预算比设计概算或修正概算更为详尽和准确，但同样要受前一阶段工程造价的控制。目前，有些工程项目在招标时需要确定最高投标限价，以限制最高投标报价。

（5）合同价

合同价是指在工程发承包阶段通过签订合同所确定的价格。合同价属于市场价格，它是由发承包双方根据市场行情通过招投标等方式达成一致、共同认可的成交价格。但应注意，合同价并不等同于最终结算的实际工程造价。由于计价方式不同，合同价内涵也会有所不同。

（6）工程结算

工程结算包括施工过程中的中间结算和竣工验收阶段的竣工结算。工程结算需要按合同范围内实际完成的合格工程量考虑，同时按合同调价范围和调价方法，对实际发生的工程量增减、设备和材料价差等进行调整后确定结算价格。工程结算反映的是工程项目实际造价。工程结算文件一般由承包单位编制，由发包单位审查，也可委托工程造价咨询机构进行审查。

（7）竣工决算

竣工决算是指工程竣工决算阶段，以实物数量和货币指标为计量单位，综合反映竣工项目从筹建开始到项目竣工交付使用为止的全部建设费用。竣工决算文件一般是由建设单位编制，上报相关主管部门审查。

3. 计价的组合性

建设项目是“基本建设项目”的简称，是以建设工程为载体的项目，是作为被管理对象的一次性工程建设任务。它以建筑物或构筑物为目标产出物，需要按照一定的程序、在一定的时间内完成，并应符合相关质量要求。

根据组成内容和层次，按照分解管理的需要从大至小依次为：建设项目→单项工程→单位工程→分部工程→分项工程。

（1）建设项目

建设项目是指按一个总体规划或设计进行建设的，由一个或若干个互有内在联系的单项工程组成的工程总和。

建设项目的总体规划或设计是对拟建工程的建设规模、主要建筑物和构筑物、交通运输路网、各种场地、绿化设施等进行合理规划与布置所做的文字说明和图样文件。如新建一座工厂，应该包括厂房车间、办公大楼、食堂、库房、烟囱、水塔等建筑物、构筑物以及它们之间相联系的道路；又如新建一所学校，应该包括办公行政楼、一栋或几栋教学大楼、实验楼、图书馆、学生宿舍等建筑物。这些建筑物或构筑物都应包括在一个总体规划或设计之中，并反映它们之间的内在联系和区别。

（2）单项工程

单项工程是指具有独立的设计文件，建成后能够独立发挥生产能力或使用功能的工程项目。

单项工程是建设项目的组成部分，一个建设项目可以包括多个单项工程，也可以仅有一个单项工程。如工业建筑中一座工厂的各个生产车间、办公大楼、食堂、库房、烟囱、水塔等，非工业建筑中一所学校的教学大楼、图书馆、实验室、学生宿舍等，都是具体的单项工程。

（3）单位工程

单位工程是指具有独立的设计文件，能够独立组织施工，但不能独立发挥生产能力或使用功能的工程项目。

单位工程是单项工程的组成部分。在工业与民用建筑中，如一幢教学大楼或写字楼，可以划分为建筑与装饰工程、电气设备安装工程、给水排水工程等单位工程。

（4）分部工程

分部工程是单位工程的组成部分，是按结构部位、路段长度及施工特点或施工任务将单位工程划分为若干个项目单元。如土石方工程、地基基础工程、砌筑工程等就是房屋建筑工程的分部工程，楼地面工程、墙柱面工程、天棚工程、门窗工程等就是装饰工程的分部工程。

（5）分项工程

在每一个分部工程中，因为构造、使用材料规格或施工方法等不同，完成同一计量单位的工程所需要消耗的人工、材料和机械台班数量及其价值的差别也很大，因此，还需要把分部工程进一步划分为分项工程。分项工程是分部工程的组成部分，是按不同施工方法、材料、工序等将分部工程划分成的若干个项目单元。

综上所述，一个建设项目由一个或几个单项工程组成，一个单项工程由一个或几个单位工程组成，一个单位工程又由若干个分部工程组成，一个分部工程又可划分为若干个分项工程。建设项目划分示例如图 1–2 所示。

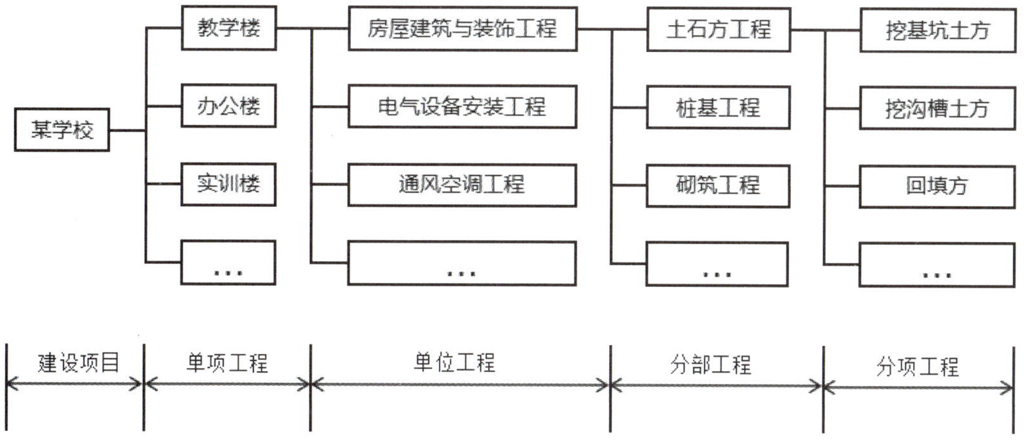

图 1–2　建设项目划分示例

建设项目的分解既是工程施工与建造的基本要求，也是计算工程造价的基本需求。分项工程是可以通过较为简单的施工过程生产出来，并可用适当的计量单位测算或计算其消耗量和单价的建筑或安装的基本单元。例如，土石方工程可以划分为挖基坑土方、挖沟槽土方、回填方等；砌筑工程可以划分为砖基础、砖墙等；混凝土及钢筋混凝土工程可以划分为现浇混凝土基础、现浇混凝土柱、预制混凝土梁等。分项工程是分部工程的构成要素，是为了计算人工、材料、机械等消耗量以及工程造价计算而划分的一种基本项目单元，它既是工程建造的基本单元，也是建设项目计价的基本单元。工程造价组成与建设项目分解的对应关系如图 1-3 所示。

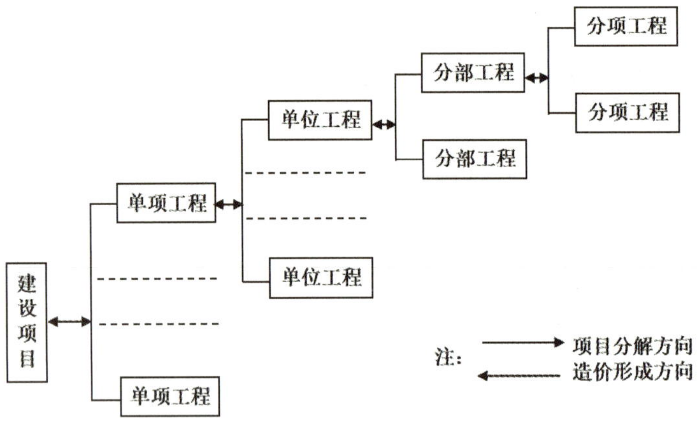

图 1-3　工程造价组成与建设项目分解的对应关系

在进行工程计价时，需要先将建设项目按其组成依次分解为单项工程、单位工程、分部工程和分项工程，再逐级逆向组合汇总计价：先由各分项工程造价组合汇总得到各分部工程造价，分项工程是工程计价的最小单元；再由各分部工程造价组合汇总形成各单位工程造价，单位工程是工程计价的基本对象，每一个单位工程都应编制独立的工程造价文件，然后由各单位工程造价组合汇总形成各单项工程造价；最后由各单项工程造价组合汇总形成建设项目造价。

4. 计价方法的多样性

工程项目的多次计价有其各不相同的计价依据，每次计价的精确度要求也各不相同，由此决定了计价方法的多样性。例如，投资估算方法有设备系数法、生产能力指数估算法等，概预算方法有单价法、概算指标法和类似工程预算法等。不同方法有不同的适用条件，计价时应根据具体情况加以选择。

5. 计价依据的复杂性

工程造价的影响因素较多，决定了工程计价依据的复杂性。计价依据主要可分为以下几类。

①设备和工程量计算依据。包括项目建议书、可行性研究报告、设计文件等。

②人工、材料、机械等实物消耗量计算依据。包括投资估算指标、概算指标、概预算定额、造价指数等。

③工程单价计算依据。包括人工单价、材料价格、材料运杂费、机械台班费、物价指数等。

④设备单价计算依据。包括设备原价、设备运杂费、进口设备关税等。

⑤措施费、间接费和工程建设其他费用计算依据。主要是相关的费用定额和指标。

⑥政府规定的税、费。

（三）工程计量与计价

1. 工程计量

工程计量，即计算工程量，是工程计价的基础，也是确定工程造价的主要工作。所谓工程量，是指承包人按照施工图及相关技术经济文件的要求拟完成或已完成的、符合现行国家计量规范中计算规则的应予计量的工程数量。工程量计算是工程计价活动的重要环节，是指依据工程设计图、施工组织设计及有关技术经济文件，按照相关工程国家标准的计算规则、计量单位等规定，进行的工程数量的计算，在工程建设中简称工程计量。

由于工程计价的多阶段性和多次性，工程计量也具有多阶段性和多次性。工程计量不仅包括招标阶段工程量清单编制中工程量的计算，也包括投标报价以及合同履约阶段的变更索赔、支付和结算中工程量的计算和确认。

工程量是工程计量的结果，是指按一定规则并以物理计量单位或自然计量单位所表示的建设工程各分部分项工程、措施项目或结构构件的数量。物理计量单位是指以国际单位制度量表示的长度、面积、体积和重量等计量单位。如管道安装以 m 为计量单位，管道刷油以 m^2 为计量单位，管道保温以 m^3 为计量单位等。自然计量单位指建筑产品表现在自然状态下的简单点数所表示的个、片、台、组、系统等计量单位。如法兰以“片”或“副”为计量单位，电缆头以“个”为计量单位等。

2. 工程计价

工程计价是指根据工程量以及工程单价，经过组合汇总，最终确定工程总价的过程。工程计价包含两方面的内容，即工程单价和工程总价。

（1）工程单价

工程单价是指完成工程项目基本构造单元的工程量所需要的基本费用。工程单价包括工料单价和综合单价（分为不完全费用综合单价和全费用综合单价）。

①工料单价。工料单价又称为直接工程费单价，是指施工过程中耗费的构成工程实体的各项费用，包括人工费、材料费和施工机械使用费。

②不完全费用综合单价。《建设工程工程量清单计价标准》（GB/T 50500—2024）（简称《计价标准》）规定：“工程量清单应采用综合单价计价。”此“综合单价”是指不完全费用综合单价，包括人工费、材料费、施工机械使用费、企业管理费、利润以及一定范围内的风险费用。清单综合单价的确定方法有两种：一种是根据国家、地区和行业定额确定，另一种是根据企业消耗量和相应生产要素的市场价格确定。

③全费用综合单价。全费用综合单价不仅包括完成该项目所需的人工费、材料费、施工机械使用费、企业管理费、利润、风险费用，还包括分摊的措施项目费、规费和税金。

目前国际通行惯例是采用全费用综合单价。

（2）工程总价

工程总价是指按一定的程序和方法将工程单价逐级汇总组合形成的工程造价。根据所采用工程单价的不同，工程总价的计算程序也有所不同。

①采用工料单价。首先将确定的工料单价与相应的工程量相乘，然后汇总计算出相应的直接工程费，再按照一定的程序计算其他各项费用，经汇总最终形成相应的工程总价。

②采用非全费用综合单价。首先将确定的综合单价与相应的工程量相乘，经汇总即可得出分部分项工程费，然后按一定的方法计算措施项目费、其他项目费、规费和税金等，最后将各项费用汇总得出相应的工程总价，如图 1-4 所示。

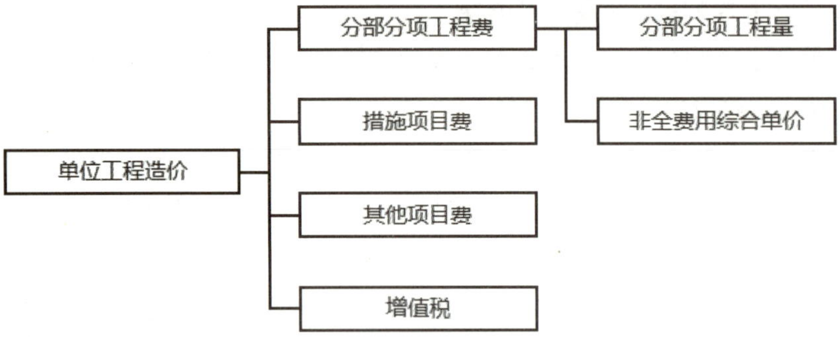

图 1-4　非全费用综合单价的造价构成示例图

③采用全费用综合单价。将分部分项的工程量乘以相应的全费用综合单价后，汇总直接得到工程总价。

2014 年 9 月 30 日，住建部发布《关于进一步推进工程造价管理改革的指导意见》（建标〔2014〕142 号），明确指出："完善工程项目划分，建立多层级工程量清单，形成以清单计价规范和各专（行）业工程量计算规范配套使用的清单规范体系，满足不同设计深度、不同复杂程度、不同承包方式及不同管理需求下工程计价的需要。推行工程量清单全费用综合单价，鼓励有条件的行业和地区编制全费用定额。"

由此可见，国家已给工程造价改革指明了方向，实行全费用综合单价法将成为工程计价的主流。随着"一带一路"倡议的实施，越来越多的企业走出国门，走向海外。目前国际上常用的计价方式是全费用综合单价法，因此发展全费用综合单价可以让我国企业在海外市场贸易中更好地议价，使用国际"通用语言"。

二、工程造价的构成

（一）建设项目总投资的构成

建设项目总投资是为完成工程项目建设并达到使用要求或生产条件，在建设期内预计或实际投入的全部费用总和。

建设项目总投资可分为生产性建设项目总投资和非生产性建设项目总投资。其中，生产性建设项目总投资包括固定资产投资和流动资产投资两部分；非生产性建设项目总投资则只进行固定资产投资。建设项目总造价是指项目总投资中的固定资产投资总额。建设项目总投资费用构成如图 1-5 所示。

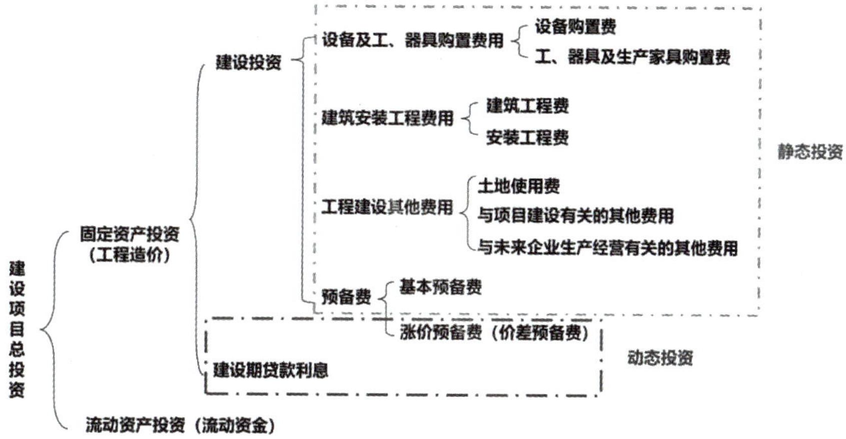

图 1-5　建设项目总投资费用构成

1. 固定资产投资与流动资产投资

固定资产投资是投资主体为达到预期收益的资金垫付行为。建设项目固定资产投资也就是建设项目工程造价，二者在量上是等同的。其中，建筑安装工程投资也就是建筑安装工程造价，二者在量上也是等同的。从这里也可以看出工程造价两种含义的同一性。

流动资产投资是指生产经营性项目投产后，为进行正常生产运营，用于购买原材料、燃料支付工资及其他经营费用等所需的周转资金。企业只有具有一定数量的可以自由支配的流动资金，才能维持正常的生产和经营活动，才能增强承担风险和处理意外损失的能力。流动资金的特点是在生产和流通过程中不断地由一种形态转化为另一种形态，它的价值在产品销售后得到补偿。其中，铺底流动资金是保证项目投产后能正常生产经营所需要的最基本的周转资金数额，是流动资金的一部分，一般为项目投产后所需流动资金的 30%。

2. 静态投资与动态投资

静态投资是指不考虑物价上涨、建设期贷款利息等影响因素的建设投资。静态投资包括：建筑安装工程费、设备和工器具购置费、工程建设其他费、基本预备费，以及因工程量误差而引起的工程造价增减值等。

动态投资是指考虑物价上涨、建设期贷款利息等影响因素的建设投资。动态投资除包括静态投资外，还包括建设期贷款利息、涨价预备费等。相比之下，动态投资更符合市场价格运行机制，使投资确定和控制更加符合实际。

静态投资与动态投资密切相关，动态投资包含静态投资，静态投资是动态投资最主要的组成部分，也是动态投资的计算基础。

3. 建设期利息

建设期利息是指建设期内发生的为工程项目筹措资金的融资费用及债务资金利息。建设期利息具体包括向国内银行和其他非银行金融机构贷款、出口信贷、外国政府贷款、国际商业银行贷款以及在境内外发行的债券等在建设期间内应偿还的借款利息。

（二）建设投资费用构成

工程造价的主要构成部分是建设投资。建设投资是为完成工程项目建设，在建设期内投入且形成现金流出的全部费用。根据中华人民共和国国家发展和改革委员会（简称发改委）与中华人民共和国住房和城乡建设部（简称住建部）发布的《建设项目经济评价方法与参数（第三版）》（发改投资〔2006〕1325号）的规定，建设投资包括工程费用、工程建设其他费用和预备费三部分。工程费用是指建设期内直接用于工程建造、设备购置及其安装的建设投资，可以分为建筑安装工程费和设备及工器具购置费；工程建设其他费用是指建设期发生的与土地使用权取得、整个工程项目建设以及未来生产经营有关的构成建设投资但不包括在工程费用中的费用；预备费是在建设期内为各种不可预见因素的变化而预留的可能增加的费用，包括基本预备费和涨价预备费（又称价差预备费）。

1. 建筑安装工程费用

建筑安装工程造价亦称建筑安装产品价格。从投资者角度看，它是建设项目投资中的建筑安装工程投资，也是工程造价的组成部分。从市场交易角度看，建筑安装工程造价是发包人和承包商双方共同认可的、由市场形成的价格。

建筑安装工程费是指为完成工程项目建造、生产性设备及配套工程安装所需的费用。

（1）建筑工程费的构成

①各类房屋建筑工程和列入房屋建筑工程预算的供水、供暖、卫生、通风、煤气等设备费用及其装饰、涂饰工程的费用，如列入建筑工程预算的各种管道、电力、电信和电缆导线敷设工程的费用。

②设备基础、支柱、工作台、烟囱、水塔、水池、灰塔等建筑工程以及各种炉窑的砌筑工程和金属结构工程的费用。

③为施工而进行的场地平整，工程水文地质勘查，原有建筑物和障碍物的拆除以及施工临时用水、电、气、路和完工后的场地清理，环境绿化、美化等工作的费用。

④矿井开凿，井巷延伸，露天矿剥离，石油、天然气钻井，修建铁路、公路、桥梁、水库、堤坝、灌渠及防洪等工程的费用。

（2）安装工程费的构成

①生产、动力、起重、运输、传动和医疗、实验等各种需要安装的机械设备的装配费用，与设备相连的工作台、梯子、栏杆等设施的工程费用，附属于被安装设备的管线敷设工程费用，以及被安装设备的绝缘、防腐、保温、油漆等工作的材料费和安装费。

②为测定安装工程质量，对单台设备进行单机试运转、对系统设备进行系统联动无负荷试运转工作的调试费。

2. 设备及工器具购置费用

设备及工器具购置费用是由设备购置费和工器具及生产家具购置费构成的。

（1）设备购置费的构成

设备购置费是指购置或自制的达到固定资产标准的设备、工器具及生产家具等所需的费用。它由设备原价和设备运杂费构成。

（2）工器具及生产家具购置费的构成

工器具及生产家具购置费是指新建或扩建项目初步设计规定的，保证初期正常生产必须购置的没有达到固定资产标准的设备、仪器、工卡模具、器具、生产家具和备品备件等的购置费用。一般以设备购置费为计算基数，按照部门或行业规定的工具、器具及生产家具费率计算。

3. 工程建设其他费用

工程建设其他费用由土地使用费、与建设项目相关的其他费用、与未来生产经营相关的其他费用构成。

（1）土地使用费

土地使用费是指为获得建设项目的土地使用权而在建设期内发生的各项费用，包括通过划拨方式取得土地使用权而支付的土地征用及迁移补偿费，或者通过土地使用权出让方式取得土地使用权而支付的土地使用权出让金。

（2）与建设项目相关的其他费用

①建设管理费。建设管理费是指建设单位为组织完成工程项目建设，在建设期内发生的各类管理性费用。

A. 建设单位管理费。建设单位管理费是指建设单位发生的管理性质的开支。它包括工作人员工资、工资性补贴、施工现场津贴、职工福利费、住房基金、基本养老保险费、基本医疗保险费、失业保险费、工伤保险费，办公费、差旅交通费、劳动保护费、工具器具使用费、固定资产使用费、必要的办公及生活用品购置费、必要的通信设备及交通工具购置费零星固定资产购置费、招募生产工人费、技术图书资料费、业务招待费、设计审查费、工程招标费、合同契约公证费、法律顾问费、咨询费、完工清理费、竣工验收费、印花税和其他管理性质开支。

B. 工程监理费。工程监理费是指建设单位委托工程监理单位实施工程监理的费用。

②可行性研究费。可行性研究费是指在工程项目投资决策阶段，依据调研报告对有关建设方案、技术方案或生产经营方案进行的技术经济论证，以及编制、评审可行性研究报告所需的费用。

③研究试验费。研究试验费是指为建设项目提供或验证设计数据、资料等进行必要的研究试验及按照相关规定在建设过程中必须进行试验、验证所需的费用。它包括自行或委托其他部门研究试验所需的人工费、材料费、试验设备及仪器使用费等。

④勘察设计费。勘察设计费是指对工程项目进行工程水文地质勘查、工程设计所发生的费用。它包括工程勘察费、初步设计费（基础设计费）、施工图设计费（详细设计费）设计模型制作费等。

⑤环境影响评价费。环境影响评价费是指按照《中华人民共和国环境保护法》《中华人民共和国环境影响评价法》等规定，在工程项目投资决策过程中，对其进行环境污染或影响评价所需的费用。

⑥劳动安全卫生评价费。劳动安全卫生评价费是指按照《建设项目（工程）劳动安全卫生监察规定》和《建设项目（工程）劳动安全卫生预评价管理办法》的规定，在工程项目投资决策过程中为编制劳动安全卫生评价报告所需的费用。它包括编制建设项目劳动安全卫生预评价大纲和劳动安全卫生预评价报告书，以及为编制上述文件所进行的工程分析和环境现状调查等所需的费用。

⑦场地准备及临时设施费。场地准备及临时设施费由建设项目场地准备费和建设单位临时设施费组成。

A. 建设项目场地准备费。建设项目场地准备费是指为使工程项目的建设场地达到开工条件，由建设单位组织进行的场地平整等准备工作而发生的费用。

B. 建设单位临时设施费。建设单位临时设施费是指建设单位为满足工程项目建设、生活、办公的需要，用于临时设施建设、维修、租赁、使用所发生或摊销的费用。

⑧引进技术和引进设备其他费。引进技术和引进设备其他费是指引进技术和设备发生的但未计入设备购置费中的费用。

⑨工程保险费。工程保险费是指为转移工程项目建设的意外风险，在建设期内对建筑工程、安装工程、机械设备和人身安全进行投保而发生的费用。它包括建筑安装工程一切保险、引进设备财产保险和人身意外伤害险等。

⑩特殊设备安全监督检验费。特殊设备安全监督检验费是指安全监察部门对在施工现场组装的锅炉及压力容器、压力管道、消防设备、燃气设备、电梯等特殊设备和设施实施安全检验收取的费用。

⑪ 市政公用设施费。市政公用设施费是指使用市政公用设施的工程项目，按照项目所在地省级人民政府有关规定建设或缴纳的市政公用设施建设配套费用，以及绿化工程补偿费用。

（3）与未来生产经营相关的其他费用

①联合试运转费。联合试运转费是指新建或新增加生产能力的工程项目，在交付生产前按照设计文件规定的工程质量标准和技术要求，对整个生产线或装置进行负荷联合试运转所发生的费用净支出（试运转支出大于收入的差额部分费用）。试运转支出包括试运转所需原材料、燃料及动力消耗、低值易耗品、其他物料消耗、工具用具使用费、机械使用费、保险金、施工单位参加试运转人员的工资以及专家指导费等；试运转收入包括试运转期间的产品销售收入和其他收入。联合试运转费不包括应由设备安装工程费用开支的调试及试车费用，以及在试运转中暴露出来的因施工原因或设备缺陷等发生的处理费用。

②专利及专有技术使用费。专利及专有技术使用费是指在建设期内为取得专利、专有技术、商标权、商誉、特许经营权等发生的费用。

③生产准备及开办费。生产准备及开办费是指在建设期内，建设单位为保证项目正常生产而发生的人员培训费、提前进场费，以及投入使用必备的办公、生活家具用具及工器具等的购置费用。

4. 预备费

（1）基本预备费

基本预备费是指投资估算或工程概算阶段预留的，由于工程实施中不可预见的工程变更及洽商、一般自然灾害处理、地下障碍物处理、超规超限设备运输等可能增加的费用。费用的内容具体包括如下。

①在批准的初步设计范围内，技术设计、施工图设计及施工过程中所增加的工程费用以及设计变更、工程变更、材料代用、局部地基处理等增加的费用。

②一般自然灾害造成的损失和预防自然灾害所采取的措施费用。实行工程保险的工程项目，该费用应适当降低。

③竣工验收时，为鉴定工程质量，对隐蔽工程进行必要的挖掘和修复费用。

④超规超限设备运输增加的费用。

（2）涨价预备费

涨价预备费（又称价差预备费），是指建设项目在建设期内由于利率、汇率等价格因素的变化引起工程造价变化而预留的可能增加的费用。涨价预备费包括人工、设备、材料和施工机械的价差费，建筑安装工程费及工程建设其他费用调整，利率、汇率调整等增加的费用。

第二节 工程造价管理的国内外发展

一、工程造价管理理论发展

自 20 世纪 30 年代开始，一些现代经济学和管理学的原理被应用到工程造价管理领域，这包括从简单的建设项目造价估算、确定与控制开始向重视项目价值和投资效益评估及项目技术经济分析的方向发展。到 20 世纪 30 年代末期，已经有人将项目净现值（Net Present Value，NPV）和项目内部收益率（Interal Rate of Return，IRR）等项目评估技术方法应用到工程造价管理之中，并且创建了“工程经济学”等工程造价管理的基础理论和方法，从而使得工程造价管理有了很大的发展。尤其在第二次世界大战之后的全球重建时期，大量的建设项目为人们提供了开展工程造价管理理论和方法的研究与实践机会。

进入 20 世纪 50 年代以后，工程造价管理的理论和方法在职业化的推动下获得了很大的发展。先后有 20 多个国家成立了工程造价管理方面的协会，并且随后建立了国际造价工程师联合会。这些工程造价管理协会成立以后，积极组织专业人员与大专院校合作，对工程造价管理中的工程造价确定与控制、工程造价风险管理等许多方面开展了全面的研究，并创立了传统工程造价管理理论与方法。

从 20 世纪 80 年代初开始，各国的工程造价管理协会和相关学术机构先后对工程造价管理的新模式和新方法进行了探索，开始从不同的角度重新认识工程造价管理的客观规律，并进入了注重工程造价的过程管理、集成管理和风险管理的现代工程造价管理阶段。人们对项目的全过程工程造价管理、全生命周期造价管理的理论和方法进行了深入而广泛的研究，同时对它们各自所适用的具体情形也开展了相应的研究。

二、我国工程造价管理发展

中华人民共和国成立后，我国参照苏联的工程建设管理经验，逐步建立了一套与计划经济体制相适应的定额管理体系，并陆续颁布了多项规章制度和定额，在国民经济的复苏与发展中起到了十分重要的作用。改革开放以来，我国工程造价管理进入黄金发展期，工程计价依据和方法不断改革，工程造价管理体系不断完善，工程造价咨询行业得到快速发展。

（一）我国工程造价管理发展趋势

近年来，我国工程造价管理呈现出国际化、数字化、专业化和市场化发展趋势。

1. 工程造价管理国际化

随着我国经济日益融入全球资本市场，在我国的外资和跨国工程项目不断增多，这些工程项目大都需要通过国际招标、咨询等方式运作。同时，我国政府和企业在海外投资和经营的工程项目也在不断增加。“一带一路”倡议的实施，国内市场国际化，国内外市场的全面融合，使得我国工程造价管理的国际化成为一种趋势。境外工程造价咨询机构在长期的市场竞争中已形成自己独特的核心竞争力，在资本、技术、管理、人才、服务等方面均占有一定优势。面对日益严峻的市场竞争，我国工程造价咨询企业应以市场为导向，转换经营模式，增强应变能力，在竞争中求生存，在拼搏中求发展，在未来激烈的市场竞争中取得主动。

2. 工程造价管理数字化

我国工程造价管理数字化是从 20 世纪 80 年代末期起，伴随着在定额管理中推广应用工程造价管理软件发展起来。进入 20 世纪 90 年代中期，随着计算机和互联网技术的普及，全国性工程造价管理数字化已成必然趋势。近年来，尽管全国各地及各专业工程造价管理机构逐步建立了工程造价信息平台，工程造价咨询企业也大多拥有专业的计算机系统和工程造价管理软件，但仍停留在工程量计算、汇总及工程造价的初步统计分析阶段。从整个工程造价行业看，还未建立统一规划、统一编码的工程造价信息资源共享平台；从工程造价咨询企业层面看，工程造价管理数据库、知识库尚未建立和完善。目前，发达国家和地区的工程造价管理已大量运用计算机网络和信息技术，实现工程造价管理的网络化、虚拟化，特别是随着建筑信息模型（Building Information Modeling，BIM）、大数据、物联网、人工智能等新一代信息技术的推广应用，以及智能建造和数字交付的提出，工程造价管理数字化发展已成为必然。

3. 工程造价管理专业化

经过长期的市场细分和行业分化，未来工程造价咨询企业应向更加适合自身特长的专业化方向发展。作为服务型的第三产业组成部分，工程造价咨询企业应避免走大而全的规模化道路，大部分企业应朝着集约化和专业化方向发展。企业实施专业化发展的优越性在于，经验较为丰富，人员精干，服务更加专业，更有利于保证工程造价咨询质量，防范专业风险能力较强。在企业专业化的同时，对于日益复杂、涉及专业较多的工程项目而言，势必引发和增强企业之间，尤其是具有不同专长的企业之间的强强联手和相互配合。同时，不同企业之间的优势互补、相互合作，也将给目前大多数公司制工程造价咨询企业在经营模式方面带来转变，即企业将进一步朝着合伙制的经营模式自我完善和发展。鼓励及加速实现我国工程造价咨询企业合伙制经营，是提高企业竞争力的有效手段，也是我国工程造价咨询企业未来发展的主要组织模式。合伙制企业因对其组织方面具有强有力的风险约束性，能够促使其不断强化风险意识，提高咨询质量，保持较高的职业道德水平。正因如此，在完善工程保险制度下的合伙制也是发达国家和地区工程造价咨询企业所采用的典型组织模式。

4. 工程造价管理市场化

为贯彻落实党的十八届三中全会文件精神，发挥市场在资源配置中的决定性作用，住房和城乡建设部于 2014 年发布了《关于进一步推进工程造价管理改革的指导意见》，提出要健全市场决定工程造价制度，为“企业自主报价、竞争形成价格”提供制度保障，同时提出要“以工程量清单为核心，构建科学合理的工程计价依据体系”。2020 年 7 月，住房和城乡建设部办公厅《关于印发工程造价改革工作方案的通知》（建办标〔2020〕38 号）再次明确，正确处理政府与市场的关系，通过改进工程计量和计价规则、完善工程计价依据发布机制、加强工程造价数据积累、强化建设单位造价管控责任、严格施工合同履约管理等措施，推行清单计量、市场询价、自主报价、竞争定价的工程计价方式，进一步完善工程造价市场形成机制。尽管上述内容属于住房城乡建设领域提出的改革思路，但同时也代表着我国整个建设领域工程造价管理的市场化发展方向。

（二）我国造价工程师管理制度

1. 造价工程师素质要求和职业道德

造价工程师是指通过职业资格考试取得中华人民共和国造价工程师职业资格证书，并经注册后从事建设工程造价工作的专业技术人员。根据《造价工程师职业资格制度规定》，国家设置造价工程师准入类职业资格，纳入国家职业资格目录。工程造价咨询企业应配备造价工程师，工程建设活动中有关工程造价管理岗位按需要配备造价工程师。造价工程师分为一级造价工程师和二级造价工程师。

（1）造价工程师素质要求

造价工程师的职责关系到国家和社会公众利益，对其专业和身体素质的要求包括以下几个方面。

①造价工程师是复合型专业管理人才。作为工程造价管理者，造价工程师应是具备工程、经济和管理知识与实践经验的高素质复合型专业人才。

②造价工程师应具备业务技术能力。业务技术能力是指能应用知识、方法、技术及设备来完成特定任务的能力。

③造价工程师应具备沟通协调能力。沟通协调能力是指与人共事、打交道的能力。造价工程师应具有高度的责任心和协作精神，善于与业务工作有关的各方人员沟通、协作，共同完成工程造价管理工作。

④造价工程师应具备组织管理能力。造价工程师应能了解整个组织及自己在组织中的角色，并具有一定的组织管理能力，面对机遇和挑战，能够积极进取、勇于开拓。

⑤造价工程师应具有健康体魄。健康的心理和较好的身体素质是造价工程师适应紧张、繁忙工作的基础。

（2）造价工程师职业道德

造价工程师的职业道德又称职业操守，通常是指在职业活动中所遵守的行为规范的总称，是专业人士必须遵从的道德标准和行业规范。

为提高造价工程师整体素质和职业道德水准，维护和提高工程造价咨询行业的良好信誉，促进行业健康持续发展，中国建设工程造价管理协会制定和颁布了《造价工程师职业道德行为准则》，具体要求如下。

①遵守国家法律法规和政策，执行行业自律性规定，珍惜职业声誉，自觉维护国家和社会公共利益。

②遵守“诚信、公正、敬业、进取”的原则，以高质量的服务和优秀的业绩，赢得社会和客户对造价工程师职业的尊重。

③勤奋工作，独立、客观、公正、正确地出具工程造价成果文件，使客户满意。

④诚实守信，尽职尽责，不得有欺诈、伪造、作假等行为。

⑤尊重同行，公平竞争，搞好同行之间的关系，不得采取不正当的手段损害、侵犯同行的权益。

⑥廉洁自律，不得索取、收受委托合同约定以外的礼金和其他财物，不得利用职务之便谋取其他不正当的利益。

⑦造价工程师与委托方有利害关系的应当主动回避；同时，委托方也有权要求其回避。

⑧对客户的技术和商务秘密负有保守义务。

⑨接受国家和行业自律组织对其职业道德行为的监督检查。

2. 造价工程师职业资格考试、注册和执业

为了加强工程造价管理专业人员的执业准入管理，确保工程造价管理工作质量，维护国家和社会公共利益，国家人事部、建设部在 1996 年联合发布《造价工程师执业资格制度暂行规定》，确立了造价工程师职业资格制度。凡从事工程建设活动的建设、设计、施工、工程造价咨询、工程造价管理等单位和部门，必须在计价、评估、审查（核）、控制及管理等岗位配备有造价工程师职业资格的专业技术管理人员。

《注册造价工程师管理办法》《造价工程师继续教育实施办法》《造价工程师职业道德行为准则》等文件的陆续颁布与实施，确立了我国造价工程师职业资格制度体系框架。2018 年 7 月，《造价工程师职业资格制度规定》《造价工程师职业资格考试实施办法》的发布实施，进一步完善了造价工程师职业资格制度。我国造价工程师职业资格制度如图 1-6 所示。

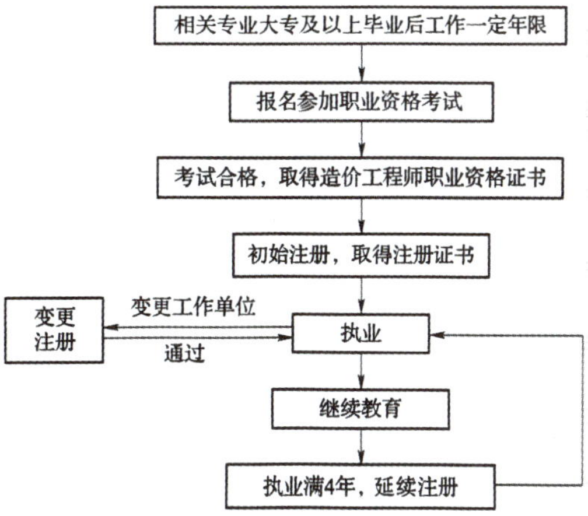

图 1-6 造价工程师职业资格制度简图

（1）职业资格考试

一级造价工程师职业资格考试全国统一大纲、统一命题、统一组织。从 1997 年试点考试至今，每年均举行一次全国造价工程师执业资格考试（除 1999 年停考外）。自 2018 年起设立二级造价工程师。二级造价工程师职业资格考试全国统一大纲，各省、自治区、直辖市自主命题并组织实施。

①报考条件。

A. 一级造价工程师报考条件。凡遵守中华人民共和国宪法、法律法规，具有良好的业务素质和道德品行，具备下列条件之一者，可以申请参加一级造价工程师职业资格考试：

a. 具有工程造价专业大学专科（或高等职业教育）学历，从事工程造价、工程管理业务工作满 4 年；具有土木建筑、水利、装备制造、交通运输、电子信息、财经商贸大类大学专科（或高等职业教育）学历，从事工程造价、工程管理业务工作满 5 年；

b. 具有工程造价、通过工程教育专业评估（认证）的工程管理专业大学本科学历或学位，从事工程造价、工程管理业务工作满 3 年；具有工学、管理学、经济学门类大学本科学历或学位，从事工程造价、工程管理业务工作满 4 年；

c. 具有工学、管理学、经济学门类硕士学位或者第二学士学位，从事工程造价、工程管理业务工作满 2 年；

d. 具有工学、管理学、经济学门类博士学位；

e. 具有其他专业相应学历或者学位的人员，从事工程造价、工程管理业务工作年限相应增加 1 年。

B. 二级造价工程师报考条件。凡遵守中华人民共和国宪法、法律法规，具有良好的业务素质和道德品行，具备下列条件之一者，可以申请参加二级造价工程师职业资格考试：

a. 具有工程造价专业大学专科（或高等职业教育）学历，从事工程造价、工程管理业务工作满 1 年；具有土木建筑、水利、装备制造、交通运输、电子信息、财经商贸大类大学专科（或高等职业教育）学历，从事工程造价、工程管理业务工作满 2 年；

b. 具有工程造价专业大学本科及以上学历或学位；具有工学、管理学、经济学门类大学本科及以上学历或学位，从事工程造价、工程管理业务工作满 1 年；

c. 具有其他专业相应学历或者学位的人员，从事工程造价、工程管理业务工作年限相应增加1年。

②考试科目。

造价工程师职业资格考试设基础科目和专业科目。

一级造价工程师职业资格考试设4个科目，包括“建设工程造价管理”“建设工程计价”“建设工程技术与计量”和“建设工程造价案例分析”。其中，“建设工程造价管理”和“建设工程计价”为基础科目，“建设工程技术与计量”和“建设工程造价案例分析”为专业科目。

二级造价工程师职业资格考试设两个科目，包括“建设工程造价管理基础知识”和“建设工程计量与计价实务”。其中，“建设工程造价管理基础知识”为基础科目，“建设工程计量与计价实务”为专业科目。

造价工程师职业资格考试专业科目分为4个专业类别，即土木建筑工程、交通运输工程、水利工程和安装工程，考生在报名时可根据实际工作需要选择其一。

③职业资格证书。

一级造价工程师职业资格考试合格者，由各省、自治区、直辖市人力资源社会保障行政主管部门颁发中华人民共和国一级造价工程师职业资格证书，该证书在全国范围内有效。

二级造价工程师职业资格考试合格者，由各省、自治区、直辖市人力资源社会保障行政主管部门颁发中华人民共和国二级造价工程师职业资格证书。

（2）注册

国家对造价工程师职业资格实行执业注册管理制度。取得造价工程师职业资格证书且从事工程造价相关工作的人员，经注册方可以造价工程师名义执业。

住房和城乡建设部、交通运输部、水利部分别负责一级造价工程师注册及相关工作。各省、自治区、直辖市住房城乡建设、交通运输、水利行政主管部门按专业类别分别负责二级造价工程师注册及相关工作。

经批准注册的申请人，由住房和城乡建设部、交通运输部、水利部核发《中华人民共和国一级造价工程师注册证书》（或电子证书）；或由各省、自治区、直辖市住房城乡建设、交通运输、水利行政主管部门核发《中华人民共和国二级造价工程师注册证书》（或电子证书）。

造价工程师执业时应持注册证书和执业印章。注册证书、执业印章样式以及注册证书编号规则由住房和城乡建设部会同交通运输部、水利部统一制定。执业印章由注册造价工程师按照统一规定自行制作。

（3）执业

造价工程师在工作中，必须遵纪守法，恪守职业道德和从业规范，诚信执业，主动接受有关主管部门的监督检查，加强行业自律。造价工程师不得同时受聘于两个或两个以上单位执业，不得允许他人以本人名义执业，严禁“证书挂靠”。出租出借注册证书的，依据相关法律法规进行处罚；构成犯罪的，依法追究刑事责任。

①一级造价工程师执业范围。包括建设项目全过程的工程造价管理与咨询等，具体工作内容如下。

A. 项目建议书、可行性研究投资估算与审核，项目评价造价分析。

B. 建设工程设计概算、施工（图）预算的编制和审核。

C. 建设工程招标投标文件工程量和造价的编制与审核。

D. 建设工程合同价款、结算价款、竣工决算价款的编制与管理。

E. 建设工程审计、仲裁、诉讼、保险中的造价鉴定，工程造价纠纷调解。

F. 建设工程计价依据、造价指标的编制与管理。

G. 与工程造价管理有关的其他事项。

②二级造价工程师执业范围。二级造价工程师主要协助一级造价工程师开展相关工作，可独立开展以下具体工作。

A. 建设工程工料分析、计划、组织与成本管理，施工图预算、设计概算的编制。

B. 建设工程量清单、最高投标限价、投标报价的编制。

C. 建设工程合同价款、结算价款和竣工决算价款的编制。

造价工程师应在本人工程造价咨询成果文件上签章，并承担相应责任。工程造价咨询成果文件应由一级造价工程师审核并加盖执业印章。

三、国外工程造价管理发展

当今，国际工程造价管理有着几种主要模式，主要包括英国、美国、日本，以及继承了英国模式又结合自身特点而形成独特工程造价管理模式的国家和地区，如新加坡、马来西亚等。

（一）英国工程造价管理

英国是世界上最早出现工程造价咨询行业并成立相关行业协会的国家。英国的工程造价管理至今已有近 400 年的历史。在世界近代工程造价管理的发展史上，作为早期世界强国的英国，由于其工程造价管理发展较早，且其联邦成员国和地区分布较广，时至今日，其工程造价管理模式在世界范围内仍具有较强的影响力。

英国工程造价咨询公司在英国被称为工料测量师，成立的条件必须符合政府或相关行业协会的有关规定。目前，英国的行业协会负责管理工程造价专业人士、编制工程造价计量标准，发布相关造价信息及造价指标。

在英国，政府投资工程和私人投资工程分别采用不同的工程造价管理方法，但这些工程项目通常都需要聘请专业造价咨询公司进行业务合作。其中，政府投资工程是由政府有关部门负责管理，包括计划、采购、建设咨询、实施和维护，对从工程项目立项到竣工各个环节的工程造价控制都较为严格，遵循政府统一发布的价格指数，通过市场竞争，形成工程造价。目前，英国政府投资工程占整个国家公共投资的 50% 左右，在工程造价业务方面要求必须委托相应的工程造价咨询机构进行管理。英国建设主管部门的工作重点则是制定有关政策和法律，以全面规范工程造价咨询行为。

对于私人投资工程，政府通过相关的法律法规对此类工程项目的经营活动进行一定的规范和引导，只要在国家法律允许的范围内，政府一般不予干预。此外，社会上还有许多政府所属代理机构及社会团体组织，如英国皇家特许测量师学会（RICS）等进行行业管理，主要对咨询单位进行业务指导和管理从业人员。英国工程造价咨询行业的制度、规定和规范体系都较为完善。

英国工料测量师行经营的内容较为广泛，涉及建设工程全寿命期各个阶段，主要包括：项目策划咨询、可行性研究、成本计划和控制、市场行情的趋势预测；招标投标活动及施工合同管理；建筑采购、招标文件编制；投标书分析与评价，标后谈判，合同文件准备；工程施工阶段成本控制，财务报表，洽商变更；竣工工程估价、决算，合同索赔保护；成本重新估计；对承包商破产或被并购后的应对措施；应急合同财务管理，后期物业管理等。

（二）美国工程造价管理

美国拥有世界最为发达的市场经济体系。美国的建筑业也十分发达，具有投资多元化和高度现代化、智能化的建筑技术与管理的广泛应用相结合的行业特点。美国的工程造价管理是建立在高度发达的自由竞争市场经济基础之上的。

美国的建设工程也主要分为政府投资和私人投资两大类，其中，私人投资工程可占到整个建筑业投资总额的60% ~ 70%。美国联邦政府没有主管建筑业的政府部门，因而也没有主管工程造价咨询业的专门政府部门，工程造价咨询业完全由行业协会管理。工程造价咨询业涉及多个行业协会，如美国土木工程师协会、总承包商协会、建筑标准协会、工程咨询业协会、国际造价管理联合会等。

美国政府部门没有统一发布工程量规则和工程定额，但这并不意味着美国的工程估价无章可循。美国有一套统一的工程分项细目划分标准及编码体系，如美国建筑标准协会（CSI）发布的Masterformat、Uniformat及OmniClass等。这些工程分类和编码体系应用于大多数建筑工程。

美国工程造价管理具有以下特点。

1. 完全市场化的工程造价管理模式

在没有全国统一的工程量计算规则和计价依据的情况下，一方面，由各级政府部门制定各自管辖的政府投资工程相应的计价标准；另一方面，承包商需根据自身积累的经验进行报价。同时，工程造价咨询公司依据自身积累的造价数据和市场信息，协助业主和承包商对工程项目提供全过程、全方位的管理与服务。

2. 具有较完备的法律及信誉保障体系

美国工程造价管理是建立在相关的法律制度基础上的。例如，在建筑行业中对合同的管理十分严格，合同对当事人各方都具有严格的法律制约，即业主、承包商、分包商、提供咨询服务的第三方之间，都必须采用合同的方式开展业务，严格履行相应的权利和义务。

同时，美国的工程造价咨询企业自身具有较为完备的合同管理体系和完善的企业信誉管理平台。各个企业视自身的业绩和荣誉为企业长期发展的重要条件。

3. 具有较成熟的社会化管理体系

美国的工程造价咨询业主要依靠政府和行业协会的共同管理与监督，实行“小政府、大社会”的行业管理模式。美国的相关政府管理机构对整个行业的发展进行宏观调控，更多的具体管理工作主要依靠行业协会，由行业协会更多地承担对专业人员和法人团体的监督和管理职能。

4. 拥有现代化管理手段

当今的工程造价管理均需采用先进的计算机技术和现代化的网络信息技术。在美国，信息技术的广泛应用，不但大幅提高了工程项目参与各方之间的沟通、文件传递等的工作效率，也可及时、准确地提供市场信息，同时也使工程造价咨询公司收集、整理和分析各种复杂、繁多的工程项目数据成为可能。

（三）日本工程造价管理

在日本，工程积算制度是日本工程造价管理所采用的主要模式。工程造价咨询行业由日本政府建设主管部门和日本建筑积算协会统一进行业务管理和行业指导。其中，政府建设主管部门负责制定发布工程造价政策、相关法律法规、管理办法，对工程造价咨询业的发展进行宏观调控。

日本建筑积算协会作为全国工程咨询的主要行业协会，其主要的服务范围是：推进工程造价管理的研究；工程量计算标准的编制、建筑成本等相关信息的收集、整理与发布；专业人员的业务培训及个人执业资格准入制度的制定与具体执行等。

工程造价咨询公司在日本被称为工程积算所，主要由建筑积算师组成。日本的工程积算所一般对委托方提供以工程造价管理为核心的全方位、全过程的工程咨询服务，其主要业务范围包括：工程项目的可行性研究、投资估算、工程量计算、单价调查、工程造价细算、标底价编制与审核、招标代理、合同谈判、变更成本积算、工程造价后期控制与评估等。

第三节　全过程工程咨询

一、全过程工程咨询相关概念

（一）工程咨询

根据《工程咨询行业管理办法》（中华人民共和国国家发展和改革委员会令第 9 号），工程咨询的定义是遵循独立公正、科学的原则，综合运用多学科知识、工程实践经验、现代科学和管理方法，在经济社会发展、境内外投资建设项目决策与实施活动中，为投资者和政府部门提供阶段性或全过程咨询和管理的智力服务。根据该定义，工程咨询的范围贯穿了工程项目建设的全过程，为项目从前期决策至运营持续提供整体或局部解决方案以及管理服务。由于建设项目具有阶段性的特点，相应地，工程咨询也有阶段性。国际上一般按项目前期决策咨询、勘察设计咨询和工程造价咨询等专业咨询服务划分。与国际工程咨询业不同的是，我国工程咨询还分化出了工程监理和招标代理等。项目前期决策咨询也称为投资决策咨询，系指对建设项目进行投资机会研究、项目建议书、可行性研究、项目评估和决策等内容，是建设项目立项之前的咨询。国际工程咨询业对项目前期决策咨询非常重视，常常用一年以上甚至更长的时间进行反复论证，以确保项目的成功以及确保建成之后的效益。

1. 全过程工程咨询的概念

全过程工程咨询是工程咨询单位综合运用多学科知识、工程实践经验、现代科学技术和经济管理方法，采用多种服务方式组合，为发包人在项目投资决策、工程建设、项目运营阶段持续提供局部或整体解决方案的咨询服务活动。

2. 全过程工程咨询的价值

在建设项目咨询服务过程中，全过程工程咨询一方面通过协调管理打破过程中的信息与资源壁垒，提高沟通效率，保证项目顺利运营，达成建设项目边际效益最大化的目标，另一方面实现工程咨询机构转型升级，增强综合实力，加快与国际建设管理服务方式接轨，是适应社会主义市场经济发展的必然要求。

（1）提高投资效益，打破条块分割

采用投资人单次招标的方式，使得其时间成本、交易成本远低于传统模式下设计、造价、监理等参建单位多次发包的成本。由一家咨询单位或者采用联合体的形式通过项目总负责人的协调管理，将咨询服务覆盖工程建设全过程，包含传统模式下设计、造价、监理等各专业咨询单位的职责义务。这种高度整合各阶段的服务内容，一方面，将更有利于实现全过程投资控制，有效解决各阶段各专业之间的条块分割问题。另一方面，通过限额设计、优化设计和精细化管理等措施提高投资收益，确保项目投资目标的实现。

（2）保障项目合规，助力政府监管

当前建设市场还不完善，监管仍需加强，少数地方存在违规审批、违规拆迁、违法出让土地等损害公众利益的问题，扰乱了社会主义市场经济秩序。通过全过程工程咨询与管理，能够集约整合社会资源对建设项目进行有效监管，为政府提供强有力的全过程监管措施。由项目总负责人统一指导梳理建设项目全过程的报批流程、资料，避免出现错报、漏报现象，有利于规范建筑市场秩序、减少违法违规行为。

（3）加强风控预防，降低项目风险

发挥全过程管理优势，通过强化管控决策、投资、建设过程、运营、自然、社会等风险，对于项目而言，有效降低决策失误、投资失控的概率，减少安全生产事故。对于社会而言，也可避免自然环境的破坏，保护生态，有效集约利用资源，减少浪费。

（4）提高项目品质，增强行业价值

不同专业咨询负责人组成全过程工程咨询服务团队，参与全过程工程咨询，各专业咨询工作统筹安排，分工协作，可极大提高服务质量和项目品质，弥补了多个单一服务团队下可能出现的管理疏漏和缺陷；有利于激发专业咨询负责人的主动性、积极性和创造性，促进新技术、新工艺和新方法的应用；借助“一带一路”的机会平台，支持工程咨询行业走出去，在国际建设项目中立足；可吸引优秀的国际化人才，保持行业的可持续性发展。

3. 全过程工程咨询的原则

（1）独立

独立是指全过程工程咨询单位应具有独立的法人地位，不受其他方面偏好、意图的干扰，独立自主地执业，对完成的咨询成果独立承担法律责任。全过程工程咨询单位的独立性，是其从事市场中介服务的法律基础，是坚持客观、公正立场的前提条件，是赢得社会信任的重要因素。

（2）科学

科学是指全过程工程咨询的依据、方法和过程应具有科学性。全过程工程咨询要求实事求是，了解并反映客观、真实的情况，据实比选，据理论证，不弄虚作假。要求符合科学的工作程序、咨询标准和行为规范，不违背客观规律；要求体现科学发展观，运用科学的理论、方法、知识和技术，使咨询成果经得住时间和历史的检验。全过程工程咨询科学化的程度，决定全过程工程咨询服务的水准和质量，进而决定咨询成果是否可信、可靠、可用。

（3）公正

公正是指在全过程工程咨询工作中，坚持原则，坚持公正立场。全过程工程咨询的公正性并非无原则的调和或折中，也不是简单地在矛盾的双方保持中立。在投资人、全过程工程咨询单位、承包人三者关系中，全过程工程咨询单位不论是为投资人服务还是为承包人服务，都要替委托方着想，但这并不代表盲从委托方的所有想法和意见。当委托方的想法和意见不正确时，全过程工程咨询单位及其咨询负责人应敢于提出不同意见，或在授权范围内进行协调或裁决，支持意见正确的另一方。特别是对不符合国家法律法规、宏观规划、政策的项目，要敢于提出并坚持不同意见，帮助委托方优化方案，甚至做出否定的咨询结论。这既是对国家、社会和人民负责，也是对委托方负责，因为不符合宏观要求的盲目发展，不可能取得长久的经济和社会效益，最终可能成为委托方的历史包袱。因此，全过程工程咨询是原则性、政策性很强的工作，既要忠实地为委托方服务，又不能完全以委托方满意度作为评价工作好坏的唯一标准。全过程工程咨询单位及项目总负责人、专业咨询负责人要恪守职业道德，不应为了自身利益，丧失原则性。

4. 全过程工程咨询的特点

全过程工程咨询的特点主要表现在以下几个方面。

①每一项全过程工程咨询任务都是一次性、单独的任务，只有类似而没有重复。

②全过程工程咨询是高度智慧化服务，需要多学科知识、技术、经验、方法和信息的集成及创新。

③全过程工程咨询涉及面广，包括政治、经济、技术、社会、环境、文化等领域，需要协调和处理方方面面的关系，考虑各种复杂多变的因素。

④投资项目受相关条件的约束较大，全过程工程咨询结论是充分分析、研究各方面约束条件和风险的结果，可以是肯定的结论，也可以是否定的结论。结论为项目是否可行的评估报告，也可以是质量优秀的咨询报告。

⑤全过程工程咨询成果应具有预测性、前瞻性，其质量优劣除了全过程工程咨询单位自我评价外，还要接受委托方或外部的验收评价，要经受时间的检验。

⑥全过程工程咨询提供智力服务，咨询成果（产出品）属非物质产品。

（二）全过程工程项目管理

全过程工程项目管理服务（简称“项目管理服务”），以解决发包人需求为核心，以项目的总控目标（质量、进度、安全、投资、合同等）为主线，致力于建设工程全生命周期内的项目报批报建、前期咨询、工程设计咨询、BIM 咨询、招标采购、造价咨询、施工过程管理、竣工验收及运维保修等各个阶段和各项业务的管理服务。负责项目全部建设工程的质量、进度、安全、投资、合同、信息等总控管理，协助项目建设的组织与协调，确保项目的建设质量、进度、安全、投资、合同、信息等各项工作目标的实现。

在所有业务板块中，项目管理服务具有其他板块无法比拟的特殊性和重要性。首先，其受业主委托，在授权范围内行使对全部参建单位的组织、协调、指挥和控制职能，并承担相应的义务和责任。其次，全过程项目管理对项目管理团队的综合素质要求很高。从纵向时间序列而言，项目管理团队不但要熟悉项目策划、立项、决策、实施、验收、移交、运维全建设周期各阶段、节点建设程序和管理业务，还要懂得横向业务板块序列中各项业务的专业知识和组织管理技能，如项目建议书、可研报告编制、前期建设手续办理、投资策划决策程序、勘察、设计协调管理、招标采购管理、合约管理、造价管理和实施期的安全、质量、信息资料、BIM 技术应用管理、绿色环保施工管理以及验收、移交、结算、决算、后评价、固定资产移交等。因此，全过程项目管理是全过程工程咨询的核心业务，且不能将其与其他业务板块等同视之。全过程项目管理工作性质的综合性、全局性、复杂性以及它的组织、协调和控制特点，决定了它的不可或缺性和在全过程工程咨询中的独特地位。

（三）工程项目建设全过程相关业务

1. 工程项目建设全过程的基本流程

工程项目建设全过程的基本流程必须遵循一定的先后次序，它是工程建设过程客观规律的反映，是人们长期在工程项目建设实践中得出来的经验总结，不能任意颠倒，但可以合理交叉。

工程项目建设全过程的基本流程如图 1-7 所示。

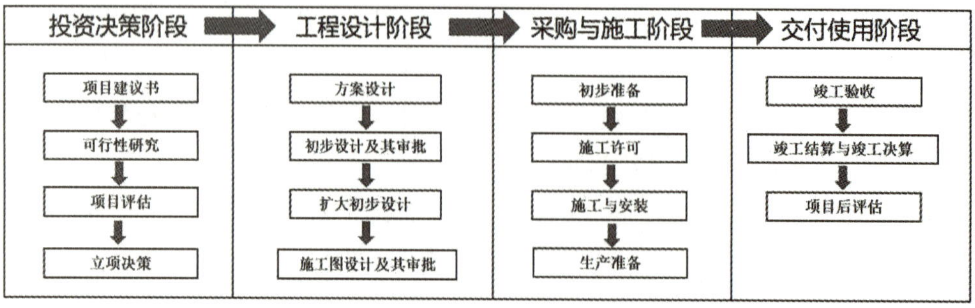

图 1-7　工程项目建设全过程的基本流程图

2. 工程项目建设全过程的相关业务

工程项目建设各阶段具体的工作内容都有很多，也必须遵循一定的先后工作次序，不能任意颠倒，但部分工作可以合理交叉。全过程工程咨询服务机构应在合同条款中明确咨询服务工作的职责范围，明确哪些工作为咨询服务机构工作内容，哪些工作为协助办理。

（1）工程建设投资决策阶段

工程建设投资决策阶段，一般也称“前期阶段”，主要指的是在工程建设的初期，建设单位形成投资意向，通过对投资机会等的研究和决定形成书面文件并上报主管部门和发改委进行审批进而立项的过程。该阶段主要工作包括编制项目建议书和可行性研究报告，并通过立项审批。

①编制项目建议书（由发展和改革委员会实施）。

②办理《建设工程选址意见书》（由规划局实施）。

③编制建设用地预审报告（自然资源部实施）。

④进行环境影响评价文件报审（由环保局实施）。

⑤进行建设场地地震安全性评价（由地震局实施）。

⑥编制可行性研究报告（由发展和改革委员会实施）。

⑦进行项目申请报告核准（由发展和改革委员会实施）。

⑧确认立项（由发展和改革委员会实施）。

（2）工程建设准备阶段

该阶段的内容包括为勘察、设计、施工创造条件所做的建设现场、建设队伍、建设设备等方面的准备工作。具体包括报建、委托规划、设计，获取土地使用权，拆迁、安置，工程发包与承包等。

①办理报建备案手续（由发展和改革委员会实施）。

②办理《建设用地规划许可证》（由规划局实施）。

③申请土地开发使用权（由国土资源局实施）。

④拆迁、安置。建设单位在取得用地使用权后，向当地拆迁主管部门提出书面申请。拆迁主管部门对拆迁申请进行审查，批准拆迁的，房屋拆迁主管部门发给拆迁申请人《房屋拆迁许可证》，建设单位可据此组织实施拆迁。

⑤报审《建设工程规划设计方案》（由规划局实施）。建设单位在取得土地使用权后，根据市规划局提出的设计要求，委托建筑设计院编制设计方案。

⑥初步设计审批（由发展改革委实施）。办理建设工程初步设计审批，申请人应先将初步设计图纸提交主办部门预审，主办部门收件后，应向申请人出具申请材料接收凭证，并自收件之日起 10 日内出具合格或需要修改的预审意见。出具需要修改的预审意见的，主办部门应一次告知当事人需要修改的全部内容。申请人应按照主办部门的修改意见对初步设计图纸进行完善，直至预审合格。预审合格后，再向主办部门提交初步设计审批申请材料。

⑦项目初步设计概算审批（由建委实施）。

⑧施工图设计审批（由建委实施）。

⑨建设单位招投标（由工程招标投标办实施）施工发包前，建设单位应当持立项批准文件等有关材料申请办理建设工程发包方式备案手续。

⑩办理质量监督及安全监督（由质监站和安监站实施）。

⑪ 办理建筑工程施工许可证。市重点建筑项目、国家和当地批准立项的建设项目以及跨区、县（市）的大中型建设项目，由建设单位向市人民政府建设行政主管部门申请；其他建设项目由建设单位向项目所在地的区、县（市）人民政府建设行政主管部门申请。

⑫ 报送开工报告暨年度投资计划申请文件。项目具备开工条件后，建设单位应按照项目建议书的申报程序向市发改委报送开工报告暨年度投资计划申请文件。

（3）工程建设施工阶段

建设单位为了保证项目施工顺利进行需从事相关的管理工作，可分为施工准备的管理和施工阶段的管理，其中在施工阶段的管理主要是做好工程建设项目的进度控制、投资控制和质量控制。

①工程建设项目施工准备阶段包括图纸会审、审查施工组织设计、施工现场准备。

②工程建设项目组织施工的管理，包括工程建设项目的进度控制、投资控制、质量控制。

（4）工程竣工验收备案与保修阶段

①竣工验收及备案。工程竣工验收及备案是验收环节的主办事项，由市建设行政主管部门负责实施。申请人申请办理主办事项，应向主办部门提出申请并同时提交相关申请材料。

②工程保修。工程保修期从工程竣工验收合格之日起计算。工程在保修期限内出现质量缺陷，建设单位应当向施工单位发出保修通知。施工单位接到保修通知后，应当到现场核查情况，在保修书约定的时间内予以保修。发生涉及结构安全或者严重影响使用功能的紧急抢修事故，施工单位接到保修通知后，应当立即到达现场抢修。发生涉及结构安全的质量缺陷，建设单位或者房屋建筑所有人应当立即向当地建设行政主管部门报告，采取安全防范措施；由原设计单位或者具有相应资质等级的设计单位提出保修方案，由施工单位实施保修，原工程质量监督机构负责监督。保修完成后，由建设单位或者房屋建筑所有人组织验收；涉及结构安全的，应当报当地建设行政主管部门备案。施工单位不按工程质量保修书约定保修的，建设单位可以另行委托其他单位保修，并由原施工单位承担相应责任。保修费用由质量缺陷的责任方承担。

3. 建设项目实施阶段的主要工作内容

建设工程项目建设实施阶段是指项目从建设准备到工程具体施工建造再到验收通过的过程。建设实施时期主要有建设单位和勘察单位、设计单位、监理单位、施工单位等参与，涉及的主要政府部门有所在地区的发展和改革委员会、国土资源局、自然资源和规划局、住房和城乡建设部等。建设实施时期的主要工作包括建设准备阶段的土地征用、工程设计、招标投标等，施工准备阶段的“三通一平”、合同签订、编制报审文件与施工许可、图纸会审与设计交底等，施工实施阶段的质量、投资、进度、安全控制和关键过程的把控、质量通病的产生与防治等，工程验收与备案阶段的分部分项工程验收、档案移交、单位工程验收、竣工验收备案等，项目竣工验收与备案阶段的项目竣工验收、备案和不动产权证的办理等。

二、全过程工程咨询服务工作内容

（一）服务模式

1. 全过程工程咨询单位组织模式

全过程工程咨询服务可由一家具有综合能力的工程咨询企业实施，或可由多家具有不同专业特长的工程咨询企业联合实施，也可以根据建设单位的需求，依据全过程工程咨询企业自身的条件和能力，为工程建设全过程中的几个阶段提供不同层面的组织、管理、经济和技术服务。由多家工程咨询企业联合实施全过程工程咨询的，应明确牵头单位，并明确各单位的权利、义务和责任。

2. 全过程工程咨询委托方式

投资人应将全过程工程咨询中的前期研究、规划和设计等工程设计类服务，以及项目管理、工程监理、造价咨询等工程项目控制和管理类服务委托给一家工程咨询企业或由多家企业组成的联合体或合作体。投资人选择全过程工程咨询单位时，可采用“根据质量选择咨询服务”。鼓励全过程工程咨询单位采用最合适的技术、创新的解决办法和最合理或最经济的项目周期费用，为投资人提供最好的咨询服务。即投资人选择全过程工程咨询单位时，要以业务能力、管理能力、可用人力、财力资源、业务独立性、费用结构的合理性、业务公正性和质量保证体系为依据。提倡“优质优价、优质优先”，投资人可在招标文件和工程合同中约定优质优价奖励条款。

投资人可采用直接委托、竞争性谈判、竞争性磋商、邀请招标、公开招标等方式选择全过程工程咨询单位。公开招标是政府投资项目选择全过程工程咨询单位的主要方式，符合相关法律法规规定的，可以采用邀请招标、竞争性谈判等方式选择全过程工程咨询单位。

投资人在项目筹划阶段选择具有相应工程勘察、设计或监理资质的企业开展全过程工程咨询服务，可不再另行委托勘察、设计或监理。同一项目的工程咨询企业不得与工程总承包企业、施工企业具有利益关系。

工程咨询企业应当自行完成自有资质证书许可范围内的业务，在保证整个工程项目完整性的前提下，按照合同约定或经建设单位同意，将约定的部分咨询业务择优转委托给具有相应资质或能力的企业，工程咨询企业应对转委托企业的委托业务承担连带责任。

（二）服务内容

全过程工程咨询不是传统的碎片化、分阶段的咨询服务，而是由一个具有目标明确的各类专业人员组成的集合体，通过统一规划、分工实施、协调管理、沟通融通，来提供综合性咨询服务。全过程工程咨询单位能有效提高建设项目质量与进度，从而更好地完成优质建设项目的目标。

①决策阶段通过了解研究项目利益相关方的需求，确定优质建设项目的目标，汇集优质建设项目评判标准。通过项目建议书、可行性研究报告、评估报告等形成建设项目的咨询成果，为设计阶段提供基础。

②设计阶段对决策阶段形成的研究成果进行深化和修正，将项目利益相关方的需求以及优质建设项目目标转化成设计图纸、概预算报告等咨询成果，为发承包阶段选择承包人提供指导方向。

③招标采购阶段结合决策、设计阶段的咨询成果，通过招标策划、合约规划、招标过程服务等咨询工作，对优质建设项目选择承包人的条件、资质、能力等指标进行策划并形成招标文件、合同条款、工程量清单、最高投标限价等咨询成果。为实施阶段顺利开展工程建设提供控制和管理的依据。

④实施阶段根据发包和承包阶段形成的合同文件约定进行成本、质量、进度的控制；合同和信息的管理，全面组织协调各参与方；最终完成建设项目实体。在实施过程中，及时整理工程资料，为竣工阶段的验收、移交做准备。

⑤竣工阶段通过验收检验是否按照合同约定履约完成。最后将验收合格的建设项目以及相关资料移交给运营人，为运营阶段提供保障。

⑥运营阶段对建设项目进行评价，评价其是否是优质建设项目。通过运营使其建设项目体现优质建设项目的价值，实现决策阶段设定的建设目标。最后把运营人的运营需求进行总结，并反馈到下一个项目的决策阶段，使建设项目的前期决策具有更充分的依据。

（三）服务机构

全过程工程咨询服务覆盖面广，覆盖项目决策、工程建设、项目运营三个阶段，工程咨询单位要运用工程技术、经济学、管理学、法律等多学科的知识和经验，为发包人提供智力服务。因此，选择专业化、高水平、综合服务能力强的工程咨询单位来实施全过程工程咨询服务，能有效缩短工期、节省投资、提高效益等，最终实现项目的投资、质量、进度、安全、合同、信息等主要总控目标。

1. 全过程工程咨询服务单位

全过程工程咨询服务单位受咨询人（工程咨询单位）委派，负责履行全过程工程咨询服务合同。全过程工程咨询服务单位应具有国家现行法律规定的与工程规模和委托工作内容相适应的工程咨询、规划、勘察、设计、监理、招标代理、造价咨询等一项或多项资质（或资信），可以是独立咨询单位，也可以是咨询单位组成的联合体。

2. 专业咨询服务单位

专业咨询服务单位是指为项目提供投资咨询、规划、勘察、设计、造价咨询、招标代理、监理、BIM 技术等专业咨询工作的咨询单位。

第四节　全过程工程造价管理

一、全过程工程造价管理

自 20 世纪 80 年代中期开始，我国工程造价管理领域的学者、专家就提出了对建设项目进行全过程工程造价管理的思想。1997 年，中国建设工程造价管理协会提出了工程造价管理的目标和管理方针：建设工程造价管理要达到的目标，一是造价本身要合理，二是实际造价不超概算。为此要从建设工程的前期开始工作，采取“全过程、全方位”的管理方针。其中“造价本身要合理”是指在确定工程造价方面努力实现科学合理；“实际造价不超概算”是指开展科学的工程造价控制；从建设工程的前期工作开始，采取“全过程、全方位”的管理方针，其核心就是采取全过程工程造价管理。

我国政府一直支持对适合我国市场经济的全过程工程造价进行试点研究。《关于控制建设工程造价的若干规定》（计标〔1988〕30 号）中指出“建立健全各有关单位的造价控制责任制，实行对工程建设全过程的造价控制和管理”。住房和城乡建设部《关于进一步推进工程造价管理改革的指导意见》（建标〔2014〕142 号）中指出“到 2020 年，健全市场决定工程造价机制，建立与市场经济相适应的工程造价管理体系。完成国家工程造价数据库建设，构建多元化工程造价信息服务方式。完善工程计价活动监管机制，推行工程全过程造价服务”“建立健全工程造价全过程管理制度，实现工程项目投资估算、概算与最高投标限价、合同价、结算价政策衔接”。住房和城乡建设部《2017 年工作要点》中指出，研究合理确定建设工程造价各项费用的构成及计算方法，服务工程建设全过程造价管理。全过程工程造价管理就是从项目策划开始，经可行性论证、方案比较、规划设计、施工、竣工验收直至投产试运行，乃至建设项目后评价，对项目进行造价控制和管理。建设项目造价的确定和控制都应是动态的，可以对全过程工程造价管理的基本概念做出如下归纳。

①全过程工程造价管理是一种有别于之前所有造价管理的全新的范式，是确定和控制工程造价所采用的全部方法的集合，与项目建设的过程性特征相匹配。工程造价的确定和控制也具有过程性特征，开展建设项目造价管理工作应遵循这一过程，在过程中推进和不断修正。

②建设项目造价确定是基于活动的成本核算（作业成本法原理）。其具体操作过程为先将工程项目的各项工作进行分解，形成项目活动清单，再采用适宜的测量方法统计或分析各项活动对人力、原材料、半成品、工器具、机械设备等资源的消耗标准，最后根据各种资源相应的市场定价确定工程项目的造价。此种计价的方法和流程即为现行的工程量清单计价模式。其中，全过程工作分解技术的方法为：

A. 建设项目全过程的阶段划分。一个建设项目的全过程至少可以简单地划分为四个阶段：可行性分析与决策阶段、设计与计划阶段、实施阶段、完工与交付阶段。

B. 建设项目各阶段的进一步划分。项目的每个阶段都是由一系列的活动组成。因此可以对项目各阶段进行进一步划分，这种划分包括如下两个层次。

a. 项目的工作分解与工作包。任何一个建设项目都可以按照一种层次型的结构化方法进行项目工作包的分解，并且给出项目的工作分解结构，这是现代项目管理中范围管理的一种重要方法。使用该方法，可以将一个建设项目的全过程分解成一系列的项目工作包，然后将这些项目工作包进一步细分成全过程的活动，以便能够更为细致地确定和控制项目的造价。

b. 项目的活动分解与活动。任何一个建设项目的工作包都可以进一步划分为多项活动，这些活动是为了生成建设项目某种特定产出物服务的。这样，建设项目各阶段工作包可以进一步分解为一系列的活动，从而进一步细分一个项目全过程中各工作包中的工作，以便更细致地管理项目的造价。

因此，一个建设项目的全过程可以首先划分成多个项目阶段，然后再将这些阶段的项目工作包分解，找到并做出项目的工作分解结构，再进一步将工作包分解成活动并给出项目各项活动的清单，最终就可以从各项活动的造价管理入手，实现对项目的全过程工程造价管理。

③建设项目造价控制是基于活动的管理（Activity Based Management，ABM）原理和方法，因而也是一种基于活动的控制方法。该方法强调针对一个建设项目的造价控制，必须从对项目实施各阶段以及各阶段主要活动的控制着手，消除和减少低效活动或无效活动，降低资源消耗，最终实现控制工程造价的目标。

④全过程工程造价管理必须由项目全体参与主体全过程参与。全体项目参与主体各司其职，在项目实施的各阶段协同配合，分别承担职责范围内对各项活动造价的确定和控制，形成利益共同体，协同完成建设项目造价控制目标。

建设项目全过程造价过程如图 1-8 所示。

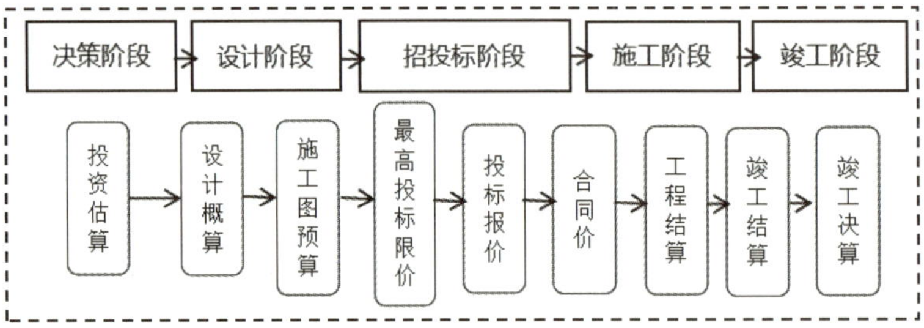

图 1-8　建设项目全过程造价过程图

二、全过程工程造价管理项目阶段划分

（一）全过程工程造价管理的范围定义

在全过程工程造价管理中，全过程的含义有广义和狭义之分。建设项目全过程工程造价管理的工程范围、管理阶段、工作内容由委托人和受托人以合同约定。

广义上认为，实行建设项目全过程工程造价管理的项目一般可分为五个阶段：项目建议书及可行性研究阶段、设计阶段、施工招投标阶段、施工阶段、竣工结（决）算及项目后评价阶段。上述阶段又分为若干个小阶段。

同时，由于委托人委托咨询单位管理的阶段不同，一般又可以形成以下阶段。

①自项目建议书及可行性研究（策划）阶段开始至工程竣工的全过程工程造价管理。

②自项目设计阶段开始至工程竣工的全过程工程造价管理。

③自项目施工招标阶段开始至工程竣工的全过程工程造价管理。

④自项目施工阶段开始至工程竣工的全过程工程造价管理。

除各种形式的管理阶段之外，委托合同还应约定受托人是否进行项目后评价工作。狭义上认为，针对建设项目全过程工程造价管理中某一个阶段的造价管理，是贯穿于某一阶段的全过程工程造价管理。本书从广义的角度进行阐述，认为全过程工程造价管理是一项环环相扣、不可分解的整体工作，但矛盾就在于没有任何一个参与方（建设方除外）的工作是贯穿全过程的，但每个过程参与方都有控制工程造价的资格，从而造成造价管理工作脱节、管理成本高、效率低下和责任不明确等诸多问题。

工程造价咨询机构作为专业的受委托方（代表建设方），从建设项目的建设初期，即投资决策阶段开始介入，到项目竣工并办理结算为止，自始至终对工程建设项目的造价进行管理是可行的。在工程建设的各个阶段进行控制并合理地使用人力、物力和财力，取得良好的社会效益和经济效益，这样才称得上是真正意义的全过程工程造价管理。

（二）全过程工程造价管理的过程管理

全过程工程造价管理分为五个阶段，相对于项目管理的角度就是定义、组织、完成项目的各项工作的全部过程，通过各个阶段创造的结果相互联系，前一个过程的输出或结果成为后一个过程的输入。投资决策阶段的投资估算就作为设计阶段概预算的依据，工程结算价以不超过概预算价为管理目标，也就是一般所说的“概算不超估算，预算不超概算，结算不超预算”。

全过程工程造价管理的过程分为四个过程组，每个过程组有一个或多个管理过程。

①启动过程——投资决策阶段：授权和批准造价管理项目的开始。

②计划过程——设计阶段：定义、明确项目目标，进行项目方案评价，选择出最优方案。

③执行、控制过程——招标投标、施工阶段：协调项目人员和其他资源以执行造价管理计划，同时通过定期监控造价管理的执行情况，识别造价管理偏差，采取相应纠正措施确保全过程工程造价管理项目的完成。

④收尾过程——竣工验收阶段：建设项目的正式接收并达到造价管理的目标。在中间的过程中，这些联系是重复进行的，上一阶段造价管理的成果文件可以作为下一阶段造价管理的依据，并随着建设项目的进展，不断地提供修正后的计划文件。

（三）全过程工程造价管理的沟通管理

工程造价咨询机构进行全过程工程造价管理的沟通管理的目的是要保证造价信息能及时、正确地提取、收集、分发、存储以及最终进行处置，保证建设项目内外部的信息畅通。为做好造价管理每个阶段的工作，以达到预期标准和效果，就必须在建设项目中所涉及的单位内部、单位与单位之间以及项目与外界之间建立沟通渠道，快速、准确地传递和沟通信息，以利于项目内部的各个单位之间达成协调一致，同时，通过大量的信息沟通找出项目管理的问题，制定政策并控制评价结果。

造价信息在全过程工程造价管理中具有十分重要的作用。全过程工程造价管理必须建立在造价信息管理的基础上，因此，造价信息管理是合理确定和有效控制工程造价的先决条件和重要内容。掌握并充分利用造价信息，可以提高工程造价管理水平，有利于尽早发挥投资效益和社会效益，减少工程造价管理中的盲目性，加强原则性、系统性、预见性和创造性。

在全过程工程造价管理中，可以有效地解决造价信息不对称的问题。在建设项目中，既包括纵向信息不对称问题（建设方、施工单位以及设计单位、监理单位等项目利益相关者之间的信息不对称问题），也包括建设项目全过程中的横向信息不对称问题（造价信息在各个阶段之间的流通问题）。

◎ 本章小结

本章探讨了全过程工程造价管理的基本理念、发展历程、关键组成部分及其在工程项目中的应用的重要性。首先定义了全过程工程造价管理，强调了其与传统造价管理的差异，特别是在项目策划、设计、施工和运维各阶段的独特作用和方法。通过审视这一管理过程的发展历史，了解到随着技术进步和管理理念的变革，全过程工程造价管理已成为确保工程项目经济效益和可持续性的关键因素。

本章还重点介绍了全过程工程造价管理的各个组成部分，包括成本估算、控制、价值工程等，并探讨了现代信息技术，如BIM技术在造价管理中的应用，这些都是提高造价管理效率和效果的重要工具。

本章的目的是为读者奠定全过程工程造价管理的基础知识，并引发对其深入学习的兴趣。通过本章的学习，读者能够理解全过程工程造价管理的重要性，以及它在实现工程项目成功中的关键作用。

◎ 课后习题

选择题

1. 工程项目建设程序是指工程项目从（　　）、设计、施工到竣工验收、投入生产或交付使用的整个建设过程中，各项工作必须遵循的先后工作次序。

A. 评估、决策、策划　　B. 策划、评估、决策

C. 策划、决策、评估　　D. 评估、策划、决策

2. 二级注册造价工程师的执业范围不包括（　　）。

A. 项目建议书、可行性研究投资估算与审核，项目评价造价分析

B. 建设工程工料分析、组织与成本管理，施工图预算、设计概算编制

C. 建设工程量清单、最高投标限价、投标报价编制

D. 建设工程合同价款、结算价款和竣工决算价款的编制

3. 建设工程项目按其建设性质不同，可分为（　　）。

A. 新建项目、扩建项目、改建项目、迁建项目和恢复项目

B. 生产性建设项目和非生产性建设项目

C. 竞争性项目、基础性项目和公益性项目

D. 政府投资项目和非政府投资项目

4. 下列对于建设期贷款利息概念的表述，正确的是（　　）。

A 建设期贷款利息简称建设期利息，是项目所使用的外部资金在建设期内发生并计入固定资产的利息

B. 建设期贷款利息简称建设期利息，是项目所使用的自有资金在建设期内发生并计入固定资产的利息

C. 建设期贷款利息简称建设期利息，是项目所使用的外部资金在项目计算期内发生并计入固定资产的利息

D. 建设期贷款利息简称建设期利息，是项目所使用的外部资金在建设期内发生并计入项目总投资的利息

5. 根据《建设工程工程量清单计价标准》（GB/T 50500—2024）的规定，安全生产措施费应计列于（　　）之中。

A. 分部分项工程量清单计价表

B. 其他项目清单与计价汇总表

C. 税金项目清单与计价表

D. 以计算基础乘费率的形式表示的措施项目清单与计价表

6. 在建设项目各阶段的工程造价中，一经批准将作为控制建设项目投资最高限额的是（　　）。

A. 投资估算　　B. 设计概算

C. 设计预算　　D. 竣工结算

7. 工程造价控制的关键在于（　　）阶段。

A. 施工　　B. 招投标

C. 竣工结算　　D. 投资决策和设计

8.（　　）是在项目决策前的可行性研究和评估过程中，采用现代化经济分析方法，对拟建项目计算期（包括建设期和生产经营期）内投入产出等诸多经济因素进行调查、预测、研究、计算和论证，选择推荐最佳方案作为决策的重要依据。

A. 建设项目经济评价　　B. 建设项目技术评价

C. 建设项目环境评价　　D. 建设项目方案评价

9. 下列费用中不属于价差预备费的内容是（　　）。

A. 竣工验收时为鉴定工程质量，对隐蔽工程进行必要的挖掘和修复费用

B. 人工、设备、材料、施工机械的价差费

C. 建筑安装工程费及工程建设其他费用调整

D. 利率、汇率调整等增加的费用

10. 单位建筑工程预算的费用项目包括（　　）。

A. 建筑安装工程费用、设备及工器具购置费、建设单位管理费

B. 分部分项工程费、措施费、规费、税金、工程建设其他费用

C. 人、材、机费用及企业管理费、利润、规费、税金

D. 人、材、机费用及企业管理费、工程建设其他费用

◎ 思考与讨论

请从以下五项工程案例中，自选一项议题进行思考与讨论，从“工匠精神”角度谈我国重大项目全过程工程造价管理的应用。

（1）中国目前最大的机场工程：北京大兴国际机场。

（2）中国的重大水利工程：三峡工程。

（3）上海地铁工程的全过程的工程咨询和管理。

（4）中国重大核电工程之一珠江口核电站。

（5）中国铁路建设的代表：青藏铁路。

从工程案例中，谈谈如何理解造价工程师的职责，树立职业目标，执业、创业过程中做到懂法守法、工程自律。

第二章　决策阶段工程造价管理

DI-ER ZHANG JUECE JIEDUAN GONGCHENG ZAOJIA GUANLI

本章导学

知识目标

- 了解决策、建设项目投资决策的概念以及决策影响工程造价的主要因素。
- 熟悉可行性研究的概念和作用、可行性研究报告的编制大纲及编制要求。
- 掌握投资估算的编制精度、编制方法以及审核要点。

能力目标

- 理解可行性研究报告的编制步骤及研究章节。
- 灵活运用投资估算的基本概念及基本计算方法，能分析解决工程案例。

育人目标

- 强化职业伦理，特别是在预算和成本估算中的诚信和透明度。
- 加强对项目造价管理决策的社会、环境及经济影响的深刻理解。
- 通过团队项目和案例分析，增强团队合作和沟通技能。
- 引导学生思考工程项目对社会可持续发展的影响，培养负责任的决策能力。

内容概述

建设项目决策阶段是对工程造价影响度最高的阶段，这一阶段造价管理的主要工作之一是科学正确编制建设项目投资估算，为决策者提供决策依据。本章主要介绍了建设项目投资决策与工程造价的关系、可行性研究报告的编制内容与编制要点，以及投资估算的编制依据、编制方法与审核等相关知识。

课程导入

在全过程工程造价管理中，项目决策阶段作为首个环节，也是最为核心的环节。此阶段的决策是否准确、科学，对整个工程造价具有深远影响。此外，投资控制的精细化程度在此阶段得到确立，它将直接影响业主的投资效益以及后续施工阶段的造价控制效果。

以我国的南水北调工程为例，这一重大水利工程旨在解决北方地区水资源短缺的问题。在投资决策阶段，南水北调工程师和造价师们进行了详尽的研究和论证，以确保工程的可行性。他们不仅考虑到了工程的技术难度，还对工程的投资进行了精确的估算，以确保资金使用的合理性和效益性。

在项目决策阶段，工程造价管理工作受到多项指标的影响，例如建设标准和要求的制定、建设规模的设计、主要施工工艺的使用计划以及各种材料和设备的选择等，这些因素都直接影响着项目成本预算的制定。因此，造价人员需结合具体建设项目，合理确定投资估算，编制项目建议书以及可行性研究报告，以提供兼顾经济与技术的最佳方案。

决策阶段工程造价管理作为全过程工程造价管理的重要环节，需要对项目的可行性、投资估算、资金来源等进行深入研究和决策。通过本章的学习和思考，能更深入地理解这一阶段的重要性和复杂性，为未来的工程建设打下坚实的基础。

第一节 概述

一、决策

决策是指人们为了实现未来预定目标，根据客观条件提出各种备选方案，借助一定的科学手段和方法，依据一定的价值标准，从若干个可行方案中选择一个最优方案并组织实施的全过程。

决策的特点：要以有明确的目的为前提，要以有若干个可行方案可供选择为条件，要以方案的比较分析为重点，要以选择一个满意方案为结果，实质是一个主观判断的过程。

决策过程的步骤，如图 2-1 所示。

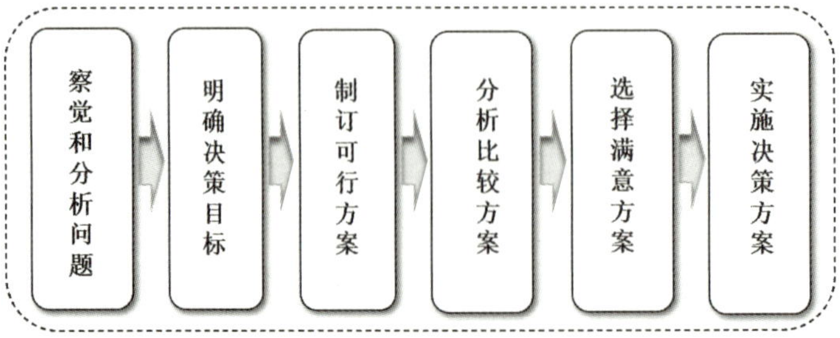

图 2-1 决策过程

二、建设项目决策

（一）建设项目决策的概念

建设项目决策是选择和决定投资方案的过程。决策的正确与否，直接关系到项目建设的成败，关系到工程造价的高低及投资效果的好坏。建设项目投资决策是建设项目投资行动的准则，正确的项目投资行动来源于正确的项目投资决策，正确的决策是合理估算和有效控制工程造价的前提。

在这一阶段，工程造价管理人员和投资者在调查分析、研究的基础上，选择和决定投资行动方案，是对拟建项目的必要性和可行性进行技术经济论证，对不同建设方案进行技术经济比较并做出判断与决定的过程。建设项目决策是工程造价管理的基础阶段，直接影响着决策阶段之后的各个建设阶段工程造价管理是否科学、合理。

（二）建设项目决策与工程造价管理的关系

1. 建设项目决策的正确性是工程造价合理性的前提

建设项目决策正确，意味着对项目建设作出了科学决断，优选出最合理投资方案，该方案能达到资源的合理配置。在此基础上合理地估算工程造价，达到实施最优投资方案的过程中，有效控制工程造价的目的。

2. 项目决策的内容是决定工程造价的基础

工程造价的计价与管控贯穿于项目建设的全过程。决策阶段是项目建设全过程的起始阶段，决策阶段的工程计价对项目全过程的造价起着宏观控制的作用。决策阶段各项技术经济决策，对该项目的工程造价有重大影响，特别是建设标准的确定、建设地点的选择、工艺的评选、设备的选用等，直接关系到工程造价的高低。建设项目决策阶段的造价控制是对投资经济活动的事前控制，对项目造价的构成及控制有着极其重要的作用，是对项目投资控制最主要和最直接有效的阶段。

据有关资料统计，在项目建设各阶段中，投资决策阶段影响工程造价的程度最高，可达到80% ~ 90%。因此，决策阶段是决定工程造价的基础阶段，直接影响着决策阶段之后的各建设阶段工程造价的计价与管控是否科学、合理。

3. 项目决策的深度影响投资估算的精确度

投资决策是一个由浅入深、不断深化的过程，不同阶段决策的深度不同，投资估算精度也不同。如项目规划和项目建议书阶段，是初步决策阶段，投资估算的误差率在 ±30% 左右；而可行性研究阶段和详细可行性研究阶段，是最终决策阶段，投资估算的误差率在 ±10% 以内。在建设项目的决策阶段、初步 / 扩初设计阶段、施工图设计阶段、工程招投标阶段、承发包阶段、施工阶段、竣工验收阶段，通过工程造价的确定与控制，形成相应的投资估算、设计概算 / 修正设计概算、施工图预算、最高投标限价 / 投标报价、合同价、结算价和竣工决算价，各造价形式之间存在着前者控制后者，后者补充前者的相互作用关系。因此，只有加强项目决策的深度，采用科学的估算方法和可靠的数据资料，提高投资估算的精确度，才能保证其他阶段的造价被控制在合理范围内，避免“三超”现象的发生，继而实现投资控制目标。

4. 工程造价的数额影响项目决策的结果

建设项目决策影响项目造价的高低以及拟投入资金的多少。项目决策阶段形成的投资估算是进行投资方案选择的重要依据之一，同时也是决定项目是否可行及主管部门进行项目审批的参考依据。因此，建设项目投资估算的数额，从某种程度上也影响着项目的决策。

（三）建设项目决策阶段工程造价的主要影响因素

建设项目决策阶段各项技术经济指标的确定，对拟建项目的工程造价有着重大影响，尤其是建设标准水平的确定，合理建设规模的确定、建设地区及建设地点的选择、生产技术方案的选定、工程设备方案的选用、环境保护措施等，均对工程造价的多少有着重大且直接的影响。因此在建设项目决策阶段，为对工程造价进行有效管控，应加强对以下因素的管理。

1. 建设标准水平的确定

建设标准水平应从经济发展水平出发，区别不同地区、不同规模、不同等级、不同功能进行合理确定，建设标准是编制、评估、审批项目可行性研究和初步设计的重要依据，是衡量工程造价是否合理及监督检查项目建设的客观尺度。

建设标准能否起到控制工程造价、指导建设的作用，关键在于标准水平制定的是否合理。根据我国目前的情况，大多数工业交通项目应采用中等适用标准为好，对于少数引进国外先进技术和设备的项目、有特殊要求的项目以及高新技术项目，标准可适当提高。

2. 合理建设规模的确定

建设规模也称项目生产规模，是指项目在其设定的正常生产运营年份可能达到的生产能力或者使用效益。每一个建设项目都存在合理规模的选择问题。合理确定项目建设规模，必须充分考虑规模效益、综合市场、技术及环境等主要因素。生产规模过大，超过了市场产品需求量则会导致产品积压或降价销售，致使项目经济效益低下；生产规模过小，资源得不到有效配置单位产品成本高，经济效益低下。选择建设规模时，要重点考虑以下因素。

（1）市场因素

市场因素是制约项目规模的首要因素。拟建项目的市场需求状况是确定项目建设规模的前提。因此，首先应根据市场调查和预测得出有关产品市场信息来确定项目的建设规模。除此之外，还应考虑原材料、能源、人力资源、资金的市场供求状况，这些因素也对项目建设规模的选择起着不同程度的制约作用。

（2）技术因素

生产技术决定着主导设备的技术经济参数。先进的生产技术及技术装备是实现项目预期经济效益的物质基础，而技术人员的管理水平则是实现项目预期经济效益的保证。如果与经济规模生产相适应的技术及装备的来源没有保障，或获取技术的成本过高，还会给拟建项目带来生存和发展危机。因此，在研究确定项目建设规模时，应综合考虑拟选技术对应的标准规模、主导设备制造商的水平、技术管理水平等因素。

（3）环境因素

项目的建设、生产、经营离不开一定的自然环境和社会经济环境。在确定项目规模时，不仅要考虑可获得的自然环境条件，还要考虑产业政策、投资政策、技术经济政策等政策因素，以及国家、地区、行业制定的生产经济规模标准。为了取得较好的经济效益，国家对部分行业的新建规模作了下限规定，在选择拟建项目规模时应遵照执行，并尽可能地使项目达到或接近经济规模，以提高项目的市场竞争能力。

3. 建设地区及建设地点的选择

项目建设地点的选择包括建设地区和具体场址的选择。建设地区的选择是指拟建项目适宜投资在哪个地区的选择；建设地点的选择是指对项目具体坐落位置的选择。

建设地区的选择对于该项目的建设工程造价、建成后的生产成本以及国民经济方面均有直接影响。建设地区选择的合理与否在很大程度上决定着拟建项目的命运，影响着工程造价、建设工期和建设质量，甚至决定建设项目投资是否成功。

因此，要根据国民经济发展的要求和市场需要以及各地社会经济、资源条件等认真选择合适的建设地区。具体要考虑是否符合国民经济发展战略规划；要靠近原材料、能源的提供地和产品市场；要考虑工业项目适当积聚并且聚集程度越高越好的原则；尽量选择工程地质、水文地质、条件较好，交通便利、便于供电供热和其他协作条件较好的地区。

4. 生产技术方案的选定

生产技术方案是指生产性项目生产产品所采用的工艺流程和制作方法。其评价及确定主要有三项标准：先进适用、安全可靠与经济合理。工艺的先进性是首先要满足的，它能带来产品质量、生产成本的优势。项目所采用的技术或工艺，必须经过多次试验和实践证明是成熟的，只有技术过关、质量可靠、安全稳定才能确保生产安全、高效运行，发挥项目的经济效益。经济合理是指所用的工艺应能以最小的消耗获得最大的经济效果，要求综合考虑所用工艺所能产生的经济效益和国家、地区及部门的经济承受能力。生产工艺技术方案是否先进、可靠、合理，不仅关系到项目建设阶段的投资数额，而且对使用阶段的年使用费也有很大的影响。

5. 工程设备方案的选用

在确定生产工艺流程和生产技术后，应根据生产规模和工艺过程的要求，选择设备的型号和数量。设备的选择与生产技术密切相关，二者必须匹配。没有先进的技术，再好的设备也没用；没有先进的设备，技术的先进性也没有办法体现。设备费用在生产性建设项目总投资中所占的比例较大，因而应特别注重设备的选用以控制投资成本。在设备选用中，应注意处理好以下几个问题。

①要尽量选用国产设备，凡只引进关键设备就能配套使用的，就不要成套引进。

②要注意进口设备之间以及国内外设备之间的衔接问题。

③要注意进口设备与原有国产设备、厂房之间的配套问题。

④要注意进口设备与原材料、备件及维修能力之间的配套问题。

6. 环境保护措施

建设项目一般会引起项目所在地自然环境、社会环境和生态环境的变化，对环境状况、环境质量产生不同程度的影响。因此，需要在确定场址方案和技术方案时，对所在地的环境条件进行充分的调查研究，识别和分析拟建项目影响环境的因素，并提出治理和保护环境的措施，比选和优化环境保护方案。

环境保护的基本要求主要有：应注意保护场址及其周围地区的水土资源，海洋资源、矿产资源、森林植被、文物古迹、风景名胜等自然环境和社会环境。

环境保护措施应坚持的原则主要有：要符合国家环境保护相关法律法规以及环境功能规划的整体要求，工业建设项目应当采用能耗和物耗小、污染物产生量少的清洁生产工艺，合理利用自然资源，防止环境污染和生态破坏，坚持“三同时原则”，即建设项目需要配套建设的环境保护设施，必须与主体工程同时设计、同时施工、同时投产使用，力求环境效益与经济效益相统一，注重资源综合利用和再利用。

第二节 建设项目可行性研究

一、可行性研究的概念及作用

（一）可行性研究的概念

可行性研究是指建设项目在投资决策前，对与拟建项目有关的社会、经济、技术等方面进行深入细致的调查研究，对各种可能拟定的技术方案和建设方案进行认真的技术经济分析和比较论证，是项目投资决策前所进行的系统、科学、综合的研究。其中，财务的盈利性和经济的合理性是可行性研究的核心。一般由咨询或设计单位编写可行性研究报告，论证必要性、可行性、合理性（核心），回答“该建设项目是否应该投资？怎样投资？投资取得的预期效果如何？”等问题。

（二）可行性研究的作用

作为工程项目投资决策前期工作的核心和重点的可行性研究工作，一经批准，在整个全过程工程造价管理中会发挥极其重要的作用。

1. 确定工程项目的依据

可行性研究从市场、技术、工程建设、经济及社会等多个方面对建设项目进行全面综合的分析和论证，依其结论进行投资决策，可提高投资决策的科学性。

2. 编制设计文件的依据

可行性研究报告经审批通过，意味着该项目正式立项，可以进行初步设计。设计文件将项目选址、建设规模、主要生产流程设备选型和施工进度等作为依据。

3. 向银行贷款的依据

世界银行等国际金融组织均把可行性研究报告作为申请项目投资贷款的先决条件。我国的金融机构在审批工程项目贷款时，也以可行性研究报告为依据，对工程项目进行全面、细致地分析评估，确认项目的偿还能力及风险水平后，才做出是否贷款的决策。

4. 建设单位与各协作单位签订合同和商务谈判的依据

在可行性研究工作中，对建设规模、主要生产流程及设备选型等都进行了充分的论证。建设单位在与有关协作单位签订原材料、燃料、动力、工程建筑、设备购置等方面的协议时，应以批准的可行性研究报告为基础，保证预定建设目标的实现。

5. 环保部门、地方政府和规划部门审批项目的依据

工程项目开工前，需由当地政府批拨土地，规划部门审查项目建设是否符合城市规划，环保部门审查项目对环境的影响。这些审查都以可行性研究报告中总图布置、环境及生态保护方案等诸方面的论证为依据。因此，可行性研究报告为工程项目申请和批准提供了依据。

6. 可行性研究是施工组织、工程进度安排及竣工验收的依据

可行性研究是施工组织的重要依据。在施工前，需要进行详细的可行性研究，以确定施工方案、施工进度和施工预算等。可行性研究需要考虑施工现场的地质条件、气候条件、交通情况等因素，以及施工所需的材料、设备、人员等资源。这些研究结果可以为施工组织提供科学依据，确保施工顺利进行。

可行性研究也是工程进度安排的依据。通过可行性研究，可以确定工程的施工周期、关键节点和里程碑事件等，从而为工程进度安排提供基础数据。同时，可行性研究还可以预测可能出现的风险和问题，为工程进度安排提供应对措施。

可行性研究还是竣工验收的依据。在工程竣工后，需要进行验收工作，以确认工程是否符合设计要求和质量标准。可行性研究可以为竣工验收提供技术依据和支持，帮助验收人员全面了解工程的情况，确保工程符合要求。

因此，可行性研究是施工组织、工程进度安排及竣工验收的重要依据，可以为工程的顺利实施和质量保证提供有力支持。

7. 项目后评估的依据

在项目实施后，后评估会对项目的实际效果进行评估，并与可行性研究的结果进行比较。因此，可行性研究为项目后评估提供了重要的依据和参考。

（三）可行性研究的阶段

1. 投资项目机会研究

建设项目实施的第一步是选择投资机会。机会研究是在一定的范围内，寻求有价值的投资机会，对项目的投资方向提出设想的活动。

2. 初步可行性研究

初步可行性研究也称为预可行性研究。项目预可行性研究应对项目投资意向进行初步的估计。这一阶段对于大型复杂项目来说必不可少，主要对建设项目在市场、技术、环境、选址、效益及资金等方面的可行性进行初步分析，同时提出主要的实施方案或纲要，起着承上启下的作用。一旦预可行性研究的纲要制定完毕，业主单位即完成了预可行性研究报告，经过审核决定投资意向后，就应着手向上级主管部门提出书面建议——项目建议书。

3. 详细可行性研究

详细可行性研究是保证建设项目以最少的投资耗费取得最佳经济效果的科学手段，也是实现建设项目在技术上先进、经济上合理和建设上可行的科学分析方法，是对前期的工作进行细化，对项目的全部组成部分和可能遇到的各种问题进行全面系统地分析论证，是关键环节。

可行性研究阶段如图 2-2 所示。

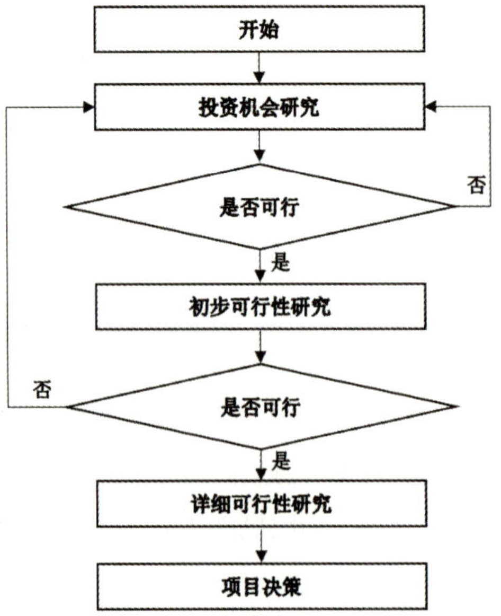

图 2-2　可行性研究阶段

二、可行性研究的内容

（一）主要内容

工程项目可行性研究的内容主要是对投资项目进行四个方面的研究，即市场研究、技术研究、经济研究和环保生态研究。

通过市场研究来论证项目拟建的必要性、拟建规模、建造地区和建造地点、需要多少投资、资金如何筹措等。选定了拟建规模、确定了投资额和融资方案后，就应选择技术、工艺和设备。经济研究是可行性研究的核心内容，通过经济研究论证拟建项目经济上的盈利性、合理性以及对国民经济可持续发展的可行性。国内外已建大中型项目在环保生态方面失误甚至造成了不可挽回的生态损失，给人类敲响了警钟。从整体系统论分析的观点看，环保生态研究目前亟须重视，认真开展，绝不可走过场。

工程项目可行性研究主要是研究和论证拟建项目在以下方面的可行性。

①拟建什么项目。

②为什么要建，建多大规模。

③在什么地区和地点建设。

④选用何种工艺和技术，选用什么规格、型号的设备。

⑤需要多少投资费用（即投资估算），资金如何筹措（提交一份融资方案）。

⑥建造工期多长，施工进度安排。

⑦经济上的可行性、盈利性。

⑧对环保生态有无负面影响，甚至造成严重后果（对大型项目尤其重要）。

（二）编制大纲及相关说明

以政府投资项目可行性研究报告编制内容为例，通用大纲如下。

1. 概述

（1）项目概况

项目全称及简称。概述项目建设目标和任务、建设地点、建设内容和规模（含主要产出）、建设工期、投资规模和资金来源、建设模式、主要技术经济指标、绩效目标等。

（2）项目单位概况

简述项目单位基本情况。拟新组建项目法人的，简述项目法人组建方案。对于政府资本金注入项目，简述项目法人基本信息、投资人（或者股东）构成及政府出资人代表等情况。

（3）编制依据

概述项目建议书（或项目建设规划）及其批复文件、国家和地方有关支持性规划、产业政策和行业准入条件、主要标准规范、专题研究成果，以及其他依据。

（4）主要结论和建议

简述项目可行性研究的主要结论和建议。

2. 项目建设背景和必要性

(1)项目建设背景

简述项目立项背景，项目用地预审和规划选址等行政审批手续办理和其他前期工作进展。

(2)规划政策符合性

阐述项目与经济社会发展规划、区域规划、专项规划、国土空间规划等重大规划的衔接性，与扩大内需、共同富裕、乡村振兴、科技创新、节能减排、碳达峰碳中和、国家安全和应急管理等重大政策目标的符合性。

(3)项目建设必要性

从重大战略和规划、产业政策、经济社会发展、项目单位履职尽责等层面，综合论证项目建设的必要性和建设时机的适当性。

3. 项目需求分析与产出方案

(1)需求分析

在调查项目所涉产品或服务需求现状的基础上，分析产品或服务的可接受性或市场需求潜力，研究提出拟建项目功能定位、近期和远期目标、产品或服务的需求总量及结构。

(2)建设内容和规模

结合项目建设目标和功能定位等，论证拟建项目的总体布局、主要建设内容及规模，确定建设标准。大型、复杂及分期建设项目应根据项目整体规划、资源利用条件及近远期需求预测，明确项目近远期建设规模、分阶段建设目标和建设进度安排，并说明预留发展空间及其合理性、预留条件对远期规模的影响等。

(3)项目产出方案

研究提出拟建项目正常运营年份应达到的生产或服务能力及其质量标准要求，并评价项目建设内容、规模以及产出的合理性。

4. 项目选址与要素保障

(1)项目选址或选线

通过多方案比较，选择项目最佳或合理的场址或线路方案，明确拟建项目场址或线路的土地权属、供地方式、土地利用状况、矿产压覆、占用耕地和永久基本农田、涉及生态保护红线、地质灾害危险性评估等情况。备选场址方案或线路方案比选要综合考虑规划、技术、经济、社会等条件。

(2)项目建设条件

分析拟建项目所在区域的自然环境、交通运输、公用工程等建设条件。其中，自然环境条件包括地形地貌、气象、水文、泥沙、地质、地震、防洪等；交通运输条件包括铁路、公路、港口、机场、管道等；公用工程条件包括周边市政道路、水、电、气、热、消防和通信等。阐述施工条件、生活配套设施和公共服务依托条件等。改扩建工程要分析现有设施条件的容量和能力，提出设施改扩建和利用方案。

（3）要素保障分析

一是，土地要素保障。分析拟建项目相关的国土空间规划、土地利用年度计划、建设用地控制指标等土地要素保障条件，开展节约集约用地论证分析，评价用地规模和功能分区的合理性、节地水平的先进性。说明拟建项目用地总体情况，包括地上（下）物情况等；涉及耕地、园地、林地、草地等农用地转为建设用地的，说明农用地转用指标的落实、转用审批手续办理安排及耕地占补平衡的落实情况；涉及占用永久基本农田的，说明永久基本农田占用补划情况；如果项目涉及用海用岛，应明确用海用岛的方式、具体位置和规模等内容。二是，资源环境要素保障。分析拟建项目水资源、能源、大气环境、生态等承载能力及其保障条件，以及取水总量、能耗、碳排放强度和污染减排指标控制要求等，说明是否存在环境敏感区和环境制约因素。对于涉及用海的项目，应分析利用港口岸线资源、航道资源的基本情况及其保障条件；对于需围填海的项目，应分析围填海基本情况及其保障条件。对于重大投资项目，应列示规划、用地、用水、用能、环境以及可能涉及的用海、用岛等要素保障指标，并综合分析提出要素保障方案。

5. 项目建设方案

（1）技术方案

通过技术比较提出项目预期达到的技术目标、技术来源及其实现路径，确定核心技术方案和核心技术指标，简述推荐技术路线的理由。对于专利或关键核心技术，需要分析其取得方式的可靠性、知识产权保护、技术标准和自主可控性等。

（2）设备方案

通过设备比选提出所需主要设备（含软件）的规格、数量、性能参数、来源和价格，论述设备（含软件）与技术的匹配性和可靠性、设备（含软件）对工程方案的设计技术需求，提出关键设备和软件推荐方案及自主知识产权情况。对于关键设备，进行单台技术经济论证，说明设备调研情况；对于非标设备，说明设备原理和组成。对于改扩建项目，分析现有设备利用或改造情况。涉及超限设备的，研究提出相应的运输方案，特殊设备提出安装要求。

（3）工程方案

通过方案比选提出工程建设标准、工程总体布置、主要建（构）筑物和系统设计方案、外部运输方案、公用工程方案及其他配套设施方案。工程方案要充分考虑土地利用、地上（下）空间综合利用、人民防空工程、抗震设防、防洪减灾、消防应急等要求，以及绿色和韧性工程相关内容，并结合项目所属行业特点，细化工程方案有关内容和要求。涉及分期建设的项目，需要阐述分期建设方案；涉及重大技术问题的，还应阐述需要开展的专题论证工作。

（4）用地用海征收补偿（安置）方案

涉及土地征收或用海海域征收的项目，应根据有关法律法规政策规定，提出征收补偿（安置）方案。土地征收补偿（安置）方案应当包括征收范围、土地现状、征收目的、补偿方式和标准、安置对象、安置方式、社会保障、补偿（安置）费用等内容。用海用岛涉及利益相关者的，应根据有关法律法规政策规定等，确定利益相关者协调方案。

（5）数字化方案

对于具备条件的项目，研究提出拟建项目数字化应用方案，包括技术、设备、工程、建设管理和运维、网络与数据安全保障等方面，提出以数字化交付为目的，实现设计—施工—运维全过程数字化应用方案。

（6）建设管理方案

提出项目建设组织模式和机构设置，制定质量、安全管理方案和验收标准，明确建设质量和安全管理目标及要求，提出拟采用新材料、新设备、新技术、新工艺等推动高质量建设的技术措施。根据项目实际提出拟实施以工代赈的建设任务等。提出项目建设工期，对项目建设主要时间节点做出时序性安排。提出包括招标范围、招标组织形式和招标方式等在内的拟建项目招标方案。研究提出拟采用的建设管理模式，如代建管理、全过程工程咨询服务、工程总承包（EPC）等。

6. 项目运营方案

（1）运营模式选择

研究提出项目运营模式，确定自主运营管理还是委托第三方运营管理，并说明主要理由。委托第三方运营管理的，应提出对第三方的运营管理能力要求。

（2）运营组织方案

研究项目组织机构设置方案、人力资源配置方案、员工培训需求及计划，提出项目在合规管理、治理体系优化和信息披露等方面的措施。

（3）安全保障方案

分析项目运营管理中存在的危险因素及其危害程度，明确安全生产责任制，建立安全管理体系，提出劳动安全与卫生防范措施，以及项目可能涉及的数据安全、网络安全、供应链安全的责任制度或措施方案，并制定项目安全应急管理预案。

（4）绩效管理方案

研究制定项目全生命周期关键绩效指标和绩效管理机制，提出项目主要投入产出效率、直接效果、外部影响和可持续性等管理方案。大型、复杂及分期建设项目，应按照子项目分别确定绩效目标和评价指标体系，并说明影响项目绩效目标实现的关键因素。

7. 项目投融资与财务方案

（1）投资估算

对项目建设和生产运营所需投入的全部资金即项目总投资进行估算，包括建设投资、建设期融资费用和流动资金，说明投资估算编制依据和编制范围，明确建设期内分年度投资计划。

（2）盈利能力分析

根据项目性质，确定适合的评价方法。结合项目运营期内的负荷要求，估算项目营业收入、补贴性收入及各种成本费用，并按相关行业要求提供量价协议、框架协议等支撑材料。通过项目自身的盈利能力分析，评价项目可融资性。对于政府直接投资的非经营性项目，开展项目全生命周期资金平衡分析，提出开源节流措施。对于政府资本金注入项目，计算财务内部收益率、财务净现值、投资回收期等指标，评价项目盈利能力。营业收入不足以覆盖项目成本费用的，提出政府支持方案。对于综合性开发项目，分析项目服务能力和潜在综合收益，评价项目采用市场化机制的可行性和利益相关方的可接受性。

（3）融资方案

研究提出项目拟采用的融资方案，包括权益性融资和债务性融资，分析融资结构和资金成本。说明项目申请财政资金投入的必要性和方式，明确资金来源，提出形成资金闭环的管理方案。对于政府资本金注入项目，说明项目资本金来源和结构、与金融机构对接情况，研究采用权益型金融工具、专项债、公司信用类债券等融资方式的可行性，主要包括融资金额、融资期限、融资成本等关键要素。对于具备资产盘活条件的基础设施项目，研究项目建成后采取基础设施领域不动产投资信托基金（REITs）等方式盘活存量资产、实现项目投资回收的可能路径。

（4）债务清偿能力分析

对于使用债务融资的项目，明确债务清偿测算依据和还本付息资金来源，分析利息备付率、偿债备付率等指标，评价项目债务清偿能力，以及是否增加当地政府财政支出负担、引发地方政府隐性债务风险等情况。

（5）财务可持续性分析

对于政府资本金注入项目，编制财务计划现金流量表，计算各年净现金流量和累计盈余资金，判断拟建项目是否有足够的净现金流量维持正常运营。对于在项目经营期出现经营净现金流量不足的项目，研究提出现金流接续方案，分析政府财政补贴所需资金，评价项目财务可持续性。

8. 项目影响效果分析

（1）经济影响分析

对于具有明显经济外部效应的政府投资项目，计算项目对经济资源的耗费和实际贡献，分析项目费用效益或效果，以及重大投资项目对宏观经济、产业经济、区域经济等所产生的影响，评价拟建项目的经济合理性。

（2）社会影响分析

通过社会调查和公众参与，识别项目主要社会影响因素和主要利益相关者，分析不同目标群体的诉求及其对项目的支持程度，评价项目采取以工代赈等方式在带动当地就业、促进技能提升等方面的预期成效，以及促进员工发展、社区发展和社会发展等方面的社会责任，提出减缓负面社会影响的措施或方案。

（3）生态环境影响分析

分析拟建项目所在地的环境和生态现状，评价项目在污染物排放、地质灾害防治、防洪减灾、水土流失、土地复垦、生态保护、生物多样性和环境敏感区等方面的影响，提出生态环境影响减缓、生态修复和补偿等措施，以及污染物减排措施，评价拟建项目能否满足有关生态环境保护政策要求。

（4）资源和能源利用效果分析

研究拟建项目的矿产资源、森林资源、水资源（含非常规水资源）、能源、再生资源、废物和污水资源化利用，以及设备回收利用情况，通过单位生产能力主要资源消耗量等指标分析，提出资源节约、关键资源保障，以及供应链安全、节能等方面措施，计算采取资源节约和资源化利用措施后的资源消耗总量及强度。计算采取节能措施后的全口径能源消耗总量、原料用能消耗量、可再生能源消耗量等指标，评价项目能效水平以及对项目所在地区能耗调控的影响。

（5）碳达峰碳中和分析

对于高耗能、高排放项目，在项目能源资源利用分析的基础上，预测并核算项目年度碳排放总量、主要产品碳排放强度，提出项目碳排放控制方案，明确拟采取减少碳排放的路径与方式，分析项目对所在地区碳达峰碳中和目标实现的影响。

9. 项目风险管控方案

（1）风险识别与评价

识别项目全生命周期的主要风险因素，包括需求、建设、运营、融资、财务、经济、社会、环境、网络与数据安全等方面，分析各风险发生的可能性、损失程度，以及风险承担主体的韧性或脆弱性，判断各风险后果的严重程度，研究确定项目面临的主要风险。

（2）风险管控方案

结合项目特点和风险评价，有针对性地提出项目主要风险的防范和化解措施。重大项目应当对社会稳定风险进行调查分析，查找并列出风险点、风险发生的可能性及影响程度，提出防范和化解风险的方案措施，提出采取相关措施后的社会稳定风险等级建议。对可能引发“邻避”问题的，应提出综合管控方案，保证影响社会稳定的风险在采取措施后处于低风险且可控状态。

（3）风险应急预案

对于拟建项目可能发生的风险，研究制定重大风险应急预案，明确应急处置及应急演练要求等。

10. 研究结论及建议

（1）主要研究结论

从建设必要性、要素保障性、工程可行性、运营有效性、财务合理性、影响可持续性、风险可控性等维度分别简述项目可行性研究结论，评价项目在经济、社会、环境等各方面效果和风险，提出项目是否可行的研究结论。

（2）问题与建议

针对项目需要重点关注和进一步研究解决的问题，提出相关建议。

11. 附表、附图和附件

根据项目实际情况和相关规范要求，研究确定并附具可行性研究报告必要的附表、附图和附件等。

三、可行性研究的编制

（一）可行性研究的编制要求

1. 科学性

要求按客观规律办事，这是可行性研究工作必须遵循的基本原则。

2. 客观性

要坚持从实际出发、实事求是的原则，即建设所需条件必须是客观存在的，而不是主观臆造的。

3. 公正性

可行性研究工作中要排除各种干扰，尊重事实，不弄虚作假。

（二）可行性研究的编制程序

一般而言，项目可行性研究的编制程序如下。

1. 筹划准备

项目建议书被批准后，建设单位即可组织或委托有资质的工程咨询公司对拟建项目进行可行性研究。可行性研究的承担单位在接受委托时，应了解委托人的目标、意见和具体要求，收集与项目有关的基础资料、基本参数、技术标准等基础依据。

2. 调查研究

调查研究包括市场、技术和经济三个方面的内容。

3. 方案的制定和选择

这是可行性研究中的一个重要步骤。在充分调查研究的基础上制定技术方案和建设方案，经过分析比较，选出最佳方案。

4. 方案的详细研究

进行详细的研究，重点是在对选定方案进行财务预测的基础上，进行项目的财务效益分析和国民经济评价。

5. 编制可行性研究报告

在对工程项目进行技术经济分析论证后，证明项目建设的必要性、实现条件的可能性、技术上先进可行和经济上合理有利，即编制可行性研究报告，推荐一个以上的项目建设方案和实施计划，提出结论性意见和重大措施建议，供决策单位作为决策依据。

四、可行性研究报告的审核

项目建议书评审应着重论证建设项目的必要性，项目融资咨询成果评审应着重评估资金投资机构的能力和资金来源以及融资方案的风险，项目可行性研究报告评审应着重对投资项目的可行性进行分析判断。具体审核点如下。

①项目投资决策咨询应按照国家有关标准和规定执行。

②项目投资决策咨询人应服从全咨管理部的数字化协同管理平台的使用要求。

③项目投资决策咨询人应依据项目投资决策实施规划和项目投资决策咨询任务书等相关文件，编制项目投资决策咨询实施方案，经总咨询师审核，报委托人批准后实施。

④项目投资决策咨询人应通过研究投资项目的市场、技术、经济、财务、生态环境、能源、资源、安全、社会稳定性等影响可行性的各种要素，制定拟建项目投资方案；并结合国家、地区、行业发展规划及相关重大专项建设规划、产业政策、技术标准及相关审批要求，进行项目方案的分析研究和论证、比选优化，为委托人提供投资项目的投资决策依据和建议。

⑤项目投资决策咨询人应负责组织通过对项目的政治、经济环境的分析，寻找投资机会、鉴别投资方向、选定投资项目，形成项目投资策划咨询（项目投资机会研究）的成果，为行政主管部门或委托人的投资决策和项目立项提供依据。

⑥项目投资决策咨询人应负责组织从宏观上论述项目设立的必要性和可能性，把项目投资的意向变为战略的投资建议，形成项目建议书（项目初步可行性研究）为行政主管部门或委托人的审批投资项目提供依据。

⑦项目投资决策咨询人应负责组织在可行性研究阶段提出的建设项目选址推荐意见的基础上，对建设项目选址合理性的进一步论证，形成项目选址论证报告，为行政主管部门审批选址意见书提供依据。

⑧项目投资决策咨询人应负责组织通过对项目技术、经济、工程、环境、项目运营等方面的论证和分析预测，提出项目建设必要性、可行性和合理性的研究结论，形成项目可行性研究报告，为政府投资主管部门行政审批、备案提供依据。

⑨项目投资决策咨询人应负责组织项目环境影响评价、水土保持评价、节能评估、社会稳定风险评估、地质灾害评估、项目安全风险评价、交通影响评价、资源综合开发利用评估等专项评估工作。

⑩项目投资决策咨询人应负责组织对拟建项目建设总投资进行估算，作为投资机会研究、项目建议书和可行性研究报告的重要组成部分。为项目建设前期融资方案、经济评价、财务分析、初步资金概算编制提供依据。

⑪ 项目投资决策咨询人应负责组织编制项目申请报告，包括维护经济安全、合理开发利用资源、保护生态环境、优化重大布局、保障公众利益、防止出现垄断等内容。为政府投资主管部门核准项目提供依据。

⑫ 项目投资决策咨询人应负责组织编制资金申请报告，重点阐述项目实施和资金申请的必要性和合理性，建设条件情况，项目完成审批（或核准、备案）情况，以及申请政府专项资金的主要理由和政策依据等。为项目申请政府专项资金支持提供依据。

⑬ 项目投资决策咨询人应按照前期部的管理要求，及时、准确、完整地将项目投资决策咨询过程中所形成的咨询成果文件进行收集、整理、编制、传递，并向前期部移交。

第三节 建设项目的投资估算

一、投资估算的概念及作用

（一）投资估算的概念

投资估算是在投资决策阶段，以方案设计或可行性研究文件为依据，按照规定的程序、方法和依据，对拟建项目所需总投资及其构成进行的预测和估计；是在研究并确定项目的建设规模、产品方案、技术方案、工艺技术、设备方案、厂址方案、工程建设方案以及项目进度计划等的基础上，依据特定的方法，估算项目从筹建、施工直至建成投产所需全部建设资金总额并测算建设期各年资金使用计划的过程。投资估算的成果文件称作投资估算书，也简称为投资估算。

投资估算按委托内容可分为建设项目的投资估算、单项工程投资估算、单位工程投资估算。项目建议书阶段的投资估算可采用生产能力指数法、系数估算法、比例估算法、指标估算法或混合法进行编制；可行性研究阶段的投资估算宜采用指标估算法进行编制。

投资估算的建设项目总投资应由建设投资、建设期利息、固定资产投资方向调节税和流动资金组成。建设投资应包括工程费用、工程建设其他费用和预备费。工程费用应包括建筑工程费、安装工程费、设备及工器具购置费。预备费应包括基本预备费和价差预备费。建设期利息应包括支付金融机构的贷款利息和为筹集资金而发生的融资费用。

（二）投资估算的精度

在我国建设项目决策过程中的项目规划、项目建议书、初步可行性研究及可行性研究阶段，都分别对应着精度不同的投资估算，投资估算的精度要求见表 2-1。

表 2-1 投资估算精度要求

阶段	项目规划	项目建议书	初步可行性研究	可行性研究
精度	＞ ±30%	±30% 左右	±20% 左右	±10% 左右

（三）投资估算的作用

投资估算作为论证拟建项目的重要经济文件，既是建设项目技术经济评价和投资决策的重要依据，又是该项目实施阶段投资控制的目标值。投资估算在建设工程的投资决策、造价控制、筹集资金等方面都有重要作用。

①项目建议书阶段的投资估算，是项目主管部门审批项目建议书的依据之一，也是确定建设规模的参考依据。

②项目可行性研究阶段的投资估算，是项目投资决策的重要依据，也是研究、分析、计算项目投资经济效果的重要条件。

③投资估算是设计阶段造价控制的依据，是限额设计的依据，即建设项目投资的最高限额，不得随意突破，是控制和指导设计的尺度。

④投资估算可作为项目资金筹措及制订建设贷款计划的依据，建设单位可根据批准的建设项目投资估算额，进行资金筹措和向银行申请贷款。

⑤投资估算是核算建设项目固定资产投资需要额和编制固定资产投资计划的重要依据。

⑥投资估算是项目设计招标、优选设计单位和设计方案的重要依据。

二、投资估算的编制

（一）投资估算的编制依据

投资估算应依据建设项目的特征、设计文件和相应的工程造价计价依据或资料对建设项目总投资及其构成进行编制，并应对主要技术经济指标进行分析。

①国家、行业和地方政府的有关法律法规或规定，政府有关部门、金融机构等发布的价格指数、利率、汇率、税率等有关参数。

②行业部门、项目所在地工程造价管理机构或行业协会等编制的投资估算指标、概算指标（定额）、工程建设其他费用定额（规定）、综合单价、价格指数和有关造价文件等。

③类似项目的各种技术经济指标和参数。

④建设项目所在地同期的人工、材料、机械市场价格，建筑、工艺及附属设备的市场价格和有关费用。

⑤与建设项目相关的工程地质资料、设计文件、图纸或有关设计专业提供的主要工程量和主要设备清单等。

⑥委托单位提供的其他技术经济资料。

（二）投资估算的编制流程

建设项目投资估算编制流程，如图 2-3 所示。

①分别估算各单项工程所需的建筑工程费、设备及工器具购置费、安装工程费。

②在汇总单项工程费用的基础上，估算工程建设其他费用和基本预备费。

③估算价差预备费和建设期利息。

④估算流动资金。

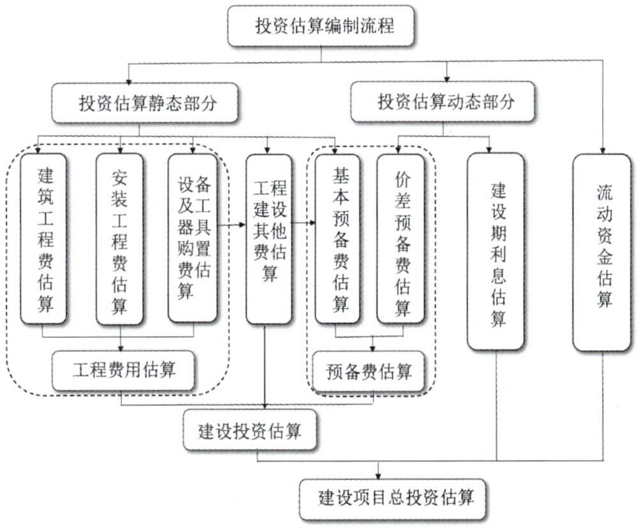

图 2-3 建设项目投资估算编制流程

（三）投资估算的编制方法

项目建议书阶段的流动资金可按分项详细估算法、扩大指标估算法进行估算；可行性研究阶段流动资金应按分项详细估算法进行估算。

1. 项目建议书阶段的投资估算

（1）单位生产能力估算法

单位生产能力估算法是指根据已建成的、性质类似的建设项目的单位生产能力投资乘以建设规模，即得到拟建项目的静态投资额的方法，计算方法为

$$C_2 = \frac{C_1}{Q_1} = Q_2 f \quad (2-1)$$

式中 C_1——已建类似项目的静态投资额；

C_2——拟建项目静态投资额；

Q_1——已建类似项目的生产能力；

Q_2——拟建项目的生产能力；

f——不同时期、不同地点的定额、单价、费用变更等的综合调整系数。

这种方法将项目的建设投资与其生产能力的关系视为简单的线性关系，估算简便迅速，但其误差较大，约为 ±30%。而事实上单位生产能力的投资会随生产规模的增加而减少，因此，这种方法一般只适用于与已建项目在规模和时间上相近的拟建项目，一般两者间的生产能力比值为 0.2 ~ 2，且应考虑地区性、配套性及时间性。

另外，由于在实际工作中不易找到与拟建项目完全类似的项目，通常是把建设项目进行分解，分别套用类似子项目的单位生产能力投资指标计算，然后求和得建设项目总投资，或根据拟建项目的规模和建设条件，将投资进行适当调整后估算建设项目的投资额。

【案例解析 2.1】

某地拟建一座有 200 套客房的酒店，最近另有一座酒店在该地竣工，其资料如下：有 250 套客房，有门厅、餐厅、会议室、游泳池、健身房等设施。总造价约为 12 500 万美元。试估算拟新建项目的总投资。

解：根据已知材料，可推算出折算到每套客房的造价为

$$\frac{\text{总造价}}{\text{客户总套数}}=\frac{12\,500}{250}=50\text{（万美元）}$$

据此，即可计算出在同一个地方，且各方面有可比性的具有 200 套客房的豪华酒店造价估算值为

$$50\times200=10\,000\text{（万美元）}$$

（2）生产能力指数法

生产能力指数法是指根据已建成的类似项目生产能力和投资额来粗略估算同类但生产能力不同的拟建项目静态投资额的方法，是对单位生产能力估算法的改进，计算方法为

$$C_2=C_1\left(\frac{Q_2}{Q_1}\right)^x f \tag{2-2}$$

式中 x——生产能力指数，正常情况下，$0\leqslant x\leqslant1$；

其他符号含义同单位生产能力估算法公式。

在不同生产率水平和不同性质的项目中，x 的取值是不同的。当已建类似项目规模和拟建项目规模的比值在 0.5 ~ 2 之间时，x 的取值近似为 1；若已建类似项目规模与拟建项目规模的比值为 2 ~ 50，且拟建项目生产规模的扩大仅靠增大设备规模来达到时，则 x 的取值为 0.6 ~ 0.7；若是靠增加相同规格设备的数量达到，x 的取值在 0.8 ~ 0.9 之间。

这种方法工程造价与规模呈非线性关系，且单位造价随规模的增大而减小，不需要详细的工程设计资料，只需知道工艺流程及规模，其误差可控制在 ±20% 以内，主要应用于设计深度不足，拟建建设项目与类似建设项目的规模不同，设计定型并系列化，行业内相关指数和系数等基础资料完备的情况。

另外，生产能力指数法的关键是确定生产能力指数，一般应结合行业特点，并应有可靠的例证。生产能力指数法与单位生产能力估算法相比精确度略高，一般拟建项目与已建类似项目生产能力比值不宜大于 50，在 10 倍内效果较好，否则误差就会增大。

【案例解析 2.2】

已知某厂商于 2017 年在某地建设年产 30 万吨合成氨工厂的投资额为 25 000 万元，试估算 2023 年在同一地区建设年产 45 万吨合成氨工厂，需要投资多少钱？（假定从 2017 年到 2023 年平均工程造价指数为 1.10，合成氨的生产能力指数为 0.9）

解： $C_2 = C_1\left(\frac{Q_2}{Q_1}\right)^x f = 25\,000\times\left(\frac{45}{30}\right)^{0.9}\times(1.10)^6 = 63\,793.8$（万元）

（3）系数估算法

系统估算法是指以拟建项目的设备购置费为基数，根据已建成的同类项目的建筑安装费和其他工程费等与设备价值的百分比，求出拟建项目建筑安装工程费和其他工程费，进而求出项目的静态投资的方法，计算方法为

$$C = E(1 + f_1P_1 + f_2P_2 + f_3P_3 + \cdots) + I \tag{2-3}$$

式中　C——拟建项目的静态投资；

E——拟建项目根据当时当地价格计算的设备购置费；

P_1，P_2，P_3，…——已建项目中建筑安装工程费及其他工程费等与设备购置费的比例；

f_1，f_2，f_3，…——由于时间地点因素引起的定额、价格、费用标准等变化的综合调整系数；

I——拟建项目的其他费用。

【案例解析 2.3】

A 公司于 2020 年 8 月拟建年产 60 万吨甲产品的工厂，现已知 B 公司 2015 年 6 月投产的年产 40 万吨甲产品类似工厂的建设投资资料。已知 B 公司类似工厂的设备费为 21 000 万元，建筑工程费 10 500 万元，安装工程费 6 950 万元，工程建设其他费 5 880 万元。若拟建项目的其他费用为 8 000 万元，考虑因 2010—2020 年时间因素导致的对设备费、建筑工程费、安装工程费、工程建设其他费用的综合调整系数分别为 1.1、1.2、1.2、1.1，生产能力指数为 0.6，试估算拟建项目的静态投资。

解： 求已建项目建筑工程费、安装工程费、工程建设其他费占设备费的比重为

建筑工程费 =10 500 ÷ 21 000=0.5

安装工程费 =6 950 ÷ 21 000=0.33

工程建设其他费 =5 880 ÷ 21 000=0.28

估算拟建项目的静态投资为

$$C = 21\,000\times\left(\frac{60}{40}\right)^{0.6}\times(1.1+1.2\times0.5+1.2\times0.33+1.1\times0.28)+8\,000 = 72\,388.53\text{（万元）}$$

（4）比例估算法

比例估算法是指根据已知的同类建设项目主要生产工艺设备占整个建设项目的投资比例，先逐项估算出拟建项目主要生产工艺设备投资，再按比例估算拟建项目的静态投资的方法，计算方法为

$$I = \frac{1}{K}\sum_{i=1}^{n} Q_iP_i \tag{2-4}$$

式中 I——拟建项目的静态投资；

K——建设项目主要设备投资占已建项目投资的比例；

n——设备种类数；

Q_i——第i种设备的数量；

P_i——第i种设备的单价（到厂价格）。

2. 可行性研究阶段的投资估算

投资估算文件一般由封面、签署页、编制说明、投资估算分析、总投资估算表、单项工程估算表、主要技术经济指标等内容组成。在我国，投资估算主要由符合资质的工程造价咨询企业或自身能独立完成编制的投资人本身负责编制，其投资估算费用构成如图 2-4 所示（注：固定资产投资方向调节税应根据国家发布的具体规定估算）。

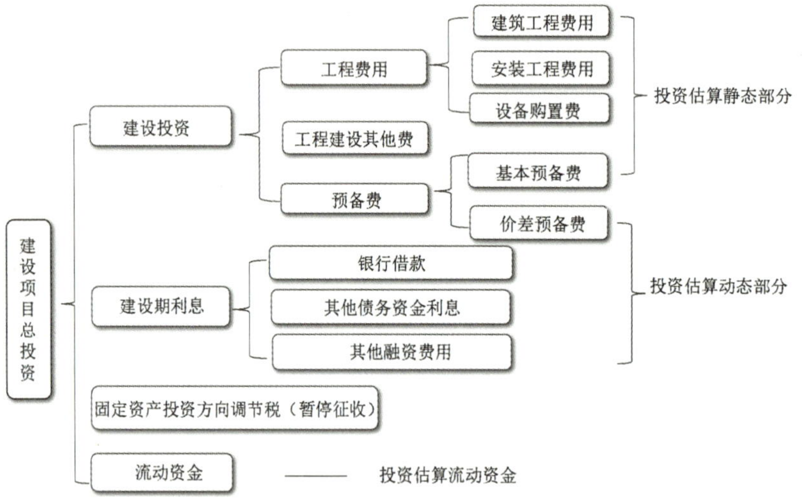

图 2-4 投资估算费用构成图

可行性研究阶段的投资估算应编制单项工程投资估算表，单项工程投资估算表纵向应分解到主要单位工程费，横向应分解到建筑工程费、设备购置费、安装工程费。

可行性研究阶段的投资估算中的工程建设其他费用应分项估算，可在投资估算汇总表分项编制，也可单独编制工程建设其他费用估算表。

（1）建筑工程费用的估算

建筑工程费用应结合拟建项目特点和工程计量要求分别套用不同专业工程的投资估算指标或类似工程造价资料进行估算。当无适当估算指标或类似工程造价资料时，可采用估算主体工程量的方法，并参考概算定额等资料进行估算。套用的投资估算指标应采用包括人工费、材料费、机械费、管理费、利润、规费、税金在内的全费用综合单价，并应考虑指标编制期与报告编制期的人材机要素价格等变化情况。

（2）设备购置费用的估算

设备购置费用应按国产标准设备、国产非标准设备、进口设备分别进行估算，并应将设备运杂费、备品备件费计入设备费。

(3) 安装工程费用的估算

安装工程费用应按不同安装类型，以设备费为基数或按相应项目的估算指标分别估算。套用的投资估算指标应采用全费用综合单价，并应考虑指标编制期与报告编制期的人材机等要素价格的变化情况。

(4) 工程建设其他费用的估算

工程建设其他费用包括建设单位管理费、建设用地费、可行性研究费、研究试验费、勘察设计费、监理费、招标代理费、环境影响评价费、劳动安全卫生评价费、场地准备及临时设施费、引进技术和引进设备其他费、工程保险费、联合试运转费、特殊设备安全监督检验费、市政公用设施配套费、专利及专有技术使用费、生产准备及开办费等。

工程建设其他费用应结合项目具体情况计列。有合同或协议要求的应按合同或协议计列；无合同或协议要求的应按国家、各行业部门或工程所在地省级政府有关部门的收费文件规定估算。

(5) 预备费的估算

基本预备费应以建设项目的工程费用和工程建设其他费用之和为基数进行估算。

价差预备费是指为在建设期内利率、汇率或价格等因素的变化而预留的可能增加的费用，是站在投资人的角度对项目全过程可能增加费用的计算。价差预备费宜根据国家或行业主管部门的具体规定估算，应考虑建设前期和建设期的涨价因素。

一般根据国家规定的投资综合价格指数，以估算年份价格水平的投资额为基数，采用复利方法计算，包括人工、设备、材料、施工机具的价差费，建筑安装工程费及工程建设其他费用调整，利率、汇率调整等增加的费用，计算方法为

$$PF=\sum_{t=1}^{n} I_t \times \left[(1+f)^m (1+f)^{0.5} (1+f)^{t-1} - 1\right] \tag{2-5}$$

式中 PF——价差预备费；

n——建设期年份数；

I_t——建设期中第t年的投资计划额，包括工程费用、工程建设其他费用及基本预备费，即第t年的静态投资计划额；

f——年涨价率，若政府部门有规定的按规定执行，没有规定的由可行性研究人员预测；

m——建设前期年限（从编制估算到开工建设，单位：年）

【案例解析 2.4】

某建设项目建筑安装工程费 6 000 万元，设备购置费 3 500 万元，工程建设其他费用 2 000 万元，已知基本预备费率 6%，项目建设前期年限为 1 年，建设期为 3 年，各年投资计划额为：第一年完成投资 30%，第二年完成投资 50%，其余第三年完成。年均投资价格上涨率为 5%，试求建设项目建设期间价差预备费。

解：基本预备费 =（6 000+3 500+2 000）×6%=690（万元）

静态投资 =6 000+3 500+2 000+690=12 190（万元）

建设期第一年完成投资 =12 190×30%=3 657（万元）

第一年价差预备费 $PF_1=I_1\times[(1+f)(1+f)^{0.5}-1]=3\,657\times[(1+5\%)^{1.5}-1]=277.675\,4$（万元）

第二年完成投资 =12 190×50%=6 095（万元）

第二年价差预备费 $PF_2=I_2\times[(1+f)(1+f)^{0.5}(1+f)-1]=6\,095\times[(1+5\%)^{2.5}-1]=790.681\,9$（万元）

第三年完成投资 =12 190−3 657−6 095=2 438（万元）

第三年价差预备费 $PF_3=I_3\times[(1+f)(1+f)^{0.5}(1+f)^2-1]=2\,438\times[(1+5\%)^{3.5}-1]=453.986\,4$（万元）

建设期的价差预备费

$$PF=PF_1+PF_2+PF_3=277.675\,4+790.681\,9+453.986\,4=1\,522.343\,7\text{（万元）}$$

（6）建设期利息的估算

建设期利息应根据建设期资金筹措方式和投资计划，以及相应的利率进行估算，并应包括相应的金融机构手续费、管理费等。

当贷款是分年均衡发放时，建设期利息的计算可按当年借款在年中支用考虑，即当年贷款按半年计息，上年贷款按全年计息，计算方法为

$$q_j=\left(P_{j-i}+\frac{1}{2}A_j\right)i \tag{2-6}$$

式中 q_j——建设期第j年应计利息；

P_{j-1}——建设期第$j-1$年末累计贷款本金与利息之和；

A_j——建设期第j年贷款金额；

i——年利率。

【案例解析 2.5】

某新建项目，建设期为 3 年，分年均衡向某国有银行进行贷款，第一年贷款 1 600 万元，第二年贷款 1 200 万元，第三年贷款 1 400 万元，年利率为 10%，建设期内只计息不支付，请计算该项目建设期贷款利息。

解： $q_1=\left(\frac{1}{2}\times1\,600\right)\times10\%=80$（万元）

$$q_2=\left(1\,600+80+\frac{1}{2}\times1\,200\right)\times10\%=228\text{（万元）}$$

$$q_3=\left(1\,680+1\,200+228+\frac{1}{2}\times1\,400\right)\times10\%=380.80\text{（万元）}$$

建设期贷款利息 $q=80+228+380.80=688.80$（万元）

（7）流动资金的估算

生产经营性项目对铺底流动资金有要求的，应按国家或行业的有关规定进行估算。流动资金计算常用的方法有分项详细估算法和扩大指标估算法。

①分项详细估算法，指根据项目的流动资产和流动负债，估算项目所占用流动资金的方法。其中，流动资产的构成要素一般包括存货、库存现金、应收账款和预付账款；流动负债的构成要素一般包括应付账款和预收账款，计算方法为

$$流动资金 = 流动资产 - 流动负债 \tag{2-7}$$

$$流动资产 = 应收账款 + 预付账款 + 存货 + 库存现金 \tag{2-8}$$

$$流动负债 = 应付账款 + 预收账款 \tag{2-9}$$

$$流动资金本年增加额 = 本年流动资金 - 上年流动资金 \tag{2-10}$$

在采用分项详细估算法时，应首先计算各类流动资产和流动负债的年周转次数，估算占用资金额。并应根据项目实际情况分别确定现金、应收账款、预付账款、存货、应付账款和预收账款的最低周转天数，并考虑一定的保险系数。因为最低周转天数减少，将增加周转次数，从而减少流动资金需用量，因此，必须切合实际地选用最低周转天数。对于存货中的外购原材料和燃料，要分品种和来源，考虑运输方式和运输距离，以及占用流动资金的比重大小等因素确定。

②扩大指标估算法，指根据现有同类企业的实际资料，求得各种流动资金率指标，或依据行业或部门给定的参考值或经验确定比率，再将各类流动资金率乘以相对应的费用基数来估算流动资金的方法。一般常用的基数有营业收入、经营成本、总成本费用和建设投资等，究竟采用何种基数依行业习惯而定。适用于个别情况或者小型项目，简便易行，但准确度不高。计算方法为

$$年流动资金额 = 年费用基数 \times 各类费用资金率 \tag{2-11}$$

用扩大指标估算法计算流动资金，需以经营成本及其中的某些科目为基数，因此实际上流动资金估算应能够在经营成本估算之后进行。

【案例解析 2.6】

若某项目固定资产投资为 3 000 万元，固定资产投资资金率为 6%，试用扩大指标估算法估算项目的流动资金并确定项目的总投资。

解：流动资金 =3 000×6%=180（万元）

拟建项目总投资 =3 000+180=3 180（万元）

三、投资估算文件

投资估算成果文件应包括投资估算书封面、签署页、目录、编制说明、投资估算汇总表、单项工程投资估算表等。

投资估算编制说明应包括工程概况、编制范围、编制方法、编制依据、主要技术经济指标及投资构成分析、有关参数和率值选定的说明，以及特殊问题说明等。

投资估算编制说明中，投资构成分析应包括下列内容。

①主要单项工程投资占比分析。

②建筑工程费、设备购置费、安装工程费、工程建设其他费用、预备费占建设总投资的比例分析；引进设备费用占全部设备费用的比例分析等。

③影响投资的主要因素分析。

④与国内类似工程项目的比较分析。

投资估算汇总表纵向应分解到单项工程费用，并应包括工程建设其他费用、预备费、建设期利息等，若为生产经营性项目还应包括流动资金。投资估算汇总表横向应分解到建筑工程费、设备及工器具购置费、安装工程费和其他费用。单项工程投资估算表见表 2–2，项目总投资估算表见表 2–3。

表 2–2 单项工程投资估算表

工程名称：

序号	费用名称	估算价值 / 万元					技术经济指标			
		建筑工程费	设备及工器具购置费	安装工程费	其他费用	合计	单位	数量	单位价值	比例 /%
一	工程费用									
（一）	主要生产系统									
1	×× 车间									
1.1	土建工程									
1.2	一般性装饰装修									
1.3	给排水									
1.4	采暖									
1.5	通风空调									
1.6	照明									
1.7	工艺设备及安装									
1.8	工艺金属结构									
1.9	工艺管道									
1.10	工艺筑炉及保温									
1.11	工艺非标准件									
1.12	变配电设备及安装									
	……									
	小计									
二	工程建设其他费									
1	建设单位管理费									
	……									
	小计									

表 2-2（续）

序号	费用名称	估算价值 / 万元					技术经济指标			
		建筑工程费	设备及工器具购置费	安装工程费	其他费用	合计	单位	数量	单位价值	比例 /%
三	预备费									
四	建设期利息									
五	流动资金									
投资估算合计 / 万元										

表 2-3　项目总投资估算表

工程名称：

序号	费用名称	估算价值 / 万元					技术经济指标			
		建筑工程费	设备及工器具购置费	安装工程费	其他费用	合计	单位	数量	单位价值	比例 /%
一	工程费用									
（一）	主要生产系统									
1	×× 车间									
2	×× 车间									
3	……									
（二）	辅助生产系统									
1	×× 车间									
2	×× 仓库									
3	……									
（三）	公用及福利设施									
1	变电所									
2	锅炉房									
3	……									
（四）	外部工程									
1	×× 工程									
2	……									
	小计									
二	工程建设其他费									
1	建设单位管理费									
2	设计费									
3	勘察费									
4	监理费									
5	招标代理费									

表 2-3（续）

序号	费用名称	估算价值 / 万元					技术经济指标			
		建筑工程费	设备及工器具购置费	安装工程费	其他费用	合计	单位	数量	单位价值	比例 /%
6	……									
	小计									
三	预备费									
1	基本预备费									
2	价差预备费									
	小计									
四	建设期利息									
五	流动资金									
	投资估算合计 / 万元									

【案例解析 2.7】

某地拟建年产 10 万吨炼钢厂，根据可行性研究报告提供的主厂房工艺设备清单和询价资料估算出该项目主厂房设备投资约为 3 600 万元。可行性研究阶段已签订合同的工程建设其他费见表 2-4，当地已建类似项目资料有：与设备有关的其他各专业工程投资系数，见表 2-5；与主厂房投资有关的辅助工程及附属设施投资系数，见表 2-6。

表 2-4　可研阶段已签合同工程建设其他费

项目	参考收费文件	已签订合同额 / 万元
前期工作费	计价格〔1999〕1283 号文	50
勘察费	计价格〔2012〕10 号文	110
设计费	计价格〔2012〕10 号文	380
招标代理费	计价格〔2002〕1980 号文	35
监理费	发改价格〔2007〕670 号文	268
环境影响评价费	计价格〔2002〕125 号文	120

表 2-5　主厂房与设备投资有关的各专业工程投资系数

加热炉	汽化冷却	余热锅炉	自动化仪表	超重设备	供电与传动	建安工程
0.12	0.01	0.04	0.02	0.09	0.18	0.40

表 2-6　主厂房投资有关的辅助及附属设施投资系数

动力系统	机修系统	总图运输系统	行政及生活福利设施工程	工程建设其他费
0.30	0.12	0.20	0.30	0.20

本项目的资金来源为自有资金和银行贷款，其中贷款总额为 8 000 万元，贷款利率 8%（按年计息）。建设期 3 年，第 1 年投入 30%，第 2 年投入 50%，第 3 年投入 20%。预计建设前期年限数为 0.5，建设期物价平均上涨率为 3%，基本预备费率为 5%。

问题：（1）试用系数估算法估算该项目主厂房投资、项目建设的工程费用与其他费投资。

（2）估算该项目的建设投资总额，并编制建设投资估算表。

解：（1）主厂房投资 =3 600×（1+12%+1%+4%+2%+9%+18%+40%）=3 600×1.86=6 696（万元）

其中，建安工程投资 =3 600×0.4=1 440（万元）

设备购置投资 =3 600×（1.86−0.40）=5 256（万元）

由表 3−5 求得工程费用与工程建设其他费用（建设投资）为

6 696×（1+30%+12%+20%+30%+20%）=6 696×（1+1.12）=14 195.52（万元）

（2）计算预备费

基本预备费 =1 4195.52×5%=709.78（万元）

静态投资 =14 195.52+709.78=14 905.30（万元）

按建设期各年投资比例计算各年的静态投资额：

第 1 年为 14 905.30×30%=4 471.59（万元）

第 2 年为 14 905.30×50%=7 452.65（万元）

第 3 年为 14 905.30×20%=2 981.06（万元）

价差预备费 =4 471.59×[（1+3%）−1]+7 452.65×[（1+3%）^{2}−1]+2 981.06×[（1+3%）^{3}−1]=134.15+453.87+276.42=864.44（万元）

由此得，预备费 =709.78+864.44=1 574.22（万元）

计算建设期贷款利息：

第 1 年贷款利息 =（0+8 000×30%÷2）×8%=96（万元）

第 2 年贷款利息 =[（2 400+96）+（8 000×50%÷2）]×8%=（2 400+96+4 000÷2）×8%=359.68（万元）

第 3 年贷款利息 =[（2 400+96+4 000+359.68）+（8 000×20%÷2）]×8%=（6 855.68+1 600÷2）×8=612.45（万元）

建设期贷款利息 =96+359.68+612.45=1 068.13（万元）

由此得：项目建设投资额 =14 195.52+1 574.22+1 068.13=16 837.87（万元）

编制拟建项目建设投资估算表，见表 2−7。

表 2−7　拟建项目建设投资估算表

序号	工程和费用名称	系数	建筑工程费 / 万元	设备购置及安装工程费 / 万元	其他费用 / 万元	合计 / 万元	占投资比例 / %
一	工程费用		7 600.32	5 256.00		12 856.32	76.35
1	主厂房		1 440.00	5 256.00		6696.00	

表 2-7（续）

序号	工程和费用名称	系数	建筑工程费/万元	设备购置及安装工程费/万元	其他费用/万元	合计/万元	占投资比例/%
2	动力系统	0.30	2 008.80			2008.80	
3	机修系统	0.12	803.52			803.52	
4	总图运输系统	0.20	1 339.20			1339.20	
5	行政、生活福利设施	0.30	2 008.80			2008.80	
二	工程建设其他费用	0.20			1 339.20	1 339.20	7.95
1	前期工作费		计价格〔1999〕1283 号文		50	50.00	
2	工程勘察费		计价格〔2012〕10 号文		110	110.00	
3	工程设计费		计价格〔2012〕10 号文		380	380.00	
4	环境影响评价费		计价格〔2002〕125 号文		120	120.00	
5	工程监理费		发改价格〔2007〕670 号文		268	268.00	
6	招标代理费		计价格〔2002〕1980 号文		35	35.00	
7	其他				376.20	376.20	
三	工程预备费用				1 574.22	1 574.22	9.35
1	基本预备费		（一＋二）×5%		709.78	709.78	
2	价差预备费		涨价系数为 3%		864.44	864.44	
四	建设期利息				1 068.13	1 068.13	6.34
1	建设期利息		利率为 8%		1 068.13	1 068.13	
五	流动资金				0.00	0.00	
建设项目总投资			（一＋二＋三＋四＋五）			16 837.87	100.00

四、投资估算的审核

为保证投资估算的完整性、准确性和科学性，对建设项目进行评估时应进行投资估算的审核，政府投资项目的投资估算审核除依据设计文件外，还应依据政府有关部门发布的有关规定、建设项目投资估算指标和工程造价信息等计价依据。

（一）审核和分析投资估算编制依据的时效性、准确性和实用性

估算项目投资所需的数据资料有很多，如已建同类型项目的投资、设备和材料价格、运杂费率，有关的指标、标准以及各种规定等，这些资料可能因时间、地区、价格及定额水平的差异，使投资估算有较大的出入，因此要注意投资估算编制依据的时效性、准确性和实用性。针对已建项目与拟建项目的投资差异需从工艺水平、规模大小、自然条件、环境因素等方面，对定额指标水平、价差调整系数及费用项目进行系统性调整，使投资估算的价格和费用水平符合项目建设所在地实际情况。针对调整的过程及结果要进行深入细致地分析和审查。

（二）审核选用的投资估算方法的科学性与适用性

投资估算的方法有许多种，每种估算方法都有各自的适用条件和范围，并具有不同的精确度。如果使用的投资估算方法与项目的客观条件和情况不相适应，或者超出了该方法的适用范围，就不能保证投资估算的质量。而且还要结合设计的阶段或深度等条件，采用适用、合理的估算办法进行估算。

当采用“单位工程指标”估算法时，应该审核套用的指标与拟建工程的标准和条件是否存在差异，及其对计算结果影响的程度，是否已采用局部换算或调整等方法对结果进行修正，修正系数的确定和采用是否具有一定的科学依据。处理方法不同，技术标准不同，费用相差可能很大。当工程量较大时，对估算总价影响甚大，如果在估算中不按科学方法进行调整，将会因估算准确程度差导致工程造价失控。

（三）审核投资估算的编制内容与拟建项目规划要求的一致性

审核投资估算的工程内容，包括工程规模、自然条件、技术标准、环境要求，与规定要求是否一致，是否在估算时已进行了必要的修正和反映，是否对工程内容尽可能地量化和质化，有没有出现内容方面的重复或漏项以及费用方面的高估或低算。

例如，建设项目的主体工程与附加工程或辅助工程、公用工程、生产与生活服务设施、交通工程等是否与规定的一致；是否漏掉了某些辅助工程、室外工程等的建设费用。

（四）审核投资估算的费用项目、费用数额的真实性

①审核各个费用项目与规定要求、实际情况是否相符，有无漏项或多项，估算的费用项目是否符合项目的具体情况、国家规定及建设地区的实际要求，是否针对具体情况做了适当的增减。

②审核项目所在地区的交通、地方材料供应、国内外设备的订货与大型设备的运输等方面，是否针对实际情况考虑了材料价格的差异问题；偏远地区或有大型设备时是否已考虑了增加设备的运杂费。

③审核是否考虑了物价上涨；引进国外设备或技术项目是否考虑了每年的通货膨胀率对投资额的影响；考虑上涨波动变化幅度是否合适。

④审核“三废”处理所需相应的投资是否进行了估算，其估算数额是否符合实际。

⑤审核项目投资主体自有的稀缺资源是否考虑了机会成本，沉没成本是否剔除。

⑥审核是否考虑了采用新技术、新材料以及现行标准和规范相比已建项目的要求提高所需增加的投资额，考虑的额度是否合适。

值得注意的是，投资估算要留有余地，既要防止漏项少算，又要防止高估冒算。要在优化和可行的建设方案的基础上，根据有关规定认真、准确、合理地确定经济指标，以保证投资估算具有足够的精度水平，使其真正地对项目建设方案的投资决策起到应有的作用。

◎ 本章小结

本章从全过程工程造价管理的决策阶段入手，主要研究建设项目投资决策基本知识、可行性研究报告的编制要点、建设项目的投资估算3部分内容。通过本章的学习要求了解建设项目决策的概念及与工程造价管理的关系，建设项目决策阶段影响工程造价的主要因素；熟悉决策阶段主要的文件——可行性研究报告及其编制内容、编制大纲及相关说明、编制要求、编制程序及审核，投资估算的编制依据、编制流程。重点是掌握建设项目投资估算的方法；难点是灵活运用基本概念和基本方法，分析解决工程案例。

◎ 课后习题

一、选择题

1. 合理建设规模的确定需重点考虑的因素不包含（　　）。

A. 环境因素　　B. 经济因素

C. 市场因素　　D. 技术因素

2.（　　）不是可行性研究经历的阶段。

A. 详细可行性研究　　B. 初步可行性研究

C. 投资项目机会研究　　D. 预期可行性研究

3. 初步可行性研究阶段投资估算的精确度可达到（　　）。

A. ±5%　　B. ±10%

C. ±20%　　D. ±30%

4. 某项目投产后的年产值为1.8亿元，其同类企业的百元产值流动资金占用额为17.5元，则该项目的流动资金估算额为（　　）。

A. 3 150万元　　B. 3 250万元

C. 2 350万元　　D. 5 320万元

5. 按照生产能力指数法（n=0.6，f=1），若将设计中的化工生产系统的生产能力提高3倍，投资额大约增加（　　）。

A. 200%　　B. 300%

C. 230%　　D. 130%

二、简答题

1. 建设项目决策与工程造价管理的关系是什么？

2. 可行性研究的作用是什么？

三、计算题

某建设项目的工程费用为3 000万元，工程建设其他费用的估算额为600万元，基本预备费的费率为6%，涨价系数为5%，建设前期年限数为0.5。建设期3年。各年的投资比例是：第1年

20%，第 2 年 55%，第三年 25%，第四年投产。该项目的固定资产来源为自有资金和贷款。贷款本金为 2 000 万元，按年度投资比例发放。贷款利率为 6%。试计算本建设项目的基本预备费、价差预备费、建设期贷款利息及总投资。

◎ 思考与讨论

学习本章知识后，请从以下三个方面进行思考与讨论。

（1）投资估算的重要性：以南水北调工程为例，谈谈在投资阶段，如何进行投资估算？投资估算的准确性对于后续工程造价管理有何影响？

（2）资金来源与筹措：南水北调工程所需的资金是如何筹措的？在这一过程中，造价师起到了怎样的作用？他们如何确保资金来源的合法性和稳定性？

（3）工程造价管理的挑战与机遇：在投资阶段，工程造价管理面临哪些挑战？同时，又有哪些机遇可以把握？从“工匠精神”角度出发，谈谈如何在这一阶段做到精准计量、科学计价。

希望能够通过这些思考和讨论，更深入地理解投资阶段工程造价管理的重要性和复杂性。同时，也希望能够发扬“工匠精神”，以精准、科学、负责的态度，参与到每一个工程的建设中去，为我国的工程建设贡献自己的力量。

第三章 设计阶段工程造价管理

DI-SAN ZHANG SHEJI JIEDUAN GONGCHENG ZAOJIA GUANLI

本章导学

知识目标

◆理解设计阶段造价管理的重要性和基本原则，包括设计阶段成本影响因素的识别。

◆学习设计阶段成本估算的方法和技巧，包括预算编制和成本控制策略。

◆掌握设计优化的概念，如价值工程和生命周期成本分析。

◆了解设计阶段法律法规和标准在造价管理中的应用。

能力目标

◆培养进行精确成本估算和预算编制的能力，特别是在设计阶段。

◆发展运用价值工程和生命周期成本分析的技能，以提高设计方案的成本效益。

◆加强在设计阶段识别和管理成本风险的能力。

◆提升沟通和协调能力，特别是与设计团队和其他利益相关者进行有效的成本控制讨论。

育人目标

◆强化职业伦理，特别是在成本估算和预算编制的准确性和透明度方面。

◆培养学生对设计阶段决策对项目成本、环境和社会影响的深刻理解。

◆引导学生理解并实践可持续设计和建设的原则，在造价管理中考虑环境和社会责任。

内容概述

设计阶段是项目建设过程中最具创造性的阶段，是技术人员充分发挥主观能动性，在技术上和经济上对拟建项目达到和谐全面统筹的阶段。此阶段对整个项目造价的影响达到75%以上。这一阶段造价管理的主要工作是科学正确编制初步设计阶段的建设项目设计概算、技术设计阶段的建设项目修正概算、施工图设计阶段的建设项目施工图预算，为项目建成后能否获得满意的经济效果提供方案比选依据。本章主要介绍了限额设计的工作内容与实施程序、设计方案的评价方法与优化案例、设计概算和施工图预算的编制与审查等相关知识。

课程导入

设计阶段是工程建设的关键环节，这一环节犹如工程建设的灵魂，它的质量直接主宰着整个工程的命运。一个卓越的设计方案，不仅能够确保工程的安全性、实用性和美观性，更能在造价上做出明智的把控。因此，设计师与造价师的合作显得尤为重要，他们共同的任务是寻找设计与造价之间的完美平衡。

为了实现这一目标，限额设计和价值工程等方法是必不可少的。限额设计，这是一种巧妙的方式，通过限制设计方案的投资额度来实现设计与造价的和谐统一。设计师在满足工程需求的同时，必须尽可能地降低工程造价，这是一项富有挑战性的任务，需要他们充分发挥创新思维和专业技能。而价值工程，又是一种通过研究设计方案的功能与成本之间的关系，来寻找提高工程价值的方法。它鼓励设计师和造价师从不同的角度审视设计方案，以实现经济与功能的完美结合。

以我国的港珠澳大桥为例，这座连接香港、珠海和澳门的跨海大桥在设计阶段经历了无数次的优化和修改。设计师们不仅要确保大桥的结构安全、功能完备，还要与造价师紧密合作，使设计的方案在经济上同样可行。他们共同追求的，是实现工程的经济效益与社会效益的最大化。

总的来说，设计阶段的造价管理是工程造价管理中的核心环节。设计师与造价师的紧密合作，运用专业的方法和工具，确保设计的经济性和合理性，是每个工程建设项目的关键。通过本章的学习和思考，能更深入地掌握这一阶段的管理策略和技巧，为未来的工程建设提供源源不断的灵感与动力。

第一节 限额设计

一、限额设计的概念

设计阶段是分析处理工程技术与经济关系的关键环节，也是有效控制工程造价的重要阶段。设计阶段的投资控制，就是编制出满足设计任务书要求，造价又受控于投资限额的设计文件，限额设计就是根据这一要求提出的。在工程设计阶段，工程造价管理人员需要密切配合设计人员进行限额设计，处理好工程技术先进性与经济合理性之间的关系。在初步设计阶段，要按照可行性研究报告及投资估算进行多方案的技术经济分析比较，确定初步设计方案，审查工程概算；在施工图设计阶段，要按照审批的初步设计内容、范围和概算进行技术经济评价与分析，提出设计优化建议，确定施工图设计方案，审查施工图预算。

设计阶段工程造价管理的主要方法是通过多方案技术经济分析，优化设计方案，选用适宜方法审查工程概预算，同时，通过推行限额设计和标准化设计，有效控制工程造价。

限额设计是指按照批准的可行性研究报告中的投资限额进行初步设计、按照批准的初步设计概算进行施工图设计、按照施工图预算造价编制施工图设计中各个专业设计文件的过程。

限额设计中，工程使用功能不能减少，技术标准不能降低，工程规模也不能削减。因此，限额设计需要在投资额度不变的情况下，实现使用功能和建设规模的最大化。限额设计是工程造价控制系统中的一个重要环节，是设计阶段进行技术经济分析、实施工程造价控制的一项重要措施。

二、限额设计的工作内容与实施程序

（一）限额设计工作内容

1. 合理确定设计限额目标

投资决策阶段是限额设计的关键。对政府工程而言，投资决策阶段的可行性研究报告是政府部门核准投资总额的主要依据，而批准的投资总额则是进行限额设计的重要依据。为此，应在多方案技术经济分析和评价后确定最终方案，提高投资估算准确度，合理确定设计限额目标。

2. 确定合理的初步设计方案

初步设计阶段需要依据最终确定的可行性研究方案和投资估算，对影响投资的因素按照专业进行分解，并将规定的投资限额下达到各专业设计人员。设计人员应用价值工程基本原理，通过多方案技术经济比选，创造出价值较高、技术经济性较为合理的初步设计方案，并将设计概算控制在批准的投资估算内。

3. 在概算范围内进行施工图设计

施工图是设计单位的最终成果文件，应按照批准的初步设计方案进行限额设计，施工图预算需控制在批准的设计概算范围内。

（二）限额设计实施程序

限额设计强调技术与经济的统一，需要工程设计人员和工程造价管理专业人员密切合作。工程设计人员进行设计时，应基于建设工程全寿命期，充分考虑工程造价的影响因素，对方案进行比较，优化设计；工程造价管理专业人员要及时进行投资估算，在设计过程中协助工程设计人员进行技术经济分析和论证，从而达到有效控制工程造价的目的。限额设计流程图如图 3-1 所示。

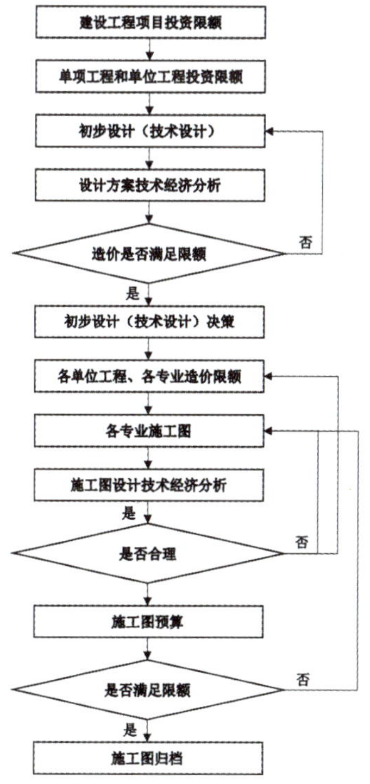

图 3-1　限额设计流程图

限额设计的实施是建设工程造价目标的动态反馈和管理过程，可分为目标制定、目标分解、目标推进和成果评价四个阶段。

1. 目标制定

限额设计目标包括：造价目标、质量目标、进度目标、安全目标及环保目标。各个目标之间既相互关联又相互制约，因此，在分析论证限额设计目标时，应统筹兼顾，全面考虑，追求技术经济合理的最佳整体目标。

2. 目标分解

分解工程造价目标是实行限额设计的一个有效途径和主要方法。首先将上一阶段确定的投资额分解到建筑、结构、电气、给排水和暖通等设计部门的各个专业。其次，将投资限额再分解到各个单项工程、单位工程、分部工程及分项工程。在目标分解过程中，要对设计方案进行综合分析与评价。最后，将各细化的目标明确到相应设计人员，制订明确的限额设计方案。通过层层目标分解和限额设计，实现对投资限额的有效控制。

3. 目标推进

目标推进通常包括限额初步设计和限额施工图设计两个阶段。

（1）限额初步设计阶段

应严格按照分配的工程造价控制目标进行方案的规划和设计，在初步设计方案完成后，由工程造价管理人员及时编制初步设计概算，并进行初步设计方案的技术经济分析，直至满足限额要求。初步设计只有在满足各项功能要求并符合限额设计目标的情况下，才能作为下一阶段的限额目标给予批准。

（2）限额施工图设计阶段

遵循各目标协调并进的原则，做到各目标之间的有机结合统一，防止忽略其中任何一个。在施工图设计完成后，进行施工图设计的技术经济论，分析施工图预算是否满足设计限额要求，以供设计决策者参考。

4. 成果评价

成果评价是目标管理的总结阶段。通过对设计成果的评价，总结经验和教训，作为指导和开展后续工作的重要依据。

值得指出的是，当考虑建设工程全寿命期成本时，按照限额要求设计的方案未必具有较佳经济性，此时亦可考虑突破原有限额，重新选择设计方案。

第二节 设计方案的优化与选择

一、设计方案评价

设计方案评价与优化是设计过程的重要环节，它是指通过技术比较、经济分析和效益评价，正确处理技术先进与经济合理之间的关系，力求达到技术先进与经济合理的和谐统一。

设计方案评价与优化通常采用技术经济分析法，即将技术与经济相结合，按照建设工程经济效果，针对不同的设计方案，分析其技术经济指标，从中选出经济效果最优的方案。由于设计方案不同，其功能、造价、工期和设备、材料、人工消耗等标准均存在差异，因此，技术经济分析法不仅要考察工程技术方案，还要关注工程费用。

（一）基本程序

设计方案优化与选择过程如下。

①按照使用功能、技术标准、投资限额的要求，结合工程所在地实际情况，探讨和建立可能的设计方案。

②从所有可能的设计方案中初步筛选出各方面都较为满意的方案作为比选方案。

③根据设计方案的评价目的，明确评价的任务和范围。

④确定能反映方案特征并能满足评价目的的指标体系。

⑤根据设计方案计算各项指标及对比参数。

⑥根据方案评价的目的，将方案的分析评价指标分为基本指标和主要指标，通过评价指标的分析计算，排出方案的优劣次序，并提出推荐方案。

⑦综合分析，进行方案选择或提出技术优化建议。

⑧对技术优化建议进行组合搭配，确定优化方案。

⑨实施优化方案并总结备案。

设计方案优化与选择过程如图 3-2 所示。

在设计方案评价与优化过程中，建立合理的指标体系，并采取有效的评价方法进行方案优化是最基本和最重要的工作内容。

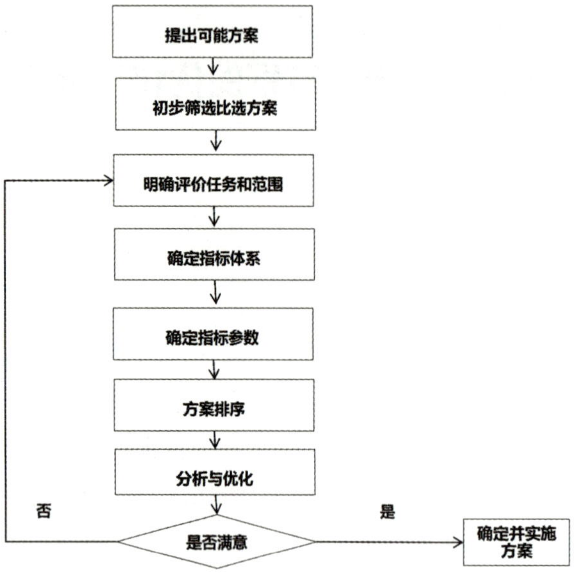

图 3-2 设计方案优化与选择过程

（二）评价指标体系

设计方案的评价指标是方案评价与优化的衡量标准，对于技术经济分析的准确性和科学性具有重要作用。内容严谨、标准明确的指标体系，是对设计方案进行评价与优化的基础。

评价指标应能充分反映工程项目满足社会需求的程度，以及为取得使用价值所需投入的社会必要劳动和社会必要消耗量。指标体系应包括以下内容。

①使用价值指标，即工程项目满足需要程度（功能）的指标。

②消耗量指标，即反映创造使用价值所消耗的资金、材料、劳动量等资源的指标。

③其他指标。

对建立的指标体系，可按指标的重要程度设置主要指标和辅助指标，并选择主要指标进行分析比较。

（三）方案优化

方案优化是使设计质量不断提高的有效途径，可在设计招标或设计方案竞赛的基础上，将各设计方案的可取之处进行重新组合，吸收众多设计方案的优点，使设计更加完美。而对于具体方案，则应综合考虑工程质量、造价、工期、安全和环保五大目标，基于全要素造价管理进行优化。

工程项目五大目标之间的整体相关性，决定了设计方案优化必须考虑工程质量、造价、工期、安全和环保五大目标之间的最佳匹配，力求达到整体目标最优，而不能孤立、片面地考虑某一目标或强调某一目标而忽略其他目标。在保证工程质量和安全、保护环境的基础上，追求全寿命期成本最低的设计方案。

二、设计方案优化与选择

（一）设计方案优化与选择的概念和意义

1. 设计方案优化与选择的概念

设计方案优化与选择是设计过程的重要环节，是指通过技术比较、经济分析和效益评价，正确处理技术先进与经济合理之间的关系，力求达到技术先进与经济合理的和谐统一。

2. 设计方案优化与选择的意义

如果方案不优化即进行选择，则选不出最优的方案；即使选出了方案，还需进行优化后重新选择；如果选择之后没有进一步优化设计方案，则在项目的后续实施阶段中会面临更大的问题，还需更耗时耗力地再优化。因此，必须将优化与选择结合起来，才能以最小的投入获得最大的产出。

（二）设计方案优化与选择的要求

设计方案的优化与选择的要求，首先要有内容严谨、标准明确的指标体系，其次该指标体系应能充分反映建设项目满足社会需求的程度，以及为取得使用价值所需投入的社会必要劳动力和社会必要消耗量。对于建立的指标体系，可按指标的重要程度设置主要指标和辅助指标，并选择主要指标进行分析比较，这样才能反映该过程的准确性和科学性。

（三）设计方案优化与选择的定性方法

设计方案优化与选择的定性方法如下。

①设计招标和设计方案竞选。

②限额设计。

③标准化设计。

④德尔菲法（Delphi Method）。

三、优化与选择的定量方法

设计方案的优化与选择的定量方法主要有单指标法、多指标法以及价值工程法。

（一）单指标法

单指标法是指以单一指标为基础对建设项目设计方案进行选择与优化的方法。单指标法较常用的有综合费用法和全寿命周期费用法。

1. 综合费用法

综合费用包括方案投产后的年度使用费、方案的建设投资以及由于工期提前或延误而产生的收益或亏损等。该方法的基本出发点在于将建设投资和使用费结合起来考虑，同时考虑建设周期对投资效益的影响，以综合费用最小为最佳方案。

综合费用法是一种静态指标评价方法，没有考虑资金的时间价值，只适用于建设周期较短的工程。此外，由于综合费用法只考虑费用，未能反映功能、质量、安全、环保等方面的差异，因而只有在方案的功能、建设标准等条件相同或基本相同时才能采用。

2. 全寿命周期费用法

全寿命期费用包括建设项目总投资和后期运营的使用成本两部分，即该建设项目在其确定的寿命周期内或在预定的时间内花费的各项费用之和。

全寿命期费用评价法考虑了资金的时间价值，是一种动态指标评价方法。由于不同设计方案的寿命期不同，因此，应用全寿命期费用评价法计算费用时，不用净现值法，而用年度等值法，以年度费用最小者为最优方案。

（二）多指标法

1. 多指标法

多指标法就是采用多个指标，将各个对比方案的相应指标值逐一进行分析比较，按照各种指标数值的高低对其作出评价，主要包括：工程造价指标、工期指标、主要材料消耗指标、劳动消耗指标。还需要考虑建设项目全寿命期成本，并考虑质量成本、安全成本及环保成本等诸多因素。

2. 多因素评分法（综合评分法）

多因素评分法是指多指标法与单指标法相结合的一种方法。对需要进行分析评价的设计方案设定若干个评价指标，按其重要程度分配权重，然后按照评价标准给各指标打分，将各项指标所得分数与其权重采用综合方法整合，得出各设计方案的评价总分，以获总分最高者为最佳方案，计算方法见下式。多因素评分法综合了定量分析评价与定性分析评价的优点，可靠性高，应用较广泛。

$$W=\sum_{i=1}^{n} q_i W_i \qquad (3-1)$$

式中 W——设计方案总得分；

q_i——第i个指标权重；

W_i——第i个指标的得分；

n——指标数。

【案例解析 3.1】

设计单位为某建设项目提供了甲、乙、丙 3 种设计方案，现组织专家评审，商议确定工程造价（设计概算）、功能性、技术性、环境影响 4 个大类评价指标，各指标的权重分别为：0.45、0.25、0.2、0.1，汇总后专家打分见表 3.1。试为建设单位选择出合理的设计方案。

表 3.1　【案例解析 3.1】表

指标方案	工程造价	功能性	技术性	环境影响
甲	8	6	7	9
乙	6	7	7	8
丙	9	6	8	6

解： $W_{甲}=8\times0.45+6\times0.25+7\times0.2+9\times0.1=7.4$

$W_{乙}=6\times0.45+7\times0.25+7\times0.2+8\times0.1=6.65$

$W_{丙}=9\times0.45+6\times0.25+8\times0.2+6\times0.1=7.75$

因为 $W_{丙}>W_{甲}>W_{乙}$，所以丙方案为较合理的设计方案。

（三）价值工程法

1. 基本原理

价值工程是指通过各相关领域的协作，对所研究对象的功能与费用进行系统分析，不断创新，旨在提高研究对象价值的思想方法和管理技术。其目的是以研究对象的最低寿命周期成本可靠地实现使用者所需的功能，以获取最佳的综合效益。

价值工程的目标是提高研究对象的价值，在设计阶段运用价值工程法可以使建筑产品的功能更合理，可以有效地控制工程造价，还可以节约社会资源，实现资源的合理配置，其计算方法为：

$$V=F/C \tag{3-2}$$

式中　V——研究对象的价值；

F——研究对象的功能；

C——研究对象的成本，即寿命周期成本。

2. 提高产品价值的途径

由于价值工程以提高产品价值为目的，这既是用户的需要（侧重于功能），又是生产经营者追求的目标（侧重于成本）。两者的根本利益是一致的。因此，企业应当研究产品功能与成本的最佳匹配。价值工程的基本原理是 $V=F/C$，不仅深刻地反映出产品价值与产品功能和实现此功能所耗成本之间的关系，而且也为如何提高价值提供了有效途径。提高产品价值的途径有以下 5 种。

①在提高产品功能的同时，又降低产品成本，这是提高价值最为理想的途径。但对生产者要求较高。往往要借助科学技术的突破才能实现。

②在产品成本不变的条件下，通过提高产品的功能，提高利用资源的效果或效用，达到提高产品价值的目的。

③在保持产品功能不变的前提下，通过降低产品的寿命周期成本，达到提高产品价值的目的。

④产品功能有较大幅度提高，产品成本有较少提高。

⑤在产品功能略有下降、产品成本大幅降低的情况下，也可以达到提高产品价值的目的。在某些情况下，为了满足购买力较低的用户需求，或一些注重价格竞争而不需要高档的产品，适当生产价廉的低档品，也能取得较好的经济效益。

价值工程的主要应用可以概括为两大方面，一是应用于方案评价，既可在多方案中选择价值较高的方案，也可选择价值较低的对象作为改进对象；二是寻求提高对产品或对象价值的途径。总之，在产品形成的各个阶段，都可应用价值工程提高产品或对象的价值。但应注意，在不同阶段进行价值工程活动，其经济效果的提高幅度却大不相同。对于大型复杂的产品，应用价值工程的重点是在产品的研究、设计阶段，产品的设计图纸一旦完成并投入生产后，产品的价值就已基本确定，这时再进行价值工程分析就变得更加复杂。不仅原来的许多工作成果要付诸东流，而且改变生产工艺、设备工具等可能会造成很大的浪费，使价值工程活动的技术经济效果大幅下降。因此，价值工程活动更侧重在产品的研究、设计阶段，以寻求技术突破，取得最佳的综合效果。

总结来说，根据 $V=F/C$，提高价值的途径如下。

①在提高功能水平的同时，降低成本，这是最有效且最理想的途径。

②在保持成本不变的情况下，提高功能水平。

③在保持功能水平不变的情况下，降低成本。

④成本稍有增加，但功能水平大幅度提高。

⑤功能水平稍有下降，但成本大幅度下降。

3. 工作程序

价值工程的工作程序一般可分为准备、分析、创新、实施与评价四个阶段。其工作步骤实质上就是针对产品功能和成本提出问题、分析问题和解决问题的过程，见表 3-2。

表 3-2 价值工程的工作程序

工作阶段	工作步骤	对应问题
准备阶段	对象选择 组成价值工程工作小组 制订工作计划	（1）价值工程的研究对象是什么？ （2）围绕价值工程对象需要做哪些准备工作？
分析阶段	收集整理资料 功能定义 功能整理 功能评价	（3）价值工程对象的功能是什么？ （4）价值工程对象的成本是什么？ （5）价值工程对象的价值是什么？

表 3-2（续）

工作阶段	工作步骤	对应问题
创新阶段	方案创造 方案评价 提案编写	（6）有无其他方法可以实现同样功能？ （7）新方案的成本是什么？ （8）新方案能满足要求吗？
方案实施与评价阶段	方案审批 方案实施 成果评价	（9）如何保证新方案的实施？ （10）价值工程活动的效果如何？

4. 价值工程在工程造价控制中的应用

价值工程是就某个具体对象开展的有针对性地分析评价和改进。有了对象才有分析的内容和目标。对企业来讲，凡是为获取功能而发生费用的事物，都可以作为价值工程研究对象，如产品、工艺、工程、服务或它们的组成部分等。

价值工程的对象选择过程就是逐步收缩研究范围、寻找目标、确定主攻方向的过程。因为生产建设中的技术经济问题很多，涉及的范围也很广，为了节省资金，提高效率，只有精选其中的一部分来实施，并非企业生产的全部产品，也不一定是构成产品的全部零部件。因此，能否正确选择对象是价值工程收效大小与成败的关键。

价值工程在工程造价控制中的应用如下。

（1）对象选择

一般来说，选择价值工程的对象需遵循以下原则：

从设计方面看，对工程结构复杂、性能和技术指标差距大、工程量大的部位进行价值工程活动，可使工程结构、性能、技术水平得到优化，从而提高工程价值。

从施工方面看，对量多面广、关键部位、工艺复杂、原材料和能源消耗高、废品率高的部品部件，特别是量多、成本比重大的部品部件，只要成本能下降，所取得的经济效果就大。

从成本方面看，选择成本高于同类产品、成本比重大的，如材料费、管理费、人工费等。

价值工程对象选择的方法有多种，不同的方法适宜于不同的价值工程对象。应根据具体情况选用适当的方法，以取得较好的效果。常用的方法有以下几种。

①因素分析法，又称经验分析法，是一种定性分析方法，依据分析人员经验作出选择，简便易行。特别是在被研究对象彼此相差比较大以及时间紧迫的情况下比较适用。因素分析法的缺点是缺乏定量依据，准确性较差，对象选择的正确与否，主要决定于价值工程活动人员的经验及工作态度，有时难以保证分析质量。为了提高分析的准确程度，可以选择技术水平高、经验丰富、熟悉业务的人员参加，并且要发挥集体智慧，共同确定对象。

② ABC 分析法，又称重点选择法或不均匀分布定律法，是指应用数理统计分析的方法来选择对象。这种方法由意大利经济学家帕累托提出，其基本原理为“关键的少数和次要的多数”，抓住关键的少数可以解决问题的大部分。在价值工程中，这种方法的基本思路是：首先将一个产品的各种部件（或企业各种产品）按成本的大小由高到低排列起来，然后绘成费用累积分配图。然后将占总

成本 70% ~ 80% 而占零部件总数 10% ~ 20% 的零部件划分为 A 类零部件，将占总成本 5% ~ 10% 而占零部件总数 60% ~ 80% 的零部件划分为 C 类，其余为 B 类。其中 A 类零部件是价值工程的主要研究对象。

有些产品不是由各个部件组成，如工程造价等，对这类产品可按费用构成项目分类，如分为管理费、动力费、人工费等，将其中所占比重最大的，作为价值工程的重点研究对象。

ABC 分析法抓住成本比重大的零部件或工序作为研究对象，有利于集中精力重点突破，取得较大效果，同时简便易行，因此，广泛为人们所采用。但在实际工作中，有时由于成本分配不合理，造成成本比重不大但用户认为功能重要的对象可能被漏选或排序滞后。ABC 分析法的这一缺点可以通过经验分析法、强制确定法等方法补充修正。

③强制确定法，是以功能重要程度作为选择价值工程对象的一种分析方法。具体做法是：先求出分析对象的成本系数、功能系数，然后得出价值系数，以揭示出分析对象的功能与成本之间是否相符。如果不相符，则价值低的被选为价值工程的研究对象。这种方法在功能评价和方案评价中也有应用。

强制确定法从功能和成本两方面综合考虑，能够明确揭示价值工程的研究对象。但这种方法是人为打分，不能准确反映功能差距的大小，只适用于部件间功能差别不太大且比较均匀的对象，而且一次分析的部件数目也不能太多，以不超过 10 个为宜。当部件很多时，可以先用 ABC 分析法、经验分析法选出重点部件，然后用强制确定法细选；也可以用逐层分析法，从部件选起，然后在重点部件中选出重点零件。

④百分比分析法，通过分析某种费用或资源对企业的某个技术经济指标的影响程度大小（百分比）来选择价值工程对象。

⑤价值指数法，通过比较各个对象（或零部件）之间的功能水平位次和成本位次，寻找价值较低对象（零部件），并将其作为价值工程研究对象。

（2）功能的系统分析

功能分析是价值工程活动的核心和基本内容。它通过分析信息资料，用动词和名词的组合方式简明正确地表达各对象的功能，明确功能特性要求，并绘制功能系统图，从而弄清楚产品各功能之间的关系。功能分析包括功能定义，功能整理和功能计量等内容。通过功能分析，可以准确掌握用户的功能要求。

①功能分类。

根据功能的不同特性，可将功能从不同的角度进行分类如下。

A. 按功能的重要程度分类。产品的功能一般可分为基本功能和辅助功能两类。基本功能就是要达到这种产品的目的所必不可少的功能，是产品的主要功能，如果不具备这种功能，这种产品就失去其存在的价值。例如，建设工程承重外墙的基本功能是承受荷载，室内间壁墙的基本功能是分隔空间。辅助功能是为了更有效地实现基本功能而附加的功能，是次要功能。如墙体的隔声、隔热就是墙体的辅助功能。

B. 按功能的性质分类。产品的功能可分为使用功能和美学功能。使用功能是从功能的内涵反映其使用属性，是一种动态功能。美学功能是从产品的外观反映功能的艺术属性，是一种静态的外观功能。建筑产品的使用功能一般包括可靠性、安全性和维修性等，其美学功能一般包括造型、色彩、图案等。无论是使用功能和美学功能，都是通过基本功能和辅助功能来实现的。建筑产品配件的使用功能和美学功能要根据产品的特点而有所侧重。有的产品应突出其使用功能，例如，地下电缆、地下管道等；有的应突出其美学功能，例如：塑料墙纸、陶瓷壁画等。当然，有的产品二者功能兼而有之。

C. 按用户的需求分类。功能可分为必要功能和不必要功能。必要功能是指用户所要求的功能以及与实现用户所需求功能有关的功能，使用功能、美学功能、基本功能、辅助功能等均为必要功能；不必要功能是不符合用户要求的功能，又包括三类：一是多余功能，二是重复功能，三是过剩功能。不必要功能必然产生不必要的费用，这不仅增加了用户的经济负担，而且还浪费资源。因此，功能分析是为了可靠地实现必要功能。对这部分功能，无论是使用功能还是美学功能，都应当充分而可靠地实现，即充分满足用户必不可少的功能要求。

D. 按功能的量化标准分类。产品的功能可分为过剩功能和不足功能。这是相对于功能的标准而言，从定量角度对功能采用的分类。过剩功能是指某些功能虽属必要，但满足需要有余，在数量上超过了用户要求或标准功能水平。不足功能是相对于过剩功能而言的，表现为产品整体功能或零部件功能水平在数量上低于标准功能水平，不能完全满足用户需要。

总之，用户购买产品，其目的不是为了获得产品本身，而是通过购买该产品来获得其所需要的功能。因此，价值工程中的功能，一般是指必要功能。价值工程对产品的分析，首先是对其功能的分析，通过功能分析，弄清哪些功能是必要的，哪些功能是不必要的，从而在创新方案中去掉不必要功能，补充不足功能，使产品的功能结构更加合理，达到可靠地实现使用者所需功能的目的。

②功能定义。

任何产品都具有使用价值，即功能。功能定义就是以简洁的语言对产品的功能加以描述。这里要求描述的是“功能”，而不是对象的结构、外形或材质。因此，功能定义的过程即解剖分析的过程。

通过对功能下定义，可以加深对产品功能的理解，并为以后提出功能代用方案提供依据。功能定义一定要抓住问题的本质，头脑里要问几个为什么。这是干什么用的？为什么它是必不可少的？没有它行不行？等等。功能定义通常用一个动词和一个名词来描述，不宜太长，以简洁为好。动词是功能承担体发生的动作，而动作的对象就是作为宾语的名词。例如，建筑物基础的功能是“承受荷载”，这里基础是功能承担体，“承受”是表示功能承担体（基础）发生动作的动词。“荷载”则是作为动词宾语的名词。但是，并不是只要动词加名词就是功能定义。对功能所下的定义是否准确，对下一步工作影响很大。因此，对功能进行定义需要反复推敲，既简明准确，便于测定，又要系统全面，一一对应。

③功能整理。

在进行功能定义时，只是把认识到的功能用动词加名词列出来，但因实际情况很复杂，这种表述不一定都很准确和有条理，因此，需要进一步加以整理。

功能整理的目的。功能整理是用系统的观点将已经定义了的功能加以系统化，找出各局部功能相互之间的逻辑关系，并用图表形式表达，以明确产品的功能系统，从而为功能评价和方案构思提供依据。

功能整理的一般程序。功能整理的主要任务就是建立功能系统图。因此，功能整理的过程也就是绘制功能系统图的过程，功能系统图是按照一定的原则和方式，将定义的功能连接起来，从单个到局部，再从局部到整体而形成的一个完整的功能体系。

④功能计量。

功能计量是以功能系统图为基础，依据各个功能之间的逻辑关系，以对象整体功能的定量指标为出发点，从左向右地逐级测算、分析，确定出各级功能程度的数量指标，揭示出各级功能领域中有无功能不足或功能过剩，从而为保证必要功能、剔除过剩功能、补足不足功能的后续活动（功能评价、方案创新等）提供定性与定量相结合的依据。功能计量又分对整体功能的量化和对各级子功能的量化。

整体功能的量化。整体功能的计量应以使用者的合理要求为出发点，以一定的手段、方法确定其必要功能的数量标准，它应能在质和量两个方面充分满足使用者的功能要求而无过剩或不足。整体功能的计量是对各级子功能进行计量的主要依据。

各级子功能的量化。产品整体功能的数量标准确定之后，就可依据“手段功能必须满足目的功能要求”的原则，运用目的——手段的逻辑判断，由上而下逐级推算、测定各级手段功能的数量标准。各级子功能的量化方法有很多，如理论计算法、技术测定法、统计分析法、类比类推法、德尔菲法等，可根据具体情况灵活选用。

（3）功能评价

通过功能分析与整理明确必要功能后，价值工程的下一步工作就是功能评价。功能评价，即评定功能的价值，是指找出实现功能的最低费用作为功能的目标成本（又称功能评价值），以功能目标成本为基准，通过与功能现实成本的比较，求出两者的比值（功能价值）和两者的差异值（改善期望值），然后选择功能价值低、改善期望值大的功能作为价值工程活动的重点对象。功能评价工作可以更准确地选择价值工程研究对象，同时，制定目标成本，有利于提高价值工程的工作效率。

功能评价的程序如图 3-3 所示。

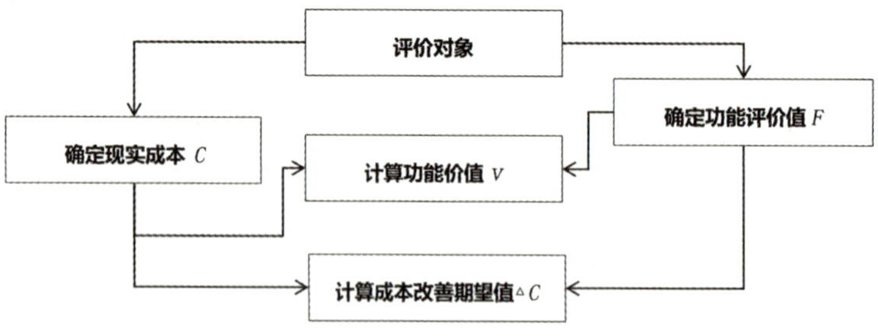

图 3-3 功能评价的程序

①功能现实成本 C 的计算。在计算功能现实成本时，需要根据传统的成本核算资料，将产品或零部件的现实成本换算成功能的现实成本。具体地讲，当一个零部件只具有一个功能时，该零部件的成本就是其本身的功能成本；当一项功能要由多个零部件共同实现时，该功能的成本就等于这些零部件的功能成本之和。当一个零部件具有多项功能或与多项功能有关时，就需要将零部件成本根据具体情况分摊给各项有关功能。

②成本指数的计算。成本指数是指评价对象的现实成本在全部成本中所占的比率。其计算式如下：

$$\text{第}\,i\,\text{个评价对象的成本指数}\ C_i=\frac{\text{第}\,i\,\text{个评价对象的现实成本}\ C_i}{\text{全部成本}} \qquad (3\text{-}3)$$

例如，成本指数（系数）= 某方案每平方米造价 / 所有评选方案每平方米造价之和

③功能评价值 F 的计算。

对象的功能评价值 F（目标成本），是指可靠地实现用户要求功能的最低成本，它可以理解为是企业有把握，或者说应该达到的实现用户要求功能的最低成本。从企业目标的角度来看，功能评价值可以看成企业预期的、理想的成本目标值。功能评价值一般以货币价值形式表达。

功能的现实成本较易确定，而功能评价值较难确定。确定功能评价值的方法较多，这里仅介绍功能重要性系数评价法。

功能重要性系数评价法是一种根据功能重要性系数确定功能评价值的方法。这种方法是将功能划分为几个功能区（即子系统），并根据各功能区的重要程度和复杂程度，确定各个功能区在总功能中所占的比重，即功能重要性系数。然后将产品的目标成本按功能重要性系数分配给各功能区，作为该功能区的目标成本，即功能评价值。

④确定功能重要性系数。

功能重要性系数又称功能系数或功能指数，是指评价对象（如零部件等）的功能在整体功能中所占的比率。确定功能重要性系数的关键是对功能进行打分，常用的打分方法有强制打分法（0—1评分法或 0—4 评分法）、多比例评分法、逻辑评分法、环比评分法等。这里主要介绍强制打分法中的 0—1 评分法和 0—4 评分法。

A. 0—1 评分法。

0—1 评分法是请 5 ~ 15 名对产品熟悉的人员参加功能的评价。首先按照功能重要程度一一对比打分，重要的打 1 分，相对不重要的打 0 分，见表 3-3。表中，要分析的对象（零部件）自己与自己相比不得分，用“×”表示。最后，根据每个参与人员选择该零部件得到的功能重要性系数 W_i，可以得到该零部件的功能重要性系数平均值 W。

$$W=\frac{\sum_{i=1}^{n}W_i}{k} \qquad (3\text{-}4)$$

式中　k——参加功能评价的人数。

表 3-3　功能重要性系数计算表

零部件	A	B	C	D	E	功能得分	修正得分	功能重要性系数
A	×	1	1	0	1	3	4	0.267
B	0	×	1	0	1	2	3	0.200
C	0	0	×	0	1	1	2	0.133
D	1	1	1	×	1	4	5	0.333
E	0	0	0	0	×	0	1	0.067
合计						10	15	1.00

为了避免不重要的功能得零分，可将各功能累计得分加 1 分进行修正，用修正后的总分分别去除各功能累计得分即得到功能重要性系数。

B. 0—4 评分法。

0—1 评分法中的重要程度的差别仅为 1 分，不能拉开档次。为了弥补这一不足，将分档扩大为 4 级，其打分矩阵仍同 0—1 评分法。档次划分如下：

F_1 比 F_2 重要得多：F_1 得 4 分，F_2 得 0 分；

F_1 比 F_2 重要：F_1 得 3 分，F_2 得 1 分；

F_1 与 F_2 同等重要：F_1 得 2 分，F_2 得 2 分；

F_1 不如 F_2 重要：F_1 得 1 分，F_2 得 3 分；

F_1 远不如 F_2 重要：F_1 得 0 分，F_2 得 4 分。

强制确定打分法适用于被评价对象在功能重要程度上的差异性不太大，并且评价对象子功能数目不太多的情况。

⑤功能指数的计算。以各部件功能得分占总分的比例确定各部件功能评价指数：

$$\text{第}i\text{个评价对象的功能指数}\ F_i=\frac{\text{第}i\text{个评价对象的功能得分值}\ F_i}{\text{全部功能得分值}} \tag{3-5}$$

例如，功能评价指数（系数）= 某方案功能满足程度总分 / 所有参加评选方案功能满足程度总分之和。功能评价指数大，说明功能重要；反之，功能评价指数小，说明功能不太重要。

（4）功能价值 V 的计算及分析

①求出价值系数（V）并对方案进行评价。

按 $V=F/C$ 分别求出各方案的价值系数，价值系数最大的方案为最优方案。

价值工程在工程设计中的运用过程实际上是发现矛盾、分析矛盾和解决矛盾的过程。具体地说，就是分析功能与成本间的关系，以提高建设工程的价值系数。工程设计人员要以提高价值为目标，以功能分析为核心，以经济效益为出发点，从而真正实现对设计方案的优化。

②方案优化分析。

研究对象的价值计算出来后，需要进行分析，以揭示功能与成本之间的内在联系，确定评价对象是否为功能改进的重点，以及其功能改进的方向及幅度，从而为后面的方案创造工作奠定良好的基础。

根据上述计算公式，功能的价值系数计算结果有以下三种情况。

$V=1$，即功能评价值等于功能现实成本。这表明评价对象的功能现实成本与实现功能所必需的最低成本大致相当。此时，说明评价对象的价值为最佳，一般无须改进。

$V<1$，即功能现实成本大于功能评价值。表明评价对象的现实成本偏高，而功能要求不高。这时，一种可能是由于存在着过剩的功能，另一种可能是功能虽无过剩，但实现功能的条件或方法不佳，以致实现功能的成本大于功能的现实需要。这两种情况都应列入功能改进的范围，并且以剔除过剩功能及降低现实成本为改进方向，使成本与功能比例趋于合理。

$V>1$，即功能现实成本小于功能评价值，表明该部件功能比较重要，但分配的成本较少。此时，应进行具体分析，功能与成本的分配问题可能已较理想，或者有不必要的功能，或者应该提高成本。

应注意一个情况，即 V=0 时，要进一步分析。如果是不必要的功能，该部件应取消；但如果是最不重要的必要功能，则要根据实际情况处理。

【案例解析 3.2】

某学校拟开发一幢教学楼，有如下三种可行设计方案。

方案 A：结构方案为框剪结构，铸铝合金楼板，墙体材料采用非承重多孔砖及陶粒空心砌块隔墙，窗户采用普通塑钢窗，面积利用系数为 89%。

方案 B：结构方案为框架结构，采用钢木模板，窗户采用单玻推拉窗，面积利用系数为 86%。

方案 C：结构方案采用砖混结构，采用钢木模板，墙体材料采用标准砖，窗户采用玻璃空腹钢窗，面积利用系数为 75%。

有关专家决定从五个方面（分别以 F_1 ~ F_5 表示）对不同方案的功能进行评价，并对各功能的重要性达成以下共识：

F_1 和 F_4 同样重要，F_2 和 F_5 同样重要，F_1 相对于 F_2 非常重要，F_4 相对于 F_3 较重要。

根据造价工程师估算，A、B、C 三个方案的单方造价分别为 1 500 元 /m^2、1 200 元 /m^2、1 100 元 /m^2。方案功能得分见表 3-4。

表 3-4　三个方案的功能评分表

方案功能	各方案功能得分		
	A	B	C
结构体系 F_1	9	8	7
模板类型 F_2	10	9	9
墙体材料 F_3	8	8	7
面积系数 F_4	9	8	7
窗户类型 F_5	7	9	8

问题：

①运用“0—4 法”计算各功能的权重，填写表 3-5。

②计算功能指数及成本指数，填写表 3-6、表 3-7。

③用价值指数法选择最佳设计方案。

（计算结果保留小数点后三位）

表 3-5　功能权重计算表（1）

功能	F_1	F_2	F_3	F_4	F_5	得分	权重
F_1	×						
F_2		×					
F_3			×				

表 3-5（续）

功能	F_1	F_2	F_3	F_4	F_5	得分	权重
F_4				×			
F_5					×		
合计		1					

表 3-6 各方案功能指数计算表（1）

方案功能	权重	各方案功能得分		
		A	B	C
F_1				
F_2				
F_3				
F_4				
F_5				
综合评分合计				
功能指数				

表 3-7 成本指数计算表（1）

方案名称	单方造价	成本指数
A		
B		
C		
合计		

解：

表 3-5 功能重要性评分表（2）

功能	F_1	F_2	F_3	F_4	F_5	得分	权重
F_1	×	4	3	2	4	13	0.325
F_2	0	×	1	0	2	3	0.075
F_3	1	3	×	1	3	8	0.2
F_4	2	4	3	×	4	13	0.325
F_5	0	2	1	0	×	3	0.075
合计						40	1

表 3-6 各方案功能指数计算表（2）

方案功能	权重	各方案功能得分		
		A	B	C
F_1	0.325	2.925	2.6	2.275
F_2	0.075	0.75	0.675	0.675

表 3-6（续）

方案功能	权重	各方案功能得分		
		A	B	C
F_3	0.2	1.6	1.6	1.4
F_4	0.325	2.925	2.6	2.275
F_5	0.075	0.525	0.675	0.6
综合评分合计		8.725	8.15	7.225
功能指数		0.362	0.338	0.300

表 3-7　成本指数计算表（2）

方案名称	单方造价	成本指数
A	1 500	0.395
B	1 200	0.316
C	1 100	0.289
合计	3 800	1

各方案的价值系数分别为：

V_A=0.362/0.395=0.917

V_B=0.338/0.316=1.071

V_C=0.3/0.289=1.036

因为 $V_B > V_C > V_A$，所以 B 方案为最优设计方案。

第三节　设计概算

一、设计概算的概念及作用

（一）设计概算的概念

设计概算是设计文件的重要组成部分，是以初步设计文件为依据，按照规定的程序、方法和依据，对建设项目总投资及其构成进行的概略计算。具体而言，设计概算是在投资估算的控制下由设计单位根据图纸、概算定额（概算指标）、其他费用定额或取费文件（标准），结合建设项目所在地区的技术经济条件和人材机市场价格等资料，编制和确定的建设工程项目从筹建至竣工交付期间发生的全部费用进行预计的文件。

采用两阶段设计的建设工程项目，初步设计阶段必须编制设计概算；采用三阶段设计的建设工程项目，技术设计阶段必须编制修正概算。

设计概算的编制应包括两部分内容，即静态投资和动态投资。静态投资指基期（编制期）价格、费率、利率、汇率等确定的投资；动态投资指从编制开始到竣工验收前的工程项目本身及市场价格变化等多种因素的投资。静态投资作为评价和选择设计方案的依据；动态投资作为筹措、供应和控制资金使用的限额。

（二）设计概算的作用

设计概算是工程造价在初步设计阶段的表现形式，主要作用在于控制项目后续阶段的投资，具体表现如下。

①设计概算是编制建设工程项目投资计划、确定和控制建设工程项目投资的依据。

②设计概算是控制施工图设计和施工图预算的依据。经批准的设计概算是政府投资建筑工程项目的投资最高限额，设计单位必须按照批准的初步设计和总概算进行施工图设计，同时施工图预算不得突破设计概算。如确需突破总概算，应按规定程序报原批准部门重新审批。

③设计概算是衡量设计方案技术经济合理性和选择最佳设计方案的依据。设计概算可对不同的设计方案进行技术与经济合理性的比较，以便选择最优的设计方案。

④设计概算是工程造价管理及编制最高投标限价和投标报价的依据。设计总概算一经批准，就作为工程造价管理的最高限额，并据此对工程造价进行严格的控制。以设计概算进行招标投标的工程，招标单位是以设计概算造价作为编制标底的依据。承包单位为了在投标竞争中取胜，也必须以设计概算为依据，编制出合适的投标报价。

⑤设计概算是考核建设工程项目投资效果的依据。通过设计概算与竣工决算对比，来分析和考核投资效果的好坏，同时还可以验证设计概算的准确性，有利于加强设计概算管理和建设工程项目的造价管理工作。

二、设计概算的编制依据及内容

（一）设计概算的编制原则

设计概算的编制原则如下。

①严格执行国家的建设方针和经济政策的原则。

②完整、准确地反映设计内容的原则。

③坚持结合拟建工程项目的实际情况，反映工程项目所在地当时价格水平的原则。

④按项目合理建设期预测建设期价格水平，考虑资产租赁和贷款的时间价值等动态因素对投资的影响原则。

（二）设计概算的编制依据

设计概算的编制依据如下。

①国家、行业发布的有关法律法规、规章规程等。

②现行概算定额（或概算指标）、费用定额、工程造价指标。

③建设项目勘察与设计文件、图纸等有关资料。

④项目拟定或常规的施工组织设计及施工方案。

⑤工程项目所在地同期的人工、材料、机具设备台班市场价格。

⑥工程项目建设地区的自然、技术、经济条件。

⑦建设项目本身的技术复杂程度，新技术、新工艺、新材料及专利使用情况等资料。

⑧建设项目经批准的可行性研究报告、投资估算及有关合同、协议等相关资料。

⑨政府有关部门、金融机构等发布的价格指数、利率、汇率、税率及工程建设其他费用定额、相关收费文件等。

⑩委托单位提供的其他技术经济资料。

（三）设计概算的内容

设计概算可分为单位工程概算、单项工程综合概算和建设工程项目总概算三级。当建设工程项目为一个单项工程时，可采用单位工程概算、总概算两级概算编制形式。各级概算间的相互关系如图 3-4 所示。

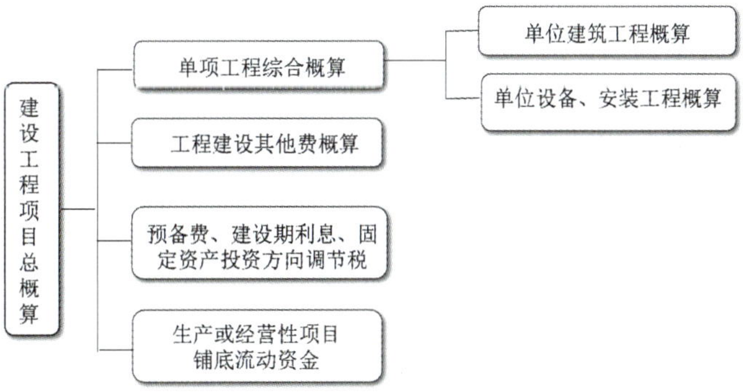

图 3-4 设计概算的三级概算图

1. 单位工程概算

单位工程概算是确定各单位工程建设费用的文件，是编制单项工程综合概算的依据，是单项工程综合概算的组成部分。

2. 单项工程综合概算

单项工程综合概算是确定一个单项工程所需建设费用的文件。它是由单项工程中各单位工程概算汇总编制而成的，是建设工程项目总概算的组成部分。单项工程综合概算的组成如图 3-5 所示。

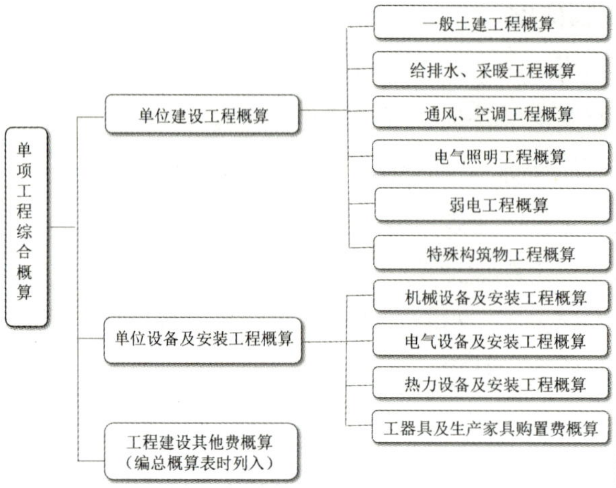

图 3-5 单项工程综合概算的组成

3. 建设工程项目总概算

建设工程项目总概算是确定整个建设工程项目从筹建开始到竣工验收交付使用期间所需全部费用的文件，它是由各单项工程综合概算、工程建设其他费、预备费、建设期利息和铺底流动资金汇总编制而成的。建设工程项目总概算组成如图 3-6 所示。

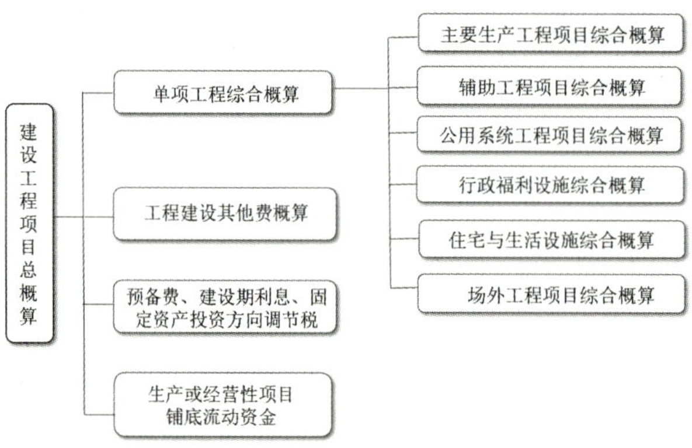

图 3-6 建设工程项目总概算的组成内容

三、设计概算的编制方法

（一）单位工程概算的编制

单位工程概算应根据单项工程中所属的每个单体按专业分别编制，一般分土建、装饰、给排水、照明、采暖通风、工艺安装、自控仪表、通信、道路、总图竖向等专业或工程分别编制。

单位工程概算包括单位建筑工程概算和单位设备及安装工程概算两类，其中，建筑工程概算常用的编制方法有概算定额法、概算指标法、类似工程概算法等；设备及安装工程概算常用的编制方法有预算单价法、扩大单价法、设备价值百分比法和综合吨位指标法等。

1. 概算定额法

概算定额法又称扩大单价法或扩大结构定额法，是套用概算定额编制建筑工程概算的方法。运用概算定额法，要求初步设计必须达到一定深度，建筑结构尺寸比较明确，能按照初步设计的平面图、立面图、剖面图纸计算出楼地面、墙身、门窗和屋面等扩大分项工程（或扩大结构构件）项目的工程量时，方可采用。

建筑工程概算表按构成单位工程的主要分部分项工程和措施项目编制，根据初步设计工程量按工程所在省、自治区、直辖市颁发的概算定额（指标）或行业概算定额（指标），以及工程费用定额计算。概算定额法编制设计概算的步骤如下。

①收集基础资料、熟悉设计图纸和了解有关施工条件和施工方法。

②按照概算定额子目，列出单位工程中分部分项工程项目名称并计算工程量。一般借助工程计价软件，经过建模的方式由软件系统自动计算工程量，点选适合的定额子目，以确保软件系统对工程的计量是按概算定额中规定的工程量计算规则进行的。

③确定各分部分项工程费。建模完成工程量计算后，通过套用定额各子目的综合单价，形成合价。各子目的综合单价包括人工费、材料费、施工机具使用费、管理费、利润、规费和税金。之后便可生成综合单价表和单位工程概算表。如遇设计图中的分项工程项目名称、内容与采用的概算定额手册中相应的项目有某些不相符时，则按规定对定额进行换算后方可套用。

④计算措施项目费。可以计量的措施项目费与分部分项工程费的计算方法相同，其费用按照上一步的规定计算。综合计取的措施项目费应以该单位工程的分部分项工程费和可以计量的措施项目费之和为基数乘以相应费率计算。费率标准可在计价软件中设定，上述计算过程由软件系统自动完成。

⑤计算汇总单位工程概算造价。如采用全费用综合单价，则

$$\text{单位工程概算造价} = \text{分部分项工程费} + \text{措施项目费} \tag{3-6}$$

⑥编写概算编制说明。单位建筑工程概算按照规定的表格形式进行编制，以全费用综合单价法为例，具体格式参见表 3-8，所用的综合单价应编制综合单价分析表见表 3-9。

表 3-8 建筑工程概算表

单项工程概算编号： 单项工程名称： 共 页 第 页

序号	工程项目或费用名称	项目特征	单位	数量	综合单价 / 元	合价 / 元
一	分部分项工程					
（一）	土石方工程					
1	××××					
2	××××					
（二）	钢筋混凝土工程					
1	××××					
（三）	楼地面工程					
1	××××					

表 3-8（续）

序号	工程项目或费用名称	项目特征	单位	数量	综合单价 / 元	合价 / 元
（四）	× × 工程					
	分部分项工程小计					
二	措施项目费					
（一）	可计量措施项目					
1	× × × ×					
2	× × × ×					
（二）	综合取定的措施项目费					
1	安全文明施工费					
2	夜间施工增加费					
3	二次搬运费					
4	× × × ×					
	措施项目费小计					
	合计					

编制人：　　　　　　　　　　审核人：　　　　　　　　　　审定人：

表 3-9　建筑工程设计概算综合单价分析表

单项工程概算编号：　　　　　　　　单项工程名称：　　　　　　　　共　页　第　页

<table>
<tr><th colspan="2">项目名称</th><th></th><th>项目名称</th><th></th><th>计量单位</th><th></th><th>工程数量</th><th></th></tr>
<tr><td colspan="9">综合单价组成分析</td></tr>
<tr><td rowspan="2">定额编号</td><td rowspan="2">定额名称</td><td rowspan="2">定额单位</td><td colspan="3">定额直接费 / 元</td><td colspan="3">直接费合价 / 元</td></tr>
<tr><td>人工费</td><td>材料费</td><td>机具费</td><td>人工费</td><td>材料费</td><td>机具费</td></tr>
<tr><td rowspan="5">间接费及利润税金计算</td><td>类别</td><td>取费基数描述</td><td colspan="2">取费基数</td><td colspan="2">费率 /%</td><td>金额 / 元</td><td>备注</td></tr>
<tr><td>管理费</td><td>如：人工费</td><td></td><td></td><td></td><td></td><td></td><td></td></tr>
<tr><td>利润</td><td>如：直接费</td><td></td><td></td><td></td><td></td><td></td><td></td></tr>
<tr><td>规费</td><td></td><td></td><td></td><td></td><td></td><td></td><td></td></tr>
<tr><td>税金</td><td></td><td></td><td></td><td></td><td></td><td></td><td></td></tr>
<tr><td colspan="3">综合单价 / 元</td><td></td><td></td><td></td><td></td><td></td><td></td></tr>
<tr><td rowspan="5">概算定额人材机消耗量</td><td colspan="2">人材机项目名称及规格、型号</td><td>单位</td><td>消耗量</td><td>单价 / 元</td><td>合价 / 元</td><td>备注</td><td></td></tr>
<tr><td></td><td></td><td></td><td></td><td></td><td></td><td></td><td></td></tr>
<tr><td></td><td></td><td></td><td></td><td></td><td></td><td></td><td></td></tr>
<tr><td></td><td></td><td></td><td></td><td></td><td></td><td></td><td></td></tr>
<tr><td></td><td></td><td></td><td></td><td></td><td></td><td></td><td></td></tr>
</table>

编制人：　　　　　　　　　　审核人：　　　　　　　　　　审定人：

2. 概算指标法

概算指标法是用拟建的厂房、住宅的建筑面积或体积乘以技术条件相同或基本相同的概算指标而得出人材机费，然后按规定计算出企业管理费、利润、规费和税金等，得出单位工程概算的方法。

概算指标法适用的情况主要有：在方案设计中，由于设计无详图而只有概念性设计时，或初步设计深度不够，不能准确地计算出工程量，但工程设计采用的技术比较成熟时可以选定与该工程相似类型的概算指标编制概算的情况；设计方案急需概算造价而又有类似工程概算指标可以利用的情况；图例设计间隔很久后再来实施，概算造价不适用于当前情况而又急需确定造价的情形下，可按当前概算指标来修正原有概算造价；通用设计图设计可组织编制通用图设计概算指标，用来确定造价。

使用概算指标法时，如果拟建工程所在建设地点、结构特征、地质及自然条件、建筑面积等方面与概算指标相同或相近，就可直接套用概算指标编制概算。在直接套用概算指标时，拟建工程应符合以下条件。

①拟建工程的建设地点与概算指标中的工程建设地点相同。

②拟建工程的工程特征和结构特征与概算指标中的工程特征、结构特征基本相同。

③拟建工程的建筑面积与概算指标中工程的建筑面积相差不大。

根据选用的概算指标内容，以指标中所规定的工程每平方米、每立方米的工料单价，根据管理费、利润、规费、税金的费（税）率确定该子目的全费用综合单价，乘以拟建单位工程建筑面积或体积，即可求出单位工程概算造价为

单位工程概算造价＝概算指标每平方米（每立方米）综合单价×拟建工程建筑面积（体积）　（3-7）

在实际工作中，经常会遇到拟建对象的结构特征与概算指标中规定的结构特征有局部不同的情况，因此，必须对概算指标进行调整后方可套用。调整方法如下。

（1）调整概算指标中的每平方米（每立方米）综合单价

这种调整方法是将原概算指标中的综合单价进行调整，扣除每平方米（每立方米）原概算指标中与拟建工程结构不同部分的造价，增加每平方米（每立方米）拟建工程与概算指标结构不同部分的造价，使其成为与拟建工程结构相同的综合单价。计算公式为

$$\text{结构变化调整概算指标（元/m}^2\text{）}=J+Q_1P_1-Q_2P_2 \quad (3\text{-}8)$$

式中　J——原概算指标综合单价；

Q_1——概算指标中换入结构的工程量；

Q_2——概算指标中换出结构的工程量；

P_1——换入结构的综合单价；

P_2——换出结构的综合单价。

若概算指标中的单价为工料单价，则应根据管理费、利润、规费、税金的费（税）率确定该子目的全费用综合单价，再计算拟建工程造价为

单位工程概算造价 = 调整后的概算指标综合单价 × 拟建工程建筑面积（体积） （3–9）

（2）调整概算指标中的人材机数量

这种方法是将原概算指标中 100 m^2（1 000 m^3）建筑面积（体积）中的人材机数量进行调整，扣除原概算指标中与拟建工程结构不同部分的人材机消耗量，增加拟建工程与概算指标结构不同部分的人材机消耗量，使其成为与拟建工程结构相同的每 100 m^2（1 000 m^3）建筑面积（体积）人材机数量，计算公式为

结构变化调整概算指标的人材机数量 = 原概算指标的人材机数量 + 换入结构件工程量 × 相应定额人材机消耗量 − 换出结构件工程量 × 相应定额人材机消耗量 （3–10）

将调整后的概算指标结合报告编制期的人材机要素价格的变化，以及管理费、利润、规费、税金的费（税）率确定该子目的全费用综合单价。

以上两种方法，前者是直接调整概算指标单价，后者是调整概算指标人材机数量。调整之后，方可按上述方法分别套用。

概算指标可视为工程造价指标的一种特殊类型，如利用其他类型的造价指标也可以进行概算编制。例如，房屋建筑工程经济指标能反映构成其的土石方、地基、基础等主要分项工程单位指标（元 /m^2），因而在已知单位工程面积时，可以利用适用的房屋建筑工程经济指标，计算出各分项工程的费用数额，并汇总为单位工程的建筑安装费总额。总之，随着多样化的造价指标出现，概算可采用灵活的方式进行编制。

【案例解析 3.3】

某学校普通教学楼为框架结构，建筑面积为 3 600 m^2，建筑工程直接费为 1 950 元 /m^2，其中，毛石基础为 128 元 /m^2。现在打算新建一栋教学楼，面积约为 4 000 m^2，除去采用钢筋混凝土带形基础外，其他结构相同。经计算钢筋混凝土带形基础为 262 元 /m^2。试求该拟建办公楼建筑工程直接费造价。

解： 调整后的概算指标 =1 950−128+262=2 084（元 /m^2）

拟建新教学楼建筑工程直接费 =4 000 × 2 084=8 336 000（元）

3. 类似工程预算法

类似工程预算法是利用技术条件与设计对象相类似的已完工程或在建工程的工程造价资料来编制拟建工程设计概算的方法。它适用于拟建工程初步设计与已完工程或在建工程的设计相类似而又没有可用的概算指标的情况。

（1）类似工程预算法的编制步骤

①根据设计对象的各种特征参数，选择最合适的类似工程预算。

②根据本地区现行的各种价格和费用标准计算类似工程预算的人工费、材料费、施工机具使用费、企业管理费调整系数。

③根据类似工程预算调整系数和以上四项费用占预算成本的比重，计算预算成本总调整系数，并计算出调整后的类似工程每平方米预算成本。

④根据类似工程调整后的平方米预算成本和编制概算地区的利税率计算调整后的类似工程单方造价。

⑤根据拟建工程的建筑面积和调整后的类似工程单方造价，计算拟建工程概算造价。

⑥编制概算编写说明。

类似工程预算法的使用条件有一定要求，即拟建工程项目在建筑面积、结构构造特征等方面要与已建工程基本一致，如层数相同、面积相似、结构相似、工程地点相似等，采用此方法时必须对建筑结构差异和价差进行调整。

（2）类似工程预算法的差异调整

①结构差异的调整。结构差异调整方法与概算指标法的调整方法相同。即先确定有差别的部分，然后分别按每一项目算出结构构件的工程量和单位价格（按编制概算工程所在地区的单价），然后以类似工程中相应（有差别）的结构构件的工程数量和单价为基础，算出总差价。将类似预算的人材机费总额减去（或加上）这部分差价，就得到结构差异换算后的人材机费，再进行取费即得到结构差异换算后的造价。

②价差调整。价差调整可以采用两种方法，分别是：当类似工程造价资料有具体的人工、材料、机具台班的用量时，可按类似工程预算造价资料中的主要材料、工日、机具台班数量乘以拟建工程所在地的主要材料预算价格、人工单价、机具台班单价，计算出人材机费，再乘以企业管理费、利润、规费和税金，即可得出所需的综合。

类似工程造价资料只有人工、材料、施工机具使用费和企业管理费等费用或费率时，可调整为

$$D=A\times K \tag{3-11}$$

$$K=a\%K_1+b\%K_2+c\%K_3+d\%K_4 \tag{3-12}$$

式中 D——拟建工程成本单价；

A——类似工程成本单价；

K——成本单价综合调整系数；

$a\%$、$b\%$、$c\%$、$d\%$——类似工程预算的人工费、材料费、施工机具使用费、企业管理费占预算成本的比重，如$a\%$=类似工程人工费/类似工程预算成本×100%，$b\%$、$c\%$、$d\%$类同；

K_1、K_2、K_3、K_4——拟建工程地区与类似工程预算成本在人工费、材料费、施工机具使用费、企业管理费之间的差异系数，如K_1=拟建工程概算的人工费（或工资标准）/类似工程预算人工费（或地区工资标准），K_2、K_3、K_4类同。

以上综合调整系数是以类似工程中各成本构成项目占总成本的百分比为权重，按照加权的方式计算的成本单价的调价系数，根据类似工程预算提供的资料，也可按照同样的计算思路计算出人材机费综合调整系数，通过系数调整类似工程的工料单价，再按照相应取费基数和费率计算间接费、利润和税金，也可得出所需的综合单价。随着工程造价指标指数建设的完善，各个地区、各种工程类型、各类建筑结构等的人工、材料、项目等造价指数的编制和发布，上述调价方法的应用将更为灵活和便捷。

【案例解析 3.4】

某地拟新建一办公楼，建筑面积 3 000 m²，已知临近地有类似工程的相关资料如下：类似工程的建筑面积 1 600 m²，概算成本为 4 000 000 元；类似工程各种费用点预算造价的比例是：人工费 14%，材料费 61%，施工机具使用费 10%，企业管理费 9%，其他费 6%；拟建工程地区与类似工程所在地区造价之间存在一定的差异系数，分别为：人工费 1.03，材料费 1.04，施工机具使用费 0.98，企业管理费 0.96，其他费 0.90；利润率、规费费率及税金率为 10%；使用类似工程预算法进行该办公楼设计概算的编制。

解：综合调整系数为

$$K=a\%K_1+b\%K_2+c\%K_3+d\%K_4+e\%K_5$$
$$=14\%\times1.03+62\%\times1.04+10\%\times0.98+9\%\times0.96+6\%\times0.960$$
$$=0.1442+0.6448+0.098+0.0864+0.0576=1.031$$

类似工程概算单方成本为

4 000 000 ÷ 1 600=2 500（元 /m²）

拟建办公楼概算单方成本为

2 500 × 1.031=2 577.5（元 /m²）

拟建办公楼概算单方造价为

2 577.5 ×（1+10%）=2 835.25（元 /m²）

拟建办公楼概算造价为

2 835.25 × 3 000=8 505 750（元）

4. 单位设备及安装工程概算编制方法

单位设备及安装工程概算包括单位设备及工器具购置费概算和单位设备安装工程费概算两大部分。

（1）单位设备及工器具购置费概算

单位设备及工器具购置费概算是根据初步设计的设备清单计算出设备原价，并汇总求出设备总原价，然后按有关规定的设备运杂费率乘以设备总原价，两项相加再考虑工器具及生产家具购置费即为设备及工器具购置费概算。设备及工器具购置费概算的编制依据包括设备清单、工艺流程图，各部、省、自治区、直辖市规定的现行设备价格和运费标准、费用标准。

（2）单位设备安装工程费概算

单位设备安装工程费概算的编制方法应根据初步设计深度和要求所明确的程度而选择，主要编制方法有：预算单价法、扩大单价法、设备价值百分比法、综合吨位指标法。前两种方法的具体编制步骤与建筑工程概算相类似。设备价值百分比法常用于价格波动不大的定型产品和通用设备产品，其计算公式为

$$\text{设备安装费} = \text{设备吨重} \times \text{安装费率}（\%） \tag{3-13}$$

综合吨位指标法常用于设备价格波动较大的非标准设备和引进设备的安装工程概算，其计算公式为

$$\text{设备安装费} = \text{设备吨重} \times \text{每吨设备安装费指标}（\text{元/吨}） \tag{3-14}$$

单位设备及安装工程概算要按照规定的表格格式进行编制，采用预算单价法和扩大单价法时，表格格式见表 3-10。

表 3-10　设备及安装工程概算表

单项工程概算编号：　　　　单项工程名称：　　　　共　页第　页

					设备购置费	安装工程费	设备购置费	安装工程费
一	分部分项工程							
（一）	机械设备安装工程							
1	××× ×							
2	××× ×							
（二）	电气工程							
1	××× ×							
（三）	×× 工程							
1	××× ×							
	分部分项工程小计							
二	措施项目费							
（一）	可计量措施项目							
1	××× ×							
2	××× ×							

表 3-10（续）

					设备购置费	安装工程费	设备购置费	安装工程费
（二）	综合取定的措施项目费							
1	安全文明施工费							
2	夜间施工增加费							
3	二次搬运费							
4	××××							
	措施项目费小计							
	合计							

编制人：　　　　审核人：　　　　审定人：

（二）单项工程综合概算的编制

单项工程综合概算是确定单项工程建设费用的综合性文件，是由该单项工程所属的各专业单位工程概算汇总而成的，是建设项目总概算的组成部分。单项工程综合概算采用综合概算表（含其所附的单位工程概算表和建筑材料表）进行编制。对单一的、具有独立性的单项工程建设项目，按照两级概算编制形式，直接编制总概算。

综合概算表是根据单项工程所辖范围内的各单位工程概算等基础资料，按照规定的统一表格进行编制。对工业建筑而言，其概算包括建筑工程和设备及安装工程；对民用建筑而言，其概算包括土建工程、给排水、采暖、通风及电气照明工程等。

综合概算一般应包括建筑工程费、安装工程费、设备及工器具购置费。单项工程综合概算表见表 3-11。

表 3-11　单项工程综合概算表

单项工程概算编号：　　　　单项工程名称：　　　　共　页 第　页

序号	工程项目费用名称	设计规模 / 主要工程量	建筑工程费	设备及工器具购置费	安装工程费	合计	其中：引进部分		主要技术经济指标		
							美元	折合人民币	单位	数量	单价价值
一	主要工程										
1	××××										
2	××××										
二	辅助工程										
1	××××										
2	××××										
三	配套工程										
1	××××										
2	××××										

表 3-11（续）

序号	工程项目费用名称	设计规模 / 主要工程量	建筑工程费	设备及工器具购置费	安装工程费	合计	其中：引进部分		主要技术经济指标		
							美元	折合人民币	单位	数量	单价价值
	单项工程概算费用合计										

编制人：　　　　　　　　　审核人：　　　　　　　　　审定人：

（三）建设工程项目总概算的编制

建设工程项目总概算是设计文件的重要组成部分，是预计整个建设项目从筹建到竣工交付使用花费的全部费用的文件。它是由各单项工程综合概算、工程建设其他费用、利息、预备费和经营性项目的铺底流动资金组成，按照主管部门规定的统一表格编制而成的。

设计总概算文件包括封面、签署页及目录，编制说明，总概算表，工程建设其他费用概算表，单项工程综合概算表和建筑安装单位工程概算表，主要人材机价差汇总表。

1. 封面、签署页及目录

封面需加盖编制单位公章，签署页需加盖编制人员执业注册章。

2. 编制说明

①工程概况。简述建设项目性质、特点、生产规模、建设周期、建设地点、主要工程量、工艺设备等情况。引进项目要说明引进内容以及与国内配套工程等主要情况。

②编制依据。包括国家和有关部门的规定、设计文件、现行概算定额或概算指标、设备材料的预算价格和费用指标等。

③编制方法。说明设计概算是采用概算定额法，还是采用概算指标法或其他方法。

④主要设备、材料的数量。

⑤主要技术经济指标。主要包括项目概算总投资（有引进的给出所需外汇额度）及主要分项投资、主要技术经济指标（主要单位投资指标）等。

⑥工程费用计算表。主要包括建筑工程费计算表、工艺安装工程费计算表、配套工程费计算表、其他涉及的工程的工程费用计算表。

⑦引进设备材料有关费率确定及依据。主要是关于国际运输费、国际运输保险费、关税、增值税、国内运杂费、其他有关税费等。

⑧引进设备材料从属费用计算表。

⑨其他必要的说明。

3. 总概算表

总概算表格式见表 3-12（适用于采用三级编制形式的总概算）。

表 3-12 总概算表

序号	工程项目费用名称	设计规模/主要工程量	建筑工程费	设备及工器具购置费	安装工程费	其他费用	合计	其中：引进部分		占投资比例/%
								美元	折合人民币	
一	工程费用									
1	主要工程									
2	辅助工程									
3	配套工程									
二	工程建设其他费用									
1										
2										
三	预备费									
四	建设期利息									
五	铺底流动资金									
建设项目概算总投资										

编制人： 审核人： 审定人：

4. 工程建设其他费用概算表

工程建设其他费用概算按国家或地区或部委所规定的项目标准和收费文件确定，并按统一格式编制，见表 3-13。也可和总概算表合并编制，按具体发生的工程建设其他费用项填写，需要说明使用的具体收费文件及计算标准。

表 3-13 工程建设其他费用概算表

序号	费用项目	费用收费标准/文件	金额	计算公式	备注
1					
2					
	合计				

编制人： 审核人： 审定人：

5. 单项工程综合概算表和建筑安装单位工程概算表

单项工程综合概算表是反映单项工程建设费用的综合性文件。它以整个建筑物为对象，根据初步设计或扩大初步设计的图纸资料，结合施工组织设计和施工技术方案，按照概预算定额规定的项目、指标、费率和单价等有关规定进行编制。

建筑安装单位工程概算表是反映建筑安装工程费用的具体文件。它以建筑物的一个或几个单位工程为对象，根据初步设计或扩大初步设计的图纸资料，结合施工组织设计和施工技术方案，按照概预算定额规定的项目、指标、费率和单价等有关规定进行编制。

6. 主要人材机价差汇总表

针对每一个单项工程列出人工、钢筋、型钢、水泥、木材等主要建筑安装材料、使用机械等的定额使用单价与市场价调查之后的价差进行汇总。

四、设计概算的审查

设计概算审查是确定建设工程造价的一个重要环节。通过审查，能使概算更加完整、准确，更加符合工程设计的技术先进性和经济合理性的要求。

（一）设计概算审查的意义

有利于合理分配投资资金、加强投资计划管理、为工程造价的合理确定和有效控制提供依据；有利于促进概算编制单位严格执行国家有关概算的编制规定和费用标准，从而提高概算的编制质量；有利于促进工程设计的技术先进性和经济合理性的统一；有利于核定建设工程项日的投资规模，并为建设工程项目投资的落实提供可靠的依据。

（二）设计概算审查的内容

设计概算审查包括概算编制依据，概算编制说明、编制深度和编制范围，概算具体内容。

1. 审查设计概算编制依据

必须采用经过国家和相关部门批准的编制依据进行编制，不得擅自提高概算定额、指标或费用标准；相关定额、指标、价格、取费标准等都应根据国家部门的现行规定作为编制依据；各种编制依据都有适用范围，各主管部门规定的各类专业定额及其取费标准，仅适用于该部门的专业工程；各地区规定的各种定额及其取费标准，只在该地区范围内适用，特别是人材机价格应按工程所在地区的具体规定执行。

2. 审查设计概算编制说明、编制深度和编制范围

审查编制说明可以检查概算的编制方法、深度和编制依据等重大问题，若编制说明有差错，具体概算必有差错。

一般大中型建设工程项目的设计概算，应有完整的编制说明和“三级概算”（即总概算表、单项工程综合概算表、单位工程概算表），并按有关规定的深度进行编制。应审查其编制深度是否到位，有无随意简化的情况。

审查概算编制范围及具体内容与主管部门批准的建设工程项目范围及具体工程内容是否一致；审查分期建设工程项目的建设范围及具体工程内容有无重复交叉，是否存在重复计算或漏项；审查其他费用应列的项目是否符合规定，静态投资、动态投资和经营性项目铺底流动资金是否分别列出等。

3. 审查设计概算的具体内容

审查概算的编制是否符合法律法规及相关规定，是否根据工程项目所在地的自然条件编制。建设规模（投资规模、生产能力等）、建设标准（用地标准、建筑标准）等是否符合原批准的可行性研究报告或立项批文的标准。对总概算投资超过批准投资估算 10% 以上的，应进行技术经济论证，查明原因，重新上报原审批单位审批。

审查编制方法、计价依据和程序是否符合规定，包括定额或指标的适用范围和调整方法是否正确。工程量的计算是否根据初步设计图纸、概算定额、工程量计算规则和施工组织设计的要求进行，是否存在多算、重算和漏算情况。

审查主要材料（钢材、木材、水泥、砖）的用量数据是否准确。材料预算价格是否符合工程项目所在地的价格水平，材料价差调整是否符合规定及计算是否准确。设备规格，数量和配置是否符合设计要求，设备原价与运杂费是否正确，非标准设备原价的计价方法是否符合规定，进口设备各项费用的组成及其计算程序、方法是否符合相关规定。

审查建筑安装工程各项费用的计取是否符合国家或地方有关部门的规定，计算程序和取费标准是否正确。综合概算、总概算的编制内容、方法是否符合规定和设计文件的要求，有无设计文件外项目，有无将非生产性项目以生产性项目列入。总概算文件的组成内容，是否完整地包括了建设工程项目从筹建到竣工投产之间发生的全部费用。

审查工程项目建设其他费用。这部分费用内容多、弹性大，要按照国家和地区规定逐项审查，不属于总概算范围的费用项目不能列入概算，具体费率或计取标准是否符合国家、行业有关部门的相关文件规定，有无随意列项，有无多列、交叉计列和漏项等。

审查项目的“三废”治理。拟建工程项目必须同时安排“三废”（废水、废气、废渣）的治理方案和投资，对于未做安排、漏项或多算、重算的项目，要按照国家有关规定核实投资，以达到“三废”排放国家标准。

审查技术经济指标及投资经济效果。技术经济指标计算方法和程序是否正确，综合指标和单项指标与同类型工程指标相比，是偏高还是偏低，找出原因并予以纠正。设计概算是初步设计经济效果的反映，要按照生产规模、工艺流程、产品品种和质量，从企业的投资效益和投产后的运营效益全面分析，是否达到了先进可靠、经济合理的要求。

（三）设计概算审查的方法

采用适当方法审查设计概算，是确保审查质量、提高审查效率的关键，常用方法主要有：对比分析法、查询核实法、联合会审法。对审查中发现的问题和偏差，按照单项、单位工程的顺序，先按设备费、安装工程费、建筑工程费和工程建设其他费分类整理，然后按照静态投资、动态投资和铺底流动资金三大类，汇总核增或核减的项目及其投资额。最后将具体审核数据，按照“原编概算”“审核结果”“增减投资”“增减幅度”四列列表，并按照原总概算表汇总顺序，将增减项目逐一列出、相应调整所属项目投资合计，再依次汇总审核后的总投资及增减投资。

第四节　施工图预算

一、施工图预算的概念及作用

（一）施工图预算的概念

施工图预算是以施工图设计文件为依据，在工程施工前对工程项目的投资进行预测与计算。施工图预算的成果文件称为施工图预算书，简称施工图预算。

施工图预算既可以是工程招标投标前或招标投标时，基于施工图纸，按照预算定额取费标准、各类工程计价信息等计算得到的计划或预期价格，也可以是工程中标后施工企业根据自身的企业定额、资源市场价格以及市场供求及竞争状况计算得到的实际预算价格。

（二）施工图预算的作用

1. 施工图预算对投资方的作用

施工图预算是设计阶段控制工程造价的重要环节，是控制施工图设计不突破设计概算的重要措施；是控制造价及资金合理使用的依据；是确定工程最高投标限价的依据；施工图预算可以作为确定合同价款、拨付工程进度款及办理工程结算的基础。

2. 施工图预算对施工企业的作用

施工图预算是建筑施工企业投标报价的基础；是建筑工程预算包干价的依据和签订施工合同的主要内容；是施工企业安排调配施工力量、组织材料供应的依据；是施工企业控制工程成本的依据。

3. 施工图预算对其他方面的作用

对于工程咨询单位来说，客观、准确地为委托方做出施工图预算，能强化投资方对工程造价的控制，有利于节省投资，提高建设项目的投资效益。

对于工程造价管理部门来说，施工图预算是编制工程造价指标指数、构建建设工程造价数据库的数据资源，也是合理确定工程造价、审定工程最高投标限价的依据。

在履行合同的过程中发生经济纠纷时，施工图预算还是有关仲裁、管理、司法部门按照法律程序处理、解决问题的依据。

二、施工图预算编制的依据及内容

（一）施工图预算编制的原则

施工图预算编制的原则如下。

①应保证编制依据的适用性、全面性、时效性，以及编制成果的准确性、完整性。

②完整、准确地反映设计内容的原则。编制施工图预算时，要认真了解设计意图，根据设计文件、图纸准确计算工程量，避免重复和漏算。

③坚持结合拟建工程的现场实际情况，反映工程所在地当时价格水平的原则。编制施工图预算时，要求实事求是地对工程所在地的建设条件、可能影响造价的各种因素进行认真的调查研究。按照现行工程造价的构成，考虑建设期的价格变化因素，使施工图预算尽可能地反映设计内容、实际施工条件和实际价格。

（二）施工图预算编制的依据

施工图预算编制的依据如下。

①国家、行业和地方政府发布的计价依据、有关法律法规或规定。

②预算定额或企业定额、单位估价表等。

③施工图设计文件及相关标准图集和规范。

④项目所在地的人工、材料、设备、施工机具单价、工程造价指标指数等。

⑤建设项目有关文件、合同、协议等。

⑥合理的施工组织设计和施工方案。

⑦项目的管理模式、发包模式及施工条件。

⑧其他应提供的资料。

（三）施工图预算编制的内容

施工图预算由单位工程预算、单项工程预算和建设工程项目总预算组成。单位工程预算是根据施工图设计文件、现行预算定额、费用定额，以及人工、材料、设备、机械台班等预算价格资料，以一定方法编制的单位工程施工图预算，包括建筑工程预算和设备安装工程预算；单项工程施工图预算为所有各单位工程施工图预算汇总而成；建设工程项目的预算为所有各单项工程施工图预算汇总而成。

单位工程预算包括建筑工程预算和设备安装工程预算。建筑工程预算按其工程性质可为一般土建工程预算、给水排水工程预算、采暖通风工程预算、电气照明工程预算、特殊构筑物（如炉窑、烟囱、水塔等）工程预算和工业管道工程预算等。设备安装工程预算可分为机械设备安装工程预算、电气设备安装工程预算和热力设备安装工程预算等。

三、施工图预算的编制方法

（一）建筑安装工程费用计算

建筑安装工程费用常用计算方法有实物量法和单价法，实物量法是依据施工图纸和预算定额的项目划分及工程量计算规则，先计算出分项工程量，然后套用预算定额（或企业定额）来编制施工图预算的方法。单价法是用事先编制好的分项工程的单位估价表来编制施工图预算的方法，单价法属于采用较多的一种方法。

1. 实物量法

用实物量法编制单位工程施工图预算，就是根据施工图计算的各分项工程量分别乘以预算定额（或企业定额）中人工、材料、施工机具台班的定额消耗量，分类汇总得出该单位工程所需的全部人工、材料、施工机具台班消耗数量，然后乘以当时当地人工工日单价、各种材料单价、施工机械台班单价、施工仪器仪表台班单价，求出相应的直接费。在此基础上，通过取费的方式计算企业管理费、利润、规费和税金等费用。实物量法编制施工图预算的公式如下：

$$\begin{aligned}\text{单位工程直接费} &= \text{综合工日消耗} \times \text{综合工日单价} + \sum(\text{各种材料消耗量} \times \text{相应材料单价}) \\ &\quad + \sum(\text{各种施工机械消耗量} \times \text{相应施工机械台班单价}) + \sum(\text{各施工仪器仪表消耗量} \\ &\quad \times \text{相应施工仪器仪表单价})\end{aligned} \tag{3-15}$$

$$\text{单位工程预算造价} = \text{单位工程直接费} + \text{企业管理费} + \text{利润} + \text{规费} + \text{税金} \tag{3-16}$$

实物法编制施工图预算的步骤如图 3-7 所示。

图 3-7　实物法编制施工图预算的步骤

2. 单价法

单价法采用的分项工程单价为工料单价，将各分项工程量乘以对应分项工程单价后的合计值汇总后，再计取企业管理费、利润、规费和税金，对各项费用进行汇总得到单位工程的施工图预算造价。工料单价法中的单价一般采用单位估价表中的各分项工程工料单价（定额基价）。

工料单价法计算公式如下：

$$单位工程预算造价=\sum(分项工程量\times分项工程工料机单价)+企业管理费+利润+规费+税金 \tag{3-17}$$

用工料单价法编制施工图预算的步骤如图 3-8 所示。

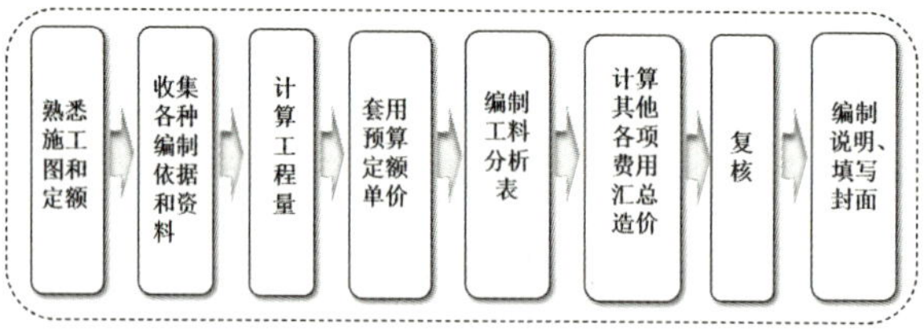

图 3-8　工料单价法编制施工图预算的步骤

（二）设备及工器具购置费计算

设备购置费由设备原价和设备运杂费构成；未到达固定资产标准的工器具购置费一般以设备购置费为计算基数，按照规定的费率进行折算。设备及工器具购置费编制方法及内容参照设计概算相关内容。

（三）单位工程施工图预算书编制

单位工程施工图预算由建筑安装工程费和设备及工器具购置费组成，将计算好的建筑安装工程费和设备及工器具购置费相加，即得到单位工程施工图预算，即

$$单位工程施工图预算=建筑安装工程预算+设备及工器具购置费 \tag{3-18}$$

单位工程施工图预算由单位建筑工程预算书和单位设备及安装工程预算书组成。单位建筑工程预算书主要由建筑工程预算表和建筑工程取费表构成，单位设备及安装工程预算书则主要由设备及安装工程预算表和设备及安装工程取费表构成，具体表格形式见表 3-14 ~ 表 3-17。

表 3-14　建筑工程预算表

单项工程预算编号：　　　　工程名称（单位工程）：　　　　共　页第　页

序号	定额号	工程项目或定额名称	单位	数量	单价 / 元	其中：人工费 / 元	合价 / 元	其中：人工费 / 元
一		土石方工程						
1	×××							
2	×××							

表 3–14（续）

序号	定额号	工程项目或定额名称	单位	数量	单价 / 元	其中：人工费 / 元	合价 / 元	其中：人工费 / 元
二		钢筋混凝土工程						
1	×××							
2	×××							
三		楼地面工程						
1	×××							
2	×××							

编制人：　　　　审核人：　　　　审定人：

表 3–15　建筑工程取费表

单项工程预算编号：　　　　工程名称（单位工程）：　　　　共　页第　页

序号	工程项目或费用名称	表达式	费率 /%	合价 / 元
1	定额人材机费			
2	其中：人工费			
3	其中：材料费			
4	其中：机械费			
5	企业管理费			
6	利润			
7	规费			
8	税金			
9	单位建筑工程费			

编制人：　　　　审核人：　　　　审定人：

表 3–16　设备及安装工程预算表

单项工程预算编号：　　　　工程名称（单位工程）：　　　　共　页第　页

序号	定额号	工程项目或定额名称	单位	数量	单价 / 元	其中：人工费 / 元	合价 / 元	其中：人工费 / 元	其中：设备费 / 元	其中：主材费 / 元
一		设备安装								
1	×××	×××								
2	×××	×××								
二		管道安装								
1	×××	×××								
2	×××	×××								
三		防腐保温								
1	×××	×××								

表 3-16（续）

序号	定额号	工程项目或定额名称	单位	数量	单价 / 元	其中：人工费 / 元	合价 / 元	其中：人工费 / 元	其中：设备费 / 元	其中：主材费 / 元
2	×××	×××								
		定额人材机合计								

编制人： 审核人： 审定人：

表 3-17 设备及安装工程取费表

单项工程预算编号： 工程名称（单位工程）： 共 页 第 页

序号	工程项目或费用名称	表达式	费率 /%	合价 / 元
1	定额人材机费			
2	其中：人工费			
3	其中：材料费			
4	其中：机械费			
5	其中：设备费			
6	企业管理费			
7	利润			
8	规费			
9	税金			
10	单位建筑工程费			

编制人： 审核人： 审定人：

（四）单项工程综合预算的编制

单项工程综合预算造价由组成该单项工程的各个单位工程预算造价汇总而成。单项工程综合预算书主要由综合预算表构成，综合预算表格式如表 3-18 所示。

表 3-18 综合预算表

综合预算编号： 工程名称： 单位：万元

序号	预算编号	工程项目或费用名称	设计规模或主要工程量	建筑工程费	设备及工器具购置费	安装工程费	合计	其中：引进部分	
								美元	折合人民币
一		主要工程							
1									
2									
二		辅助工程							

表 3-18（续）

序号	预算编号	工程项目或费用名称	设计规模或主要工程量	建筑工程费	设备及工器具购置费	安装工程费	合计	其中：引进部分	
								美元	折合人民币
1									
2									
三		配套工程							
1									
2									
		各单项工程预算费用合计							

编制人： 审核人： 项目负责人：

（五）建设项目总预算的编制

建设项目总预算由组成该建设项目的各个单项工程综合预算，以及经计算的工程建设其他费用、预备费、建设期利息和铺底流动资金汇总而成。三级预算编制中总预算由综合预算和工程建设其他费用、预备费、建设期利息和铺底流动资金汇总而成。

采用三级预算编制形式的工程预算文件包括：封面、签署页及目录、编制说明、总预算表、综合预算表、单位工程预算表、附件七项内容。其中，总预算表的格式见表 3-19。

表 3-19 总预算表

总预算编号： 工程名称： 单位：万元 共 页 第 页

序号	预算编号	工程项目或费用名称	建筑工程费	设备及工器具购置费	安装工程费	其他费用	合计	其中：引进部分		占投资比例 /%
								美元	折合人民币	
一		工程费用								
1		主要工程								
		×××								
		×××								
2		辅助工程								
		×××								
		×××								
3		配套工程								
		×××								
		×××								
二		其他费用								

表 3-19（续）

序号	预算编号	工程项目或费用名称	建筑工程费	设备及工器具购置费	安装工程费	其他费用	合计	其中：引进部分		占投资比例 /%
								美元	折合人民币	
1		×××								
2		×××								
三		预备费								
四		专项费用								
1		×××								
2		×××								
		建设项目预算总投资								

编制人：　　　　　　　　　　审核人：　　　　　　　　　　项目负责人：

四、施工图预算的审查

施工图预算的审查是合理确定工程造价的必要程序及重要组成部分。

（一）施工图预算审查的意义

加强施工图预算的审查，对于提高预算的准确性，正确贯彻党和国家的有关方针政策，降低工程造价具有重要的现实意义。

①有利于控制工程造价，有效预防预算超概算。

②有利于加强固定资产投资管控，做到节约建设资金。

③有利于合理确定和有效控制施工承包合同价。

④有利于积累和分析各项技术经济指标，持续不断提高设计水平。

（二）施工图预算审查的内容

审查施工图预算的重点，主要是工程量计算、预算单价套用、设备材料预算价格的选用及人工、机械价格的确定是否正确，各项费用标准的计取是否符合规定要求等方面。

1. 工程量计算的审查

这是一项基础性工作，应按照工程量计算规则核实工程量计算是否正确。

2. 定额使用的审查

需要重点审查组价环节中定额子目套用是否合理。同时，要审查补充的定额子目中各项指标消耗量的合理性，并按程序进行报批，及时补充到定额当中。

3. 人工、材料设备、机械的预算价格及预算单价的套用审查

设备、材料的预算价格及人工、机械价格的确定受时间、资金和市场行情等因素的影响较大，且在工程总造价中占比较高，因此应作为审查重点。

4. 有关费用文件标准计取审查

主要审查选用各项费用相关文件及标准是否符合规定。

（三）施工图预算审查的方法

审查施工图预算的方法较多，主要有全面审查法、标准预算审查法、分组计算审查法、分析对比审查法、筛选审查法、重点抽查法、利用手册审查法和分解对比审查法等八种。

1. 全面审查法

这种方法实际上是审查人重新编制施工图预算。按照预算定额顺序或施工的先后顺序，逐一地全部进行审查的方法。此方法的优点是全面、细致，经审查的工程预算差错较少，质量比较高；缺点是工作量大。

2. 标准预算审查法

对于利用标准图或通用图施工的工程，先集中力量，编制标准预算，以此为标准审查预算的方法。这种方法的优点是时间短、效果好、好定案；缺点是适用范围小，只适用于按标准图纸设计的工程。

3. 分组计算审查法

分组计算审查法是一种加快审查工程量速度的方法，把预算中的项目划分为若干组，并把相邻且有一定内在联系的项目编为一组，审查或计算同一组中某个分项工程量，利用工程量间具有相同或相似计算基础的关系，判断同组中其他几个分项工程量计算的准确程度的方法。

4. 分析对比审查法

分析对比审查法是用已建成工程的预算或虽未建成但已审查修正的工程预算，找出规律性对比审查拟建类似工程预算的一种方法。

5. 筛选审查法

筛选审查法是统筹法的一种，也是一种对比方法。建筑工程项目虽然有建筑面积和高度等的不同，但是它们的各个分部分项工程的工程量、造价、用工量在每个单位面积上的数值变化不大，把这些数据加以汇集、优选、归纳为工程量、造价（价值）、用工三个单方基本值表，并注明其适用的建筑标准。这些基本值犹如“筛子孔”，用来筛选各分部分项工程，筛下去的就不审查了，没有

筛下去的就意味着此分部分项工程的单位建筑面积数值不在基本值范围以内，应对该分部分项工程详细审查。当所审查的预算的建筑面积标准与“基本值”所适应的标准不同，就要对其进行调整。此方法适用于住宅工程或不具备全面审查条件的工程。

6. 重点抽查法

重点抽查法是抓住工程预算中的重点进行审查的方法。审查的重点一般是工程量大或造价较高、工程结构复杂的工程，补充单位估价表，计取各项费用。它的优点是重点突出、审查时间短、效果较好。

7. 利用手册审查法

利用手册审查法是把工程中常用的构配件事先整理成预算手册，按手册对照审查的方法。工程常用的预制构配件，如洗池、大便台、检查井、化粪池等，几乎每个工程都有，把这些按标准图集计算出工程量，套上单价，编制成预算手册使用，可大大简化施工图预算的编审工作。

8. 分解对比审查法

一个单位工程，按直接费与间接费进行分解，然后把直接费按工种和分部工程进行分解，分别与审定的标准预算进行对比分析的方法，称分解对比审查法。

◎ 本章小结

本章从全过程工程造价管理的设计阶段入手，主要研究限额设计、设计方案评价与优化、设计概算、施工图预算四部分内容。通过本章的学习要求了解限额设计的概念、工作内容与实施程序；熟悉设计方案评价的原则与内容、设计概算与施工图预算的概念及作用。重点是掌握设计方案优化评价方法、设计概算与施工图预算的编制依据、编制内容及编制方法；难点是灵活运用基本概念和基本方法，分析解决设计方案优化案例、设计阶段概预算编制工程案例。

◎ 课后习题

一、选择题

1.（　　）的实施是建设工程造价目标的动态反馈和管理过程，可分为目标制定、目标分解、目标推进和成果评价四个阶段。

A. 初步设计　　B. 限额设计

C. 方案设计　　D. 施工图设计

2. 价值工程活动的核心和基本内容是（　　）。

A. 功能分析　　B. 功能分类

C. 功能定义　　D. 功能评价

3. 设计概算可分为单位工程概算、单项工程综合概算和建设工程项目总概算三级。当建设工程项目为一个（　　）时，可采用单位工程概算、总概算两级概算编制形式。

A. 单位工程　　B. 分部工程

C. 单项工程　　D. 分项工程

4. 下列哪一项不是建筑工程概算常用的编制方法（　　）。

A. 概算定额法　　B. 概算指标法

C. 类似工程顶算法　　D. 扩大单价法

5.（　　）是合理确定工程造价的必要程序及重要组成部分。

A. 施工图预算的审查　　B. 施工图预算的编制

C. 设计概算的审查　　D. 施计概算的编制

二、简答题

1. 设计概算的作用是什么?

2. 施工图预算的编制依据是什么?

三、计算题

1. 某设计单位为某旧厂房改造项目提供了甲、乙、丙 3 种改造设计方案，现组织专家评审，商议确定经济性（设计概算）、功能性、技术性、社会影响 4 大类评价指标，各指标的权重分别为：0.48、0.22、0.19、0.11，汇总后专家打分见表 3–20。试为建设单位选择出合理的改造方案。

表 3–20　专家打分表

指标方案	经济性	功能性	技术性	社会影响
甲	6	7	8	7
乙	7	6	9	8
丙	8	9	8	7

2. 南水北调中线北京段总干渠在北京房山区北拒马河中支南进入北京境内，中穿房山山前丘陵区、房山城区西、北关，经大石河、小清河、永定河，在岳各庄桥向北沿西四环路北上穿过新开渠、五棵松地铁站，直至终点团城湖，全长约 90 m。

根据北京段总干渠地形、地质及沿线用户等的实际情况，前期对 3 种输水方式（明渠自流、管涵加压和局部管涵加压）、10 多个工程方案进行了反复研究论证及方案比选，最后选出管涵加压和明渠自流两个方案进行进一步比选，两种方案的功能评分见表 3–21，总投资估算见表 3–22，请利用价值工程法，选择一个最优方案。

表 3-21 功能评分表

<table>
<tr><th rowspan="2">功能</th><th rowspan="2">权重</th><th colspan="2">管涵加压方案</th><th colspan="2">明渠自流方案</th></tr>
<tr><th>平均得分</th><th>加权得分</th><th>平均得分</th><th>加权得分</th></tr>
<tr><td>A</td><td>0.274</td><td>9.5</td><td>2.6</td><td>9.5</td><td>2.6</td></tr>
<tr><td>B</td><td>0.190</td><td>9.0</td><td>1.7</td><td>8.0</td><td>1.5</td></tr>
<tr><td>C</td><td>0.107</td><td>9.5</td><td>1.0</td><td>6.5</td><td>0.7</td></tr>
<tr><td>D</td><td>0.131</td><td>10.0</td><td>1.3</td><td>7.5</td><td>1.0</td></tr>
<tr><td>E</td><td>0.173</td><td>9.0</td><td>1.6</td><td>7.0</td><td>1.2</td></tr>
<tr><td>F</td><td>0.125</td><td>9.5</td><td>1.2</td><td>6.0</td><td>0.8</td></tr>
<tr><td>合计</td><td>1</td><td>56.5</td><td>9.4</td><td>44.5</td><td>7.8</td></tr>
</table>

表 3-22 管涵加压方案与明渠自流方案工程总投资估算（亿元）

<table>
<tr><th colspan="2">项目</th><th>管涵加压方案</th><th>明渠自流方案</th></tr>
<tr><td rowspan="5">工程部分投资</td><td>建筑工程</td><td>39.69</td><td>37.82</td></tr>
<tr><td>机电设备及安装工程</td><td>5.87</td><td>1.49</td></tr>
<tr><td>设备安装工程</td><td>0.56</td><td>0.22</td></tr>
<tr><td>施工临时工程</td><td>2.66</td><td>2.33</td></tr>
<tr><td>独立费用</td><td>4.90</td><td>4.64</td></tr>
<tr><td rowspan="3">其他费用</td><td>建设及施工场地征用费</td><td>8.81</td><td>15.99</td></tr>
<tr><td>水土保持</td><td>0.55</td><td>0.72</td></tr>
<tr><td>环境保护</td><td>0.14</td><td>0.17</td></tr>
<tr><td colspan="2">基本预备费</td><td>5.37</td><td>4.65</td></tr>
<tr><td colspan="2">合计</td><td>68.55</td><td>68.03</td></tr>
</table>

◎ 思考与讨论

学习本章知识后，请从以下三个方面进行思考与讨论。

（1）设计与造价的关系：为什么设计阶段对于工程造价管理如此重要？设计师在设计过程中如何考虑造价因素？

（2）设计优化与造价控制：以港珠澳大桥为例，谈谈在设计阶段如何进行优化，以实现造价的有效控制？

（3）限额设计与价值工程：什么是限额设计？如何在设计阶段应用价值工程原理，实现工程价值最大化？

同时，思考并讨论在实际工程项目中，如何协调设计与造价之间的关系，确保工程既美观实用，又能实现经济效益最大化。希望能够通过具体案例和实践经验，深入理解设计阶段造价管理的核心要点和难点。

第四章 招标投标阶段工程造价管理

DI-SI ZHANG ZHAOBIAO TOUBIAO JIEDUAN GONGCHENG ZAOJIA GUANLI

本章导学

知识目标

◆掌握建设项目招标投标程序和招标文件的组成、招标工程量清单与最高投标限价的编制、招标项目投标报价的编制、建设工程招标项目合同价款的确定方法和要求、建设工程施工合同的组成内容和有关主要事项。

◆熟悉工程评标的程序和方法、建设工程招标项目投标决策和投标报价策略、建设工程合同的有关知识。

◆了解建设工程计价的不同模式、建设工程施工合同示范文本的格式及其相关组成内容。

能力目标

◆能够熟练编制招标文件。

◆能够编制工程量清单与最高投标限价。

◆能够熟练进行投标文件经济标的编制。

◆能够熟练运用投标策略并合理选用投标报价技巧。

育人目标

◆提升学生对招投标过程中的社会、经济和环境责任的认识。

◆强化诚信和公正的职业道德观，特别是在处理投标和合同事务时。

◆引导学生理解和实践可持续发展原则在招投标阶段的应用。

内容概述

本章主要讲授建设项目招投标基础理论、招标文件、招标工程量清单、最高投标限价的编制与优化、建设工程施工合同示范文本的格式及其相关组成等内容。在招投标阶段，工程造价管理的重点有：发包人选择合理的招标方式和承包模式、发包人合理编制招标文件，确定最高投标限价、规范开标、评标和定标、承包人合理编制投标报价文件、做好合同谈判和合同价款确定等。

课程导入

招投标阶段是工程项目中至关重要的一环，它不仅关系到工程的成本控制，也是项目管理效率和质量的重要体现。在这个阶段，通过有效的造价管理，可以确保工程项目在财务上的可行性和竞争力。招投标过程中的每一个决策，无论是关于预算设定，还是合同谈判，都直接影响着项目的最终成本和实施效果。

造价管理在招投标阶段的重要性体现在多个方面：如何准确评估项目成本，如何制定合理的预算，以及如何在投标过程中确保成本的控制和优化。这一阶段的管理，要求我们不仅要有深厚的专业知识，还要具备敏锐的市场洞察力和高效的沟通技巧。

举一个典型的例子：上海中心大厦的建设项目。在这个项目的招投标阶段，通过精细的成本分析和市场研究，项目团队成功选择了最合适的承包商，不仅保证了工程质量，还实现了成本的有效控制。

本章将深入了解招投标阶段造价管理的策略和方法，从而在未来的工程项目中，能够有效地管理招投标过程，确保项目在成本、时间和质量上的最佳平衡。

第一节 建设工程招标投标基本知识

一、工程招标投标相关法律法规

（一）《中华人民共和国招标投标法》

为了规范招标投标活动，保护国家利益、社会公共利益和招标投标活动当事人的合法权益，提高经济效益，保证项目质量，1999 年 8 月 30 日第九届全国人民代表大会常务委员会第十一次会议通过了《中华人民共和国招标投标法》（以下简称《招标投标法》）（2000 年 1 月 1 日起施行），根据 2017 年 12 月 27 日第十二届全国人民代表大会常务委员会第三十一次会议《关于修改〈中华人民共和国招标投标法〉、〈中华人民共和国计量法〉的决定》，修正了《招标投标法》。

《招标投标法》总共由六章六十八条内容构成，包括总则，招标，投标，开标、评标和中标，法律责任，附则。在中华人民共和国境内进行招标投标活动，适用本法。

（二）《中华人民共和国招标投标法实施条例》

为了规范招标投标活动，根据《招标投标法》，2011 年 11 月 30 日国务院第 183 次常务会议通过了《中华人民共和国招标投标法实施条例》（以下简称《招标投标法实施条例》）（2012 年 2 月 1 日起施行），并经 2017 年、2018 年、2019 年三次修订。

《招标投标法实施条例》总共由七章节八十四条内容构成，包括总则，招标，投标，开标、评标和中标，投诉与处理，法律责任，附则。

（三）《中华人民共和国政府采购法》和《中华人民共和国政府采购法实施条例》

政府采购是指各级国家机关、事业单位和团体组织，适用财政性资金采购依法制定的集中采购目录以内的或者采购限额标准以上的货物、工程和服务的行为。

2002 年 6 月 29 日第九届全国人民代表大会常务委员会第二十八次会议通过，经 2014 年 8 月修改后公布的《中华人民共和国政府采购法》第四条规定，政府采购工程进行招标投标的，适用招标投标法。

2014 年 12 月 31 日国务院第 75 次常务会议通过的《中华人民共和国政府采购法实施条例》（2015 年 3 月 1 日起施行）第七条规定，政府采购工程以及与工程建设有关的货物、服务，采用招标方式采购的，适用《中华人民共和国招标投标法》及其实施条例；采用其他方式采购的，适用政府采购法及本条例。

（四）《中华人民共和国刑法》

《中华人民共和国刑法》第二百二十三条规定，投标人相互串通投标报价，损害招标人或者其他投标人利益，情节严重的，处三年以下有期徒刑或者拘役，并处或者单处罚金。

投标人与招标人串通投标，损害国家、集体、公民的合法利益的，依照前款的规定处罚。

二、建设工程招标投标概述

（一）建设工程招标投标活动

根据现行的《招标投标法》《招标投标法实施条例》，招标投标活动包括招标策划、招标、投标、开标、评标、中标、定标、投诉与处理等一系列流程。招标投标活动应当遵循公开、公平、公正和诚实信用的原则。

招标投标制是在市场经济体制下进行建设项目、货物买卖、财产租赁和中介服务等经济活动的一种竞争性交易形式。通过引入竞争机制以求达成交易协议和（或者）订立相关交易合同，以确定相关当事人彼此间的权利和应承担的义务，该活动同时兼有经济活动和民事法律行为两重性质，其虽为市场经济体制下的一种经济活动，但仍属于民事活动的范畴。

1. 建设工程招投标的优势

①实施建设项目招标投标，可确保建设领域中建设项目交易的公平、公正、公开。

②实施建设项目招标投标，可杜绝行业垄断和地方保护，达到优胜劣汰，促进建筑行业回归理性管理，迫使建设领域从业单位有压力感和紧迫感。

③实施建设项目招标投标，可促使相关从业单位不断加大技改力度、加大技改投入、提高管理，从而提高其产品或者提供服务的质量和水平，提高从业单位在国内和国际市场的竞争力，最终确保相关从业单位能够逐步、健康地发展壮大，以实现较好的经济效益和社会效益。

④实施建设项目招标投标，可利于我国在建设领域运用科学、规范化的管理制度和合理可行的管理运作程序，可很好地避免私下交易与暗箱操作现象在建设项目招标投标过程中出现。

⑤实施建设项目招标投标，可优选出优秀的从业单位来从事相应的建设活动。这样一方面可以提供优质的服务，以最终确保建设项目的工程质量、工程进度和建设项目的施工安全；另一方面也可以大大降低建设项目的工程造价，节约建设项目的建设投资，以避免国有资产的大量流失。

⑥实施建设项目招标投标，有利于我国在建设领域及早地与国际接轨。在现行的市场经济体制下，有利于提升我国建设领域相关从业单位在国际建设领域的竞争地位、竞争优势和竞争实力，为我国建设领域的相关从业单位能够参与国际建设领域相关活动的竞争打下坚实的基础。

⑦实施建设项目招标投标，可很好地保护国家利益、社会公共利益和招标投标活动当事人的合法权益，提高经济效益，保证项目质量。

⑧实施建设项目招标投标，可很好地完善社会主义市场经济体制。招标投标立法的根本目的，是维护市场平等竞争秩序，完善社会主义市场经济体制，确保建筑市场平稳、健康、有序地发展。

⑨实施建设项目招标投标，可使招标方通过对各投标竞争者的报价和其他条件进行综合比较，从中选择报价低、技术力量强、质量保障体系可靠、具有良好信誉的承包商作为中标者，与之签订承包合同，以利于保证工程质量、缩短建设工期、降低工程造价、提高投资效益。

总之，实施建设项目招标投标活动的最终目的是在建设领域中引入竞争机制，通过竞争择优选择建设项目的勘察、设计、监理、施工、材料设备供应等从业单位，以保证建设项目的安全、缩短建设项目的建设周期、提高建设项目的建设质量、降低建设项目工程造价以节约建设投资、达到较好的经济效益和社会效益。

2. 建设项目招标投标活动应遵循的原则

（1）公开原则

公开就是要求建设项目招标投标活动应具有较高的透明度，实行招标信息公开、招标程序公开（发布招标公告或者投标邀请函）、开标公开、评标条件公开、中标结果公开。在开标、评标和定标的过程中，应公正、科学、合理、合法，真正做到使每一个投标人对建设项目的平等、有序竞争。

（2）公平原则

公平就是要求给予所有投标人平等的机会，使其享有同等的权利并履行相应的义务，不歧视任何一方。招标投标活动属于民事法律行为，活动中各民事主体是平等的。招标投标活动中应排除一切不正当的竞争行为，各民事主体均不能采用违法或其他不正当的方式干扰正常的竞争，也不得将一方的意志强加给另一方，严禁出现地方保护和行业垄断现象。

（3）公正原则

公正就是要求开标、评标、定标时应严格按招标文件中规定的统一的标准对待所有的投标人。按照相关法律的规定，建设项目招标活动应在已建立的建设项目交易中心中公开进行。招标人不得以不合理的条件限制或者排斥潜在投标人，不得对潜在投标人实行歧视性待遇。

（4）诚信原则

诚实信用原则是一切民事活动都应遵循的原则，是市场经济的前提，是行使民事权利和履行民事义务的基础。诚实是指行为的真实性和合法性，不人为地隐瞒或者歪曲事实的真相而欺骗他人；信用是指遵守承诺，履行合约，切实履行好自己应负的民事义务，不得因见利忘义、弄虚作假而损害他人、国家、集体及社会公众的利益。信用是市场经济得以运转的重要基石，市场的公正、公平、高效和市场主体的合法权益都需要良好的信用制度来保障。

住建部 2005 年正式下发了《建设部关于加快推进建筑市场信用体系建设工作的意见》，明确了建筑市场信用体系建设的指导思想、总体目标和基本原则。2017 年，国务院办公厅印发《关于促进建筑业持续健康发展的意见》，进一步提出要建立统一开放和诚实守信的建筑市场。各省市也都出台了多项信用评价管理制度，建设和完善建筑企业信用评价体系与平台。建筑业信用评价体系是一套建筑市场治理机制，旨在解决交易双方信息不对称现象，是社会信用评价体系中的重要组成部分。它通过制定评价办法和奖惩机制引导建筑市场主体价值取向发生改变，鼓励守信行为、惩戒失信行为，发挥市场调节功能，使建筑市场各主体逐步从失信最终走向守信，从而维护建筑市场有序运行，促进建筑业的可持续发展。建筑业中涉及的市场主体范围较大，包括建设单位、勘察设计单位、工程承包商、监理单位等企业和单位。因此，建筑业的信用评价体系由多个子体系构成，且与其约束的对象主体有关。

（二）建设工程招标投标活动的监管

工程建设项目的招标投标活动涉及建设领域的各地、各行、各业及其相关的建设行政主管部门，为了避免各个地区、各个行业之间出现地方保护和行业垄断现象，避免建设市场混乱无序、无从管理，国家明确指定了一个对全国工程建设项目招标投标活动进行统一归口管理的建设行政主管部门，即住房和城乡建设部，它是全国最高的工程建设项目招标投标管理机构。这样有利于维护建筑市场的统一性、竞争有序性和开放性，可以确保建筑市场的健康、平稳发展。

在住房和城乡建设部的统一监管下，在全国范围内实施省、市、县三级建设行政主管部门对所辖行政区域内的工程建设项目的招标投标活动实行分级管理。其具体管理事务由各级建设行政主管部门所下属的各级建设项目招标投标办事机构（建设工程项目招标投标管理办公室）负责。

各级建设项目招标投标办事机构的具体职责如下。

①审查招标单位的资质、招标项目的条件、招标申请书和招标文件。

②审查招标项目的最高投标限价。

③监督开标、评标和定标。

④调解工程建设项目招标投标过程中的有关纠纷。

⑤处罚违反有关招标投标规定的行为，否决违反招标投标有关规定的定标结果。

⑥监管承发包合同的签订和履行。

（三）电子招标投标系统

电子招标投标系统是以网络技术为基础，招标、投标、评标、合同等业务全过程实现数字化、网络化、高度集成化的系统，主要由网络安全系统与网上业务系统两部分组成。根据功能的不同，电子招标投标系统分为交易平台、公共服务平台和行政监督平台。

自2013年以来，国家部委也相继发布了《电子招标投标管理办法》《关于进一步规范电子招标投标系统建设运营的通知》《关于电子招标投标系统检测认证管理办法（试行）》《整合建立统一的公共资源交易平台工作方案》等通知，对电子招标投标给予高度重视。住房和城乡建设部2019年发布了《关于进一步加强房屋建筑和市政基础设施工程招标投标监管的指导意见》（建市规〔2019〕11号），全面推行电子招标投标。全面推行招标投标交易全过程电子化和异地远程评标，实现招标投标活动信息公开。积极创新电子化行政监督，招标投标交易平台应当与本地建筑市场监管平台实现数据对接，加快推动交易、监管数据互联共享，加大全国建筑市场监管公共服务平台工程项目数据信息的归集和共享力度。

目前，随着现代科技的发展与信息化的发展，电子招标投标系统已经逐渐成为许多企业采购组织的重要工具。与传统的纸质化招标投标相比，电子招标投标系统具有以下优缺点。

1. 电子招标投标系统优点

（1）提高采购效率

传统的招标投标方式需要花费大量时间和人力资源来准备、审核、发布、接收和评审投标文件，而电子招标投标系统可以实现自动化、智能化的操作，大大提高了采购的效率。

（2）降低采购成本

传统的招标投标方式需要购买大量的纸张、打印机和邮寄费用等，而电子招标投标系统可以通过网络平台进行投标和交流，无需纸张和邮寄费用，大大降低了采购成本。

（3）减少人力资源的浪费

传统的招标投标方式需要大量的人力资源来处理投标文件和审核信息，而电子招标投标系统可以自动化处理这些工作，节约了人力资源的浪费。

（4）提高采购过程的透明度和公平性

电子招标投标系统可以记录所有的招标过程和交流信息，确保采购过程的透明度和公平性，避免非法活动和不正当行为。

2. 电子招标投标系统缺点

（1）电子招标投标系统有一定的技术门槛

使用电子招标投标系统需要具备一定的计算机和网络知识，对一些不擅长计算机和网络操作的人来说，可能会造成一定的困难。

（2）电子招标投标系统有一定的安全问题

采用技术不过关的电子招标投标系统存在一定的安全风险，如网络攻击、黑客入侵、信息泄露等，需要采取一定的安全措施来保护采购信息的安全。

（3）电子招标投标系统有一定的可信度问题

一些不法分子可能会通过虚假信息和虚假网站来欺骗投标人和采购人，从而造成不正当竞争和损失，需要采取一定的措施来提高电子招标投标系统的可信度。

第二节 建设工程招标

一、招标范围

建设工程招标是指招标人依法提出建设工程招标项目及其相应的条件和要求，通过发布招标公告或者发出投标邀请书吸引潜在投标人参加投标的行为。从理论上讲，在市场经济条件下，建设工程项目是否采用招标的方式确定承包人，业主有着完全的决定权；采用何种方式进行招标，业主也有着完全的决定权。但是为了保证公共利益，各国的法律都规定了有政府资金投资的公共项目、涉及公共利益的其他资金投资项目、投资额在一定额度之上时，要采用招标的方式进行采购。在我国，一个项目是否需要进行招标，在项目范围和限额范围上有以下规定。

（一）必须招标的项目范围

根据《招标投标法》第三条规定，在中华人民共和国境内进行下列工程建设项目的勘察、设计、施工、监理以及工程建设有关的重要设备、材料等的采购，必须进行招标：

①大型基础设施、公共事业等关系社会公共利益、公共安全的项目；

②全部或部分使用国有资金投资或者国家融资的项目；

③使用国际组织或者外国政府贷款、援助资金的项目。

依据《招标投标法》，国家发展和改革委员会 2018 年 3 月公布（2018 年 6 月 1 日起施行）的《必须招标的工程项目规定》，明确了必须招标的工程项目范围如下。

①全部或者部分使用国有资金投资或者国家融资的项目，包括：

A. 使用预算资金 200 万元人民币以上，并且该资金占投资额 10% 以上的项目；

B. 使用国有企业事业单位资金，并且该资金占控股或者主导地位的项目。

②使用国际组织或者外国政府贷款、援助资金的项目，包括：

A. 使用世界银行、亚洲开发银行等国际组织贷款、援助资金的项目；

B. 使用外国政府及其机构贷款、援助资金的项目。

③不属于本规定①、②规定情形的大型基础设施、公用事业等关系社会公共利益、公众安全的项目，必须招标的具体范围由国务院发展改革部门会同国务院有关部门按照确有必要、严格限定的原则制订，报国务院批准。

④本规定第①至③规定范围内的项目，其勘察、设计、施工、监理以及与工程建设有关的重要设备、材料等的采购达到下列标准之一的，必须招标：

A. 施工单项合同估算价在 400 万元人民币以上；

B. 重要设备、材料等货物的采购，单项合同估算价在 200 万元人民币以上；

C. 勘察、设计、监理等服务的采购，单项合同估算价在 100 万元人民币以上。

同一项目中可以合并进行的勘察、设计、施工、监理以及与工程建设有关的重要设备、材料等的采购，合同估算价合计达到前款规定标准的，必须招标。

（二）可以不招标的项目范围

根据《招标投标法》中第六十六条规定，涉及国家安全、国家秘密、抢险救灾或者属于利用扶贫资金实行以工代赈、需要使用农民工等特殊情况，不适宜进行招标的项目，按照国家有关规定可以不进行招标。

根据《招标投标法实施条例》第九条规定，除《招标投标法》第六十六条规定的可以不进行招标的特殊情况外，有下列情形之一的，可以不进行招标：

①需要采用不可替代的专利或者专有技术；

②采购人依法能够自行建设、生产或者提供；

③已通过招标方式选定的特许经营项目投资人依法能够自行建设、生产或者提供；

④需要向原中标人采购工程、货物或者服务，否则将影响施工或者功能配套要求；

⑤国家规定的其他特殊情形。

招标人为适用前款规定弄虚作假的，属于《招标投标法》第四条规定的规避招标。

【案例解析 4.1】

下列属于依法必须进行招标的项目范围是（　　）。

A. 国有企事业单位资金参股的项目

B. 使用世界银行贷款、援助资金的项目

C. 使用财政预算资金 200 万元以上的项目

D. 财政预算资金占项目投资额 10% 的项目

解析：B。

A 错误，使用国有企业事业单位资金，并且该资金占控股或者主导地位的项目需要招标；C、D 错误，使用预算资金 200 万元人民币以上，并且该资金占投资额 10% 以上的项目需要招标。

二、招标程序

（一）招标方式

根据《招标投标法》，工程施工招标分公开招标和邀请招标两种方式。

1. 公开招标

公开招标又称无限竞争性招标，是指招标人按程序，通过报刊、广播、电视、网络等媒体发布招标公告，邀请具备条件的施工承包商投标竞争，然后从中确定中标者并与之签订施工合同的过程。

公开招标方式的优点：招标人可以在较广的范围内选择承包商，投标竞争激烈，择优率更高，有利于招标人将工程项目交予可靠的承包商实施，并获得有竞争性的商业报价，同时，也可在较大程度上避免招标过程中的贿标行为。因此，国际上政府采购通常采用这种方式。

公开招标方式的缺点：准备招标、对投标申请者进行资格预审和评标的工作量大，招标时间长、费用高。同时，参加竞争的投标者越多，中标的机会就越小；投标风险越大，损失的费用也就越多，而这种费用的损失必然会反映在标价中，最终会由招标人承担，故这种方式在一些国家较少采用。

2. 邀请招标

邀请招标也称有限竞争性招标，是指招标人以投标邀请书的形式邀请预先确定的若干家施工承包商投标竞争，然后从中确定中标者并与之签订施工合同的过程。采用邀请招标方式时，邀请对象应以 5 ~ 10 家为宜，至少不应少于 3 家。

根据《招标投标法实施条例》第八条规定，国有资金占控股或者主导地位的依法必须进行招标的项目，应当公开招标。但有下列情形之一的，可以邀请招标。

①技术复杂、有特殊要求或者受自然环境限制，只有少量潜在投标人可供选择。

②采用公开招标方式的费用占项目合同金额的比例过大。

根据《招标投标法》第十一条规定，国务院发展计划部门确定的国家重点项目和省、自治区、直辖市人民政府确定的地方重点项目不适宜公开招标的，经国务院发展计划部门或者省、自治区、直辖市人民政府批准，可以进行邀请招标。

邀请招标方式的优点：不发布招标公告，不进行资格预审，简化了招标程序，因而节约了招标费用、缩短了招标时间。而且由于招标人比较了解投标人以往的业绩和履约能力，从而减少了合同履行过程中承包商违约的风险。对于采购标的较小的工程项目，采用邀请招标方式比较有利。此外，有些工程项目的专业性强，有资格承接的潜在投标人较少或者需要在短时间内完成投标任务等，不宜采用公开招标方式的，也应采用邀请招标方式。值得注意的是，尽管采用邀请招标方式时不进行资格预审，但为了体现公平竞争和便于招标人对各投标人的综合能力进行比较，仍要求投标人按照招标文件的有关要求，在投标文件中提供有关资质资料，在评标时以资格后审的形式作为评审内容之一。

邀请招标方式的缺点：由于投标竞争的激烈程度较差，有可能会提高中标合同价；也有可能排除某些在技术上或报价上有竞争力的承包商参与投标。

【案例解析 4.2】

下列国有资金占控股或者主导地位的依法必须进行招标，可以采取邀请招标的是（　　）。

A. 采用公开招标方式的费用占项目合同金额的比例过大的项目

B. 以工代赈的项目

C. 由于技术复杂导致公开招标程序复杂的项目

D. 受资金限制，只有少量潜在投标人可供选择的项目

解析：A。

B 错误，以工代赈需要使用农民工的项目可以不招标；C、D 错误，技术复杂、有特殊要求或者受自然环境限制，只有少量潜在投标人可供选择可以采用邀请招标。

（二）招标组织形式

招标人是依照本法规定提出招标项目、进行招标的法人或者其他组织。依法必须招标的项目经批准后，招标人根据项目实际情况需要和自身条件，招标组织形式分为：委托招标和自行招标。

1. 委托招标

按照《招标投标法》第十二条规定，招标人有权自行选择招标代理机构，委托其办理招标事宜。任何单位和个人不得以任何方式为招标人指定招标代理机构。

招标人和招标代理机构的关系是委托代理关系。招标代理机构应当与招标人签订书面委托合同，在委托范围内，以招标人的名义组织招标工作和完成招标任务。

《招标投标法》第十三条规定，招标代理机构应当具备下列条件：有从事招标代理业务的营业场所和相应资金；有能够编制招标文件和组织评标的相应专业力量。

2. 自行招标

如招标人具有编制招标文件和组织评标能力的，按规定向有关行政监督部门备案同意后，也可进行自行招标。依法自行办理和完成招标项目的招标任务。招标人应向有关行政监督部门上报具有自行招标条件的书面材料备案，由主管部门对自行招标的书面材料进行核准。

（三）招标程序

不同的招标组织形式和不同的招标方式，招标的程序是基本一致的，主要分为三个阶段：招标准备，招标过程，开标、评标与授标。招标基本程序如图 4-1 所示。

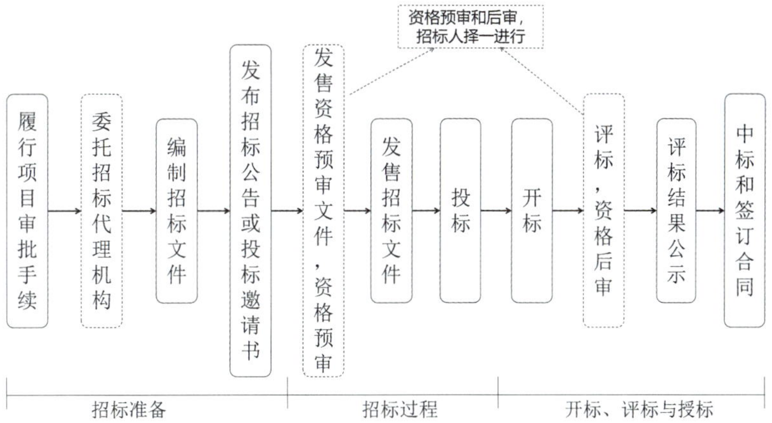

图 4-1　招标基本程序

1. 招标准备

（1）确定招标方式、划分标段

建设项目施工招标前，招标人应当办理有关的审批手续，确定招标方式以及划分标段。

一般情况下，一个项目应该作为一个整体进行招标。但是对于大型项目，作为一个整体进行招标将大大降低招标的竞争性，因此需要分段招标。当然，也不能将标段划分得过细，一般可以将一个项目分解为单位工程及特殊专业工程分别招标。

工程项目是一个复杂的系统工程，影响标段划分的因素有很多。应根据工程项目的内容、规模和专业复杂程度确定招标范围，合理划分标段。对于工程规模大、专业复杂的工程项目，建设单位的管理能力有限时，应考虑采用施工总承包的招标方式选择施工队伍。这样有利于减少各专业之间因配合不当造成的窝工、返工、索赔风险。但采用这种承包方式，有可能使工程报价相对较高。对于工艺成熟的一般性项目，涉及专业不多时，可考虑采用平行承包的招标方式，分别选择各专业承包单位并签订合同。采用这种承包方式，建设单位一般可得到较为满意的报价，有利于控制工程造价。

（2）招标信息的发布

工程招标是一种公开的经济活动，因此要采用公开的方式发布信息。

根据国家发展改革委 2017 年 11 月 23 日颁布的第 10 号令《招标公告和公示信息发布管理办法》（2018 年 1 月 1 日开始执行），依法必须招标项目的招标公告和公示信息应当在“中国招标投标公共服务平台”或者项目所在地省级电子招标投标公共服务平台发布。

依法必须招标项目的资格预审公告和招标公告，应当载明以下内容。

①招标项目名称、内容、范围、规模、资金来源。

②投标资格能力要求，以及是否接受联合体投标。

③获取资格预审文件或招标文件的时间、方式。

④递交资格预审文件或投标文件的截止时间、方式。

⑤招标人及其招标代理机构的名称、地址、联系人及联系方式。

⑥采用电子招标投标方式的，潜在投标人访问电子招标投标交易平台的网址和方法。

⑦其他依法应当载明的内容。

招标人或其委托的招标代理机构应当保证招标公告内容的真实、准确和完整。

依法必须招标项目的招标公告和公示信息应当根据招标投标法律法规，以及国家发展改革委会同有关部门制定的标准文件编制，实现标准化、格式化。

拟发布的招标公告和公示信息文本应当由招标人或其招标代理机构盖章，并由主要负责人或其授权的项目负责人签名。采用数据电文形式的，应当按规定进行电子签名。招标人或其招标代理机构发布招标公告和公示信息，应当遵守招标投标法律法规关于时限的规定。

依法必须招标项目的招标公告和公示信息除在发布媒介发布外，招标人或其招标代理 机构也可以同步在其他媒介公开，并确保内容一致。其他媒介可以依法全文转载依法必须招标项目的招标公告和公示信息，但不得改变其内容，同时必须注明信息来源。

（3）投标人的资格审查

投标人的资格审查分为资格预审和资格后审。采用资格预审的，如为国有资金控股或主导的招标项目，招标人应当组建资格审查委员会负责资审，评标委员会负责评标，资格审查委员会的组成要求与评标委员会一致。采用资格后审的，开标后由评标委员会既负责资格审查，又负责评标。

关于联合体投标的资格审查，《招标投标法实施条例》规定，招标人应当在资格预审公告、招标公告或者投标邀请书中载明是否接受联合体投标；招标人接受联合体投标并进行资格预审的，联合体应当在提交资格预审申请文件前组成；资格预审后联合体增减、更换成员的，其投标无效；联合体各方在同一招标项目中以自己名义单独投标或者参加其他联合体投标的，相关投标均无效。《招标投标法实施条例》规定，联合体各方均应当具备承担招标项目的相应能力；国家有关规定或者招标文件对投标人资格条件有规定的，联合体各方均应当具备规定的相应资格条件；由同一专业的单位组成的联合体，按照资质等级较低的单位确定资质等级；联合体各方应当签订共同投标协议，明确约定各方拟承担的工作和责任，并将共同投标协议连同投标文件一并提交招标人，联合体中标的，联合体各方应当共同与招标人签订合同，就中标项目向招标人承担连带责任；招标人不得强制投标人组成联合体共同投标，不得限制投标人之间的竞争。

2. 招标过程

（1）发售招标文件或资格预审文件

招标人应当按招标公告或者投标邀请书规定的时间、地点出售招标文件或资格预审文件。自招标文件或者资格预审文件出售之日起至停止出售之日止，最短不得少于 5 日。依法必须进行招标的项目，自招标文件开始发出之日起至投标人提交投标文件截止之日止，最短不得少于 20 日。此外，招标人发售资格预审文件、招标文件收取的费用应当限于补偿印刷、邮寄的成本支出，不得以营利为目的。招标文件中要求的投标保证金不得超过招标项目估算价的 2%，工程施工项目最高不得超过 80 万，投标保证金有效期应与投标有效期一致。

（2）招标文件的澄清和修改

招标人需要对已发出的招标文件进行必要的澄清或修改，应在投标截止时间 15 日前，以书面形式发给所有购买招标文件的投标人，但澄清可不指明问题的来源。如果澄清或修改发出的时间距投标截止时间不足 15 日，应相应推迟投标截止时间。投标人在收到澄清或修改内容后，应在规定的时间内以书面形式通知招标人，确认已收到该澄清或修改文件。

（3）投标文件的提交、修改与撤回

投标人应在招标公告中规定的投标截止时间前，将投标文件递交到招标文件规定的地点。投标有效期从提交投标文件截止日起计算，一般不宜超过 90 日。

未通过资格预审的申请人提交的投标文件，以及逾期送达或者不按照招标文件要求密封的投标文件，招标人应当拒收。招标人应当如实记载投标文件的送达时间和密封情况，并存档备查。

投标人在招标文件要求提交投标文件的截止时间前，可以补充、修改或者撤回已提交的投标文件，并书面通知招标人。这意味着投标人有权在规定的时间内，对已经提交的投标文件进行补充、修改或撤回，以满足招标文件的要求，补充、修改的内容为投标文件的组成部分。如果投标人选择撤回投标文件，那么其投标将被招标人拒绝。

投标人撤回已提交的投标文件，应当在投标截止时间前书面通知招标人。招标人已收取投标保证金的，应当自收到投标人书面撤回通知之日起 5 日内退还投标保证金及利息。

投标截止后投标人撤销投标文件的，招标人可以不退还投标保证金。

招标的时间轴如图 4-2 所示。

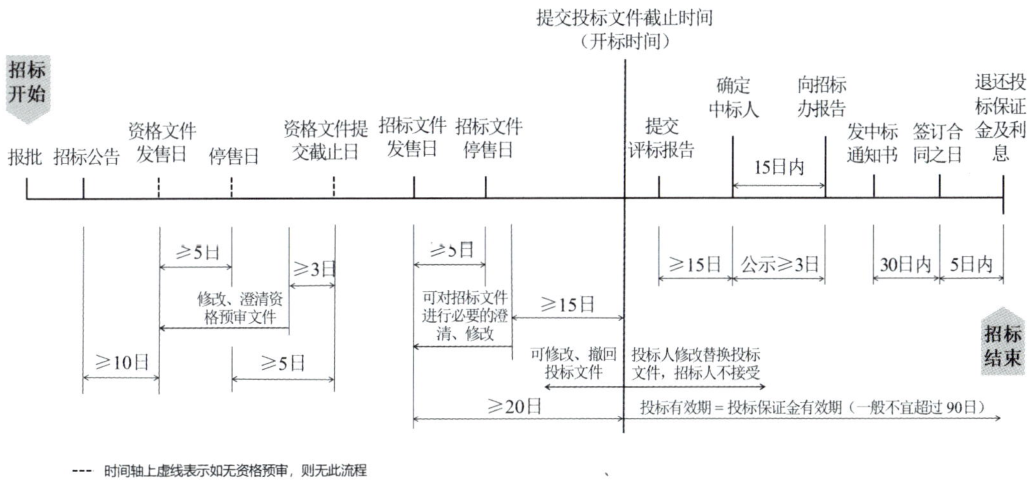

图 4-2　招标的时间轴

【案例解析 4.3】

招标人对某招标估算价为 6 000 万元的施工项目进行公开招标，招标文件规定投标保证金为 100 万元；投标截止日期为 2022 年 3 月 25 日。3 月 3 日开始发售招标文件，3 月 6 日停售；3 月 20 日招标人对已发出的招标文件做了必要的澄清和修改，并按照原计划在 3 月 25 日准时开标。本次招标活动有（　　）处错误。

A. 1　　　　B. 2

C. 3　　　　D. 4

解析：C。

有3处错误。①投标保证金不得超过招标项目估算价的2%且不得超过80万元；②招标文件出售时间不足5日；③澄清和修改招标文件距离投标截止时间不足15日的，应推迟投标截止时间。

3. 开标、评标与授标

（1）开标

开标由招标人主持，邀请所有投标人参加。按照《招标投标法实施条例》规定，招标人应当按照招标文件规定的时间、地点开标。投标人少于3个的，不得开标，招标人应当重新招标。投标人对开标有异议的，应当在开标现场提出，招标人应当当场作出答复，并制作记录。开标过程应当记录，并存档备查。

（2）评标

《招标投标法》规定，评标由招标人依法组建的评标委员会负责。依法必须进行招标的项目，其评标委员会由招标人的代表和有关技术、经济等方面的专家组成，成员人数为5人以上单数，其中技术、经济等方面的专家不得少于成员总数的三分之二。依法必须进行招标的项目，其评标委员会的专家成员应当从评标专家库内相关专业的专家名单中以随机抽取方式确定。评标委员会的名单在中标结果确定前应该保密。

评标分为评标的准备、初步评审、详细评审、编写评标报告等过程。

初步评审主要是进行符合性审查，即重点审查投标书是否实质上响应了招标文件的要求。审查内容包括：投标资格审查；投标文件完整性审查；投标担保的有效性；与招标文件是否有显著的差异和保留等。如果投标文件实质上不响应招标文件的要求，将作无效标处理，不必进行下一阶段的评审。另外还要对报价计算的正确性进行审查，如果计算有误，通常的处理方法是：大小写不一致的以大写为准，单价与数量的乘积之和与所报的总价不一致的应以单价为准；标书正本和副本不一致的，则以正本为准。这些修改应由投标人代表签字确认。

依据《招标投标法实施条例》第五十一条，有下列情形之一的，评标委员会应当否决其投标：

①投标文件未经投标单位盖章和单位负责人签字；

②投标联合体没有提交共同投标协议；

③投标人不符合国家或者招标文件规定的资格条件；

④同一投标人提交两个以上不同的投标文件或者投标报价，但招标文件要求提交备选投标的除外；

⑤投标报价低于成本或者高于招标文件设定的最高投标限价；

⑥投标文件没有对招标文件的实质性要求和条件作出响应；

⑦投标人有串通投标、弄虚作假、行贿等违法行为。

2013年修订的《评标委员会和评标方法暂行规定》第二十五条规定，下列情况属于重大偏差，未能对招标文件作出实质性响应，评标委员会应作废标处理：

①没有按照招标文件要求提供投标担保或者所提供的投标担保有瑕疵；

②投标文件没有投标单位授权代表签字和加盖公章；

③投标文件载明的招标项目完成期限超过招标文件规定的期限；

④明显不符合技术规格、技术标准的要求；

⑤投标文件载明的货物包装方式、检验标准和方法等不符合招标文件的要求；

⑥投标文件附有招标单位不能接受的条件；

⑦不符合招标文件中规定的其他实质性要求。

投标文件在实质上响应招标文件要求，但在个别地方存在漏项或者提供了不完整的技术信息和数据等情况，并且补正这些遗漏或者不完整不会对其他投标人造成不公平的结果的偏差属于细微偏差，细微偏差不影响投标文件的有效性。评标委员会应当书面要求存在细微偏差的投标人在评标结束前予以补正。拒不补正的，在详细评审时可以对细微偏差做不利于该投标人的量化，量化标准应当在招标文件中规定。

详细评审是评标的核心，是对标书进行实质性审查，包括技术评审和商务评审。技术评审主要是对投标书的技术方案、技术措施、技术手段、技术装备、人员配备、组织结构、进度计划等的先进性、合理性、可靠性、安全性、经济性等进行分析评价。商务评审主要是对投标书的报价高低、报价构成、计价方式、计算方法、支付条件、取费标准、价格调整、税费、保险及优惠条件等进行评审。

评标委员会成员应当依照《招标投标法》和《招标投标法实施条例》的规定，按照招标文件规定的评标标准和方法，客观、公正地对投标文件提出评审意见。招标文件没有规定的评标标准和方法不得作为评标的依据。

经初步评审合格的投标文件，评标委员会应当根据招标文件确定的评标标准和方法，对其技术部分和商务部分做进一步评审、比较。详细评审的方法包括经评审的最低投标价法和综合评估法两种。对于实际使用哪种评标办法，招标人会在招标文件中详细载明。

①经评审的最低投标价法，指评标委员会对满足招标文件实质要求的投标文件，根据详细评审标准规定的量化因素及标准进行价格折算（无需对投标文件的技术部分进行价格折算），按照经评审的投标价由低到高的顺序推荐中标候选人，或根据招标人授权直接确定中标人，但投标报价低于其成本的除外。经评审的投标价相等时，投标报价低的优先；投标报价也相等的，优先条件由招标人事先在招标文件中确定。

A. 经评审的最低投标价法的适用范围。按照《评标委员会和评标方法暂行规定》的规定，经评审的最低投标价法一般适用于具有通用技术、性能标准或者招标人对其技术、性能没有特殊要求的招标项目。

B. 详细评审标准及规定。根据《标准施工招标文件》的规定，主要的量化因素包括单价遗漏和付款条件等，招标人可以根据项目具体特点和实际需要，进一步删减、补充或细化量化因素和标准。所有的修正因素都应当在招标文件中有明确的规定。对同时投多个标段的评标修正，一般的做法是，如果投标人的某一个标段已被确定为中标，则在其他标段的评标中按照招标文件规定的百分比乘以报价额后，在评标价中扣减此值。

根据经评审的最低投标价法完成详细评审后，评标委员会应当拟定一份“价格比较一览表”，连同书面评标报告提交招标人。“价格比较一览表”应当载明投标人的投标报价、对商务偏差的价格调整和说明以及已评审的最终投标价。

【案例解析 4.4】

某高速公路项目招标采用经评审的最低投标价法评标，招标文件规定的量化标准为对同时投多个标段的评标修正率为4%。现有投标人甲同时投标1#、2# 标段，其报价依次为 6 300 万元、5 000 万元，若甲在 1# 标段已被确定为中标，则其在 2# 标段的评标价是（　　）万元。

A. 4 748　　B. 4 800

C. 5 200　　D. 5 252

解析：B。

采用经评审的最低投标价法的，评标委员会应当根据招标文件中规定的量化因素和标准进行价格折算，对所有投标人的投标报价以及投标文件的商务部分做必要的价格调整。一般的做法是，如果投标人的某一个标段已被确定为中标，则在其他标段的评标中按照招标文件规定的百分比乘以报价额后，在评标价中扣减此值。根据题中条件，2# 标段的评标价 =5 000−5 000×4% =4 800（万元）。

②综合评估法，俗称“打分法”，是指评标委员会对满足招标文件实质性要求的投标文件，按照规定的评分标准进行打分，并按得分由高到低顺序推荐中标候选人，或根据招标人授权直接确定中标人，但投标报价低于其成本的除外。综合评分相等时，以投标报价低的优先；投标报价也相等的，优先条件由招标人事先在招标文件中确定。不宜采用经评审的最低投标价法的招标项目，一般应当采取综合评估法进行评审。

评分因素一般由施工组织设计、项目管理机构、投标报价及其他评分因素构成。根据各评分因素得出的得分之和即为该投标人本次投标的得分。完成评标后，评标委员会应当拟定一份“综合评估比较表”，连同书面评标报告提交招标人。“综合评估比较表”应当载明投标人的投标报价、所做的任何修正、对商务偏差的调整、对技术偏差的调整、对各评审因素的评估以及对每一投标的最终评审结果。

其中，投标报价会通过投标价偏差率来计算分值。基准价的计算方法应在招标文件的投标人须知前附表中予以明确。

$$\text{投标报价偏差率} = \frac{\text{投标人投标报价} - \text{基准价}}{\text{基准价}} \times 100\% \tag{4-1}$$

评标结束应该推荐中标候选人，评标委员会做出评审后，有权否决所有投标。评标委员会提交的评标报告，推荐的中标候选人应当限定在 1 ~ 3 人，并标明排序。评标报告由评标委员会全体成员签字，评标委员会成员拒绝在评标报告上签字且不陈述其不同意见和理由的，视为同意评标结论。

依据2017年修订的《中华人民共和国招标投标法实施条例》，招标人根据评标委员会提出的书面评标报告和推荐的中标候选人确定中标人。招标人也可以授权评标委员会直接确定中标人，或者在招标文件中规定排名第一的中标候选人为中标人，并明确排名第一的中标候选人不能作为中标人的情形和相关处理规则。

【案例解析4.5】

关于评标规则的说法，下列选项正确的是（　　）。

A. 7人评标委员会中，技术、经济专家至少应为4人

B. 投标人对投标文件主动提出澄清、说明的，招标人不予接受

C. 评标委员会无权否决所有投标，应当至少推荐1名中标候选人

D. 评标委员会成员拒绝在评标报告上签字的，视为不同意评标结论

解析：B。

A错误，依法必须进行招标的项目，其评标委员会由招标人的代表和有关技术、经济等方面的专家组成，成员人数为5人以上单数，其中技术、经济等方面的专家不得少于成员总数的三分之二，7人评标委员会中，技术、经济专家应至少为5人；C错误，D错误，评标委员会做出评审后，有权否决所有投标。评标委员会提交的评标报告，推荐的中标候选人应当限定在1～3人。评标报告由评标委员会全体成员签字，评标委员会成员拒绝在评标报告上签字且不陈述其不同意见和理由的，视为同意评标结论。

【案例解析4.6】

国有资金投资依法必须公开招标的某建设项目，采用工程量清单计价方式进行施工招标，最高投标限价为3 568万元，其中暂列金额280万元。A、B、C、D、E五个投标人参加了投标，其投标报价（万元）分别为：3 489、3 470、3 358、3 209、3 242。评标过程中，投标委员会发现投标人B的暂列金额按260万元计取，且对招标清单中的材料暂估单价均下调5%后计入报价；发现投标人E报价中混凝土梁的综合单价为700元/m^3，招标清单工程量为520 m^3，合价为36 400元。其他投标人的投标文件均符合要求。

招标文件中规定的评分标准如下：商务标中的总报价评分占60分，有效报价的算术平均数为评标基准价，报价等于评标基准价者得满分60分，在此基础上，报价比评标基准价每下降1%，扣1分；每上升1%，扣2分。

根据招标文件中对技术标评分（占40分）的规定，评标委员会给A、B、C、D、E单位的技术标得分分别为40、38、39、36、35。

问：针对投标人B、投标人E的报价，评标委员会应分别如何处理？说明理由。计算各有效报价投标人的总得分。（计算结果保留两位小数）

解：针对投标人B的报价，评标委员会应做废标处理。理由：投标人应按照招标人提供的暂列金额、暂估价进行投标报价，不得变动和更改投标人B的投标报价中，暂列金额、材料暂估价没有按照招标文件的要求填写，未在实质上响应招标文件，故应作为废标处理；针对投标人E的报价，评标委员会应做废标处理。理由：投标人E的混凝土梁的报价中，单价与总价不符，评标委员会应以单价金额为准修正总价，并请投标单位确认。修正后混凝土梁的总价为700×520/10 000=36.4（万元），则投标人E经修正后的报价=3 542+（36.4−3.64）=3 574.76（万元），高于最高投标限价3 568万元，故应按废标处理。

综上，有效投标共3家单位：投标人A（3 489万元）、投标人C（3 358万元）、投标人D（3 209万元）

有效报价算术平均数为（3 489+3 358+3 209）/3=3 352（万元）。

投标人A总报价得分为（3 489−3 352）/3 352×100%=4.09%，60−4.09×2=51.82（分）

投标人C总报价得分为（3 358−3 352）/3 352×100%=0.18%，60−0.18×2=59.64（分）

投标人D总报价得分为（3 352−3 209）/3 352×100%=4.27%，60−4.27×1=55.73（分）。

投标人A总得分为51.82+40=91.82（分）

投标人C总得分为59.64+39=98.64（分）

投标人C总得分为55.73+36=91.73（分）

（3）授标

①发中标通知书。中标人确定后，招标人应当向中标人发出中标通知书，并同时将中标结果通知所有未中标的投标人。中标通知书对招标人和中标人具有法律效力。中标通知书发出后，招标人改变中标结果，或者中标人放弃中标项目的，应当依法承担法律责任。招标人自行招标的，应当自确定中标人之日起15日内，向有关行政监督部门提交招标投标情况的书面报告。书面报告中至少应包括下列内容：

A. 招标方式和发布资格预审公告、招标公告的媒介；

B. 招标文件中投标人须知、技术规格、评标标准和方法、合同主要条款等内容；

C. 评标委员会的组成和评标报告；

D. 中标结果。

②合同签订。招标人和中标人应当在投标有效期内并在自中标通知书发出之日起30日内，按照招标文件和中标人的投标文件订立书面合同。中标人无正当理由拒签合同的，招标人取消其中标资格，其投标保证金不予退还；给招标人造成的损失超过投标保证金数额的，中标人还应当对超过部分予以赔偿。发出中标通知书后，招标人无正当理由拒签合同的，招标人向中标人退还投标保证金；给中标人造成损失的，还应当赔偿损失。招标人最迟应当在与中标人签订合同后5日内，向中标人和未中标的投标人退还投标保证金及银行同期存款利息。

三、招标文件的编制

（一）招标文件的定义

招标文件是由建设单位编写的用于招标的文档，是向投标单位提供参加投标所需要的一切情况。招标人应当根据招标项目的特点和需要编制招标文件，应当包括招标项目的技术要求、对投标人资格审查的标准、投标报价要求和评标标准等所有实质性要求和条件以及拟签订合同的主要条款。招标项目需要划分标段、确定工期的，招标人应当合理划分标段、确定工期，并在招标文件中载明。

招标文件是指导整个招标投标工作全过程的纲领性文件。招标文件中提出的各项要求，对整个招标工作乃至发承包双方都具有约束力，招标文件的编制及其内容必须符合有关法律法规的规定。招标文件的编制质量和深度，关系着整个招标工作的成败。因此，编制施工招标文件必须做到系统、完整、准确、明了。此外，招标文件不得要求或者标明特定的生产供应者以及含有倾向或者排斥潜在投标人的其他内容。

图 4-3 为招标文件的编制与审核工作的流程图。

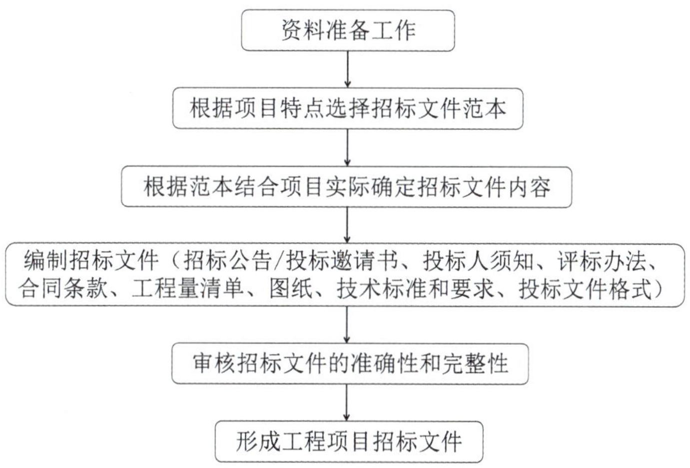

图 4-3　招标文件的编制与审核工作流程图

（二）招标文件的组成

1. 招标公告或投标邀请书

根据《招标投标法》第十六条规定，招标人采用公开招标方式的，应当发布招标公告。依法必须进行招标的项目的招标公告，应当通过国家指定的报刊、信息网络或者其他媒介发布。招标公告应当载明招标人的名称和地址、招标项目的性质、数量、实施地点和时间以及获取招标文件的办法等事项。

根据《招标投标法》第十七条规定，招标人采用邀请招标方式的，应当向三个以上具备承担招标项目的能力、资信良好的特定的法人或者其他组织发出投标邀请。投标邀请书应载明与招标公告一样的事项。

招标人采用公开招标方式的，进行资格预审的，可在资格预审完成后，向投标人发送资格预审通过通知书或投标邀请书，投标邀请书可替代资格预审通过通知书。

2. 投标人须知前附表及投标人须知

投标人须知是指导投标人正确地进行投标报价的文件，告知他们所应遵循的各项规定，一般包括以下内容：项目或工程的简述，资金来源，承包方式，资格审查要求，组织投标人到工程现场勘察和召开标前会解答疑难问题的时间、地点及有关事项，投标人应承担编制和递交投标文件所涉及的一切费用，以及考察施工现场、参加标前会所发生的费用，填写投标文件的注意事项，投标文件的组成、报价要求、是否允许备选方案，投标文件的密封要求、送交的地点、份数和截止时间，提交投标保证金的数额和时间，开标时间、地点，投标文件的送达地址，截止时间，修改与撤销的注意事项，开标、评标、定标的程序及办法等。

3. 拟采用的合同文件

一般包括合同协议书、通用合同条款、专用合同条款及各种合同附件的格式。

4. 技术规格书

技术规格是招标文件和合同文件的重要组成部分，它规定所购货物、设备的性能和标准。技术规格也是评标的关键依据之一，如果技术规格制定得不明确或不全面，不仅会影响采购质量，也会增加评标难度。货物采购技术规格应采用国际或国内公认的标准，除不能准确或清楚地说明拟招标项目的特点外，各项技术规格均不得要求或标明某一特定的商标、名称、专利、设计、原产地或生产厂家，不得有针对某一潜在供应商或排斥某一潜在供应商的内容。

工程项目的技术规格较为复杂，包括：工程竣工后要求达到的标准，施工程序，施工中的各种计量方法、程序和标准，现场清理程序及标准等等。

5. 投标书的编制要求

投标书是投标供应商对其投标内容的书面声明，包括投标文件构成、投标保证金、总投标价和投标有效期等内容。

6. 图纸、供货一览表、工程量清单和报价表

工程量清单是表现拟建工程分部分项工程、措施项目和其他项目名称和相应数量的明细清单，是招标人编制最高投标限价和投标人编制投标报价的重要依据。使用财政资金或国有资金投资的建设工程，应按国家及行业工程量计算标准编制工程量清单，采用工程量清单计价。非使用财政资金或国有投资的建设工程，宜按国家及行业工程量计算标准编制工程量清单，采用工程量清单计价。

7. 履约保证金 / 履约保函格式

履约保证金是为了保证采购单位的利益，避免因供应商违约给采购单位带来损失。一般来说，货物采购的履约保证金为合同 5% ~ 10%，工程保证金如果是提供担保书，其金额为合同价的 30% ~ 50%，如果是提供银行保函，其金额为合同价的 10%。

8. 投标人应当提供的有关资格和资信证明文件

投标人通常应当具备下列条件。

①独立承担民事责任的能力。应具备营业执照、税务登记证、组织机构代码等相关证照，法人及授权代表人具备身份证等证件。

②经营能力和财务实力。应具备与招标文件要求相适应的人力、物力和财力。

③相关经验。应具备招标文件要求的相应的工作经验与业绩证明。《招标投标法实施条例》规定，招标人有下列行为之一的，属于以不合理条件限制、排斥潜在投标人或者投标人：就同一招标项目向潜在投标人或者投标人提供有差别的项目信息；设定的资格、技术、商务条件与招标项目的具体特点和实际需要不相适应或者与合同履行无关；依法必须进行招标的项目以特定行政区域或者特定行业的业绩、奖项作为加分条件或者中标条件；对潜在投标人或者投标人采取不同的资格审查或者评标标准；限定或者指定特定的专利、商标、品牌、原产地或者供应商；依法必须进行招标的项目非法限定潜在投标人或者投标人的所有制形式或者组织形式以及其他不合理条件限制、排斥潜在投标人或者投标人。

④资质证书。应具备与招标项目相关的合法合规的资质证书，如建筑业企业资质证书、安全生产许可证、三体系证书等。

⑤法律法规规定的其他条件。

【案例解析 4.7】

国有资金投资依法必须公开招标的某建设项目，采用工程量清单计价方式进行施工招标，招标文件中规定。

（1）投标有效期 90 天，投标保证金有效期与其一致。

（2）投标报价不得低于企业平均成本。

（3）近三年施工完成或在建的合同价超过 2 000 万元的类似工程项目不少于 3 个。

（4）合同履行期间，综合单价在任何市场波动和政策变化下均不得调整。

问题：请逐一分析招标文件中规定的（1）~（5）项内容是否妥当，并对不妥之处分别说明理由。

解析：招标文件中第（1）项规定妥当。

招标文件中第（2）项规定不妥当。理由：投标报价不得低于成本价，但并不是低于企业的平均成本。

招标文件中第（3）项规定妥当。

招标文件中第（4）项规定不妥当。理由：对于主要由市场价格波动导致的价格风险，发承包双方应在招标文件中或在合同中对此类风险的范围和幅度予以明确约定，进行合理分摊。因国家法律法规等政策性变化影响合同价款的风险，由发包人承担，承包人不应承担此类风险。

（三）招标工程量清单的编制

编制招标工程量清单，应充分体现“实体净量”“量价分离”“风险分担”的原则。在招标阶段，由具有编制能力的招标人或受委托的工程造价咨询人根据招标文件要求及交付范围以及合同标的或以单项工程、单位工程为编制对象，编制出招标工程项目的工程量清单，并将其作为招标文件的组成部分。招标人根据工程实际情况编制的招标工程量清单应用于总价合同的，其清单项目和工程数量应视为与招标图纸和技术标准规范相符，存在工程量清单缺陷的，承包人应承担工程量清单缺陷的补充完善责任，工程量清单缺陷应按《计价标准》的相关规定不做调整。编制的招标工程量清单应用于单价合同的，其清单项目列项、项目特征的工作内容及其工程数量应视为符合招标图纸和技术标准规范的要求，存在分部分项工程项目清单缺陷的，应由发包人承担相关清单缺陷责任，工程量清单缺陷应按《计价标准》的相关规定调整。采用单价合同的工程量清单中分部分项工程项目清单工程数量为暂定的工程量，但措施项目清单和以项计价的分部分项工程项目清单应按《计价标准》总价计价的规定计算。采用总价合同的工程量清单，如工程量清单存在缺陷的，清单缺陷引起的价款变化应视为已包含在总价合同内，但分部分项工程量清单内说明暂定数量的清单项目及其工程数量，应按《计价标准》单价计价的规定重新计量确定，并对相关清单项目的合同价格及合同总价进行相应调整。招标工程量清单、最高投标限价、投标报价、工程价款结算等工程造价文件的编制与核对应由具有资格的工程造价专业人员承担。

招标工程量清单是工程量清单计价的基础，应作为编制最高投标限价、投标报价、计算工程量、支付工程款、调整合同价款、办理竣工结算以及工程索赔等的依据之一。

1. 招标工程量清单的编制依据

①《建设工程工程量清单计价标准》（GB/T 50500—2024）和相关工程国家及行业工程量计算标准；

②国家及省级、行业建设主管部门颁发的工程计量与计价相关规定，以及根据工程需要补充的工程量计算规则；

③招标文件、拟订的合同条款及其相关资料；

④工程招标图纸及其相关资料；

⑤与建设工程有关的技术标准规范；

⑥施工现场情况、相关地勘水文资料、工程特点及交付标准；

⑦其他相关资料。

2. 招标工程量清单编制的准备工作

招标工程量清单编制的准备需进行如下工作。

（1）初步研究

熟悉《建设工程工程量清单计价标准》（GB/T 50500—2024，以下简称“计价标准”）、专业工程量计算规范、当地计价规定及相关文件；熟悉设计文件，掌握工程全貌，便于清单项目列项的完整、工程量的准确计算及清单项目的准确描述，对设计文件中出现的问题应及时提出。

熟悉招标文件、招标图纸，确定工程量清单编制的范围及需要设定的暂估价；收集相关市场价格信息，为暂估价的确定提供依据。

对缺项的新材料、新技术、新工艺，收集足够的基础资料，为补充项目的制定提供依据。

（2）现场踏勘

为了选用合理的施工组织设计和施工技术方案，需进行现场踏勘，以充分了解施工现场情况及工程特点，主要对以下两方面进行调查。

①自然地理条件：工程所在地的地理位置、地形、地貌、用地范围等；气象、水文情况，包括气温、湿度、降雨量等；地质情况，包括地质构造及特征、承载能力等；地震、洪水及其他自然灾害情况。

②施工条件：工程现场周围的道路、进出场条件、交通限制情况；工程现场施工临时设施、大型施工机具、材料堆放场地安排情况；工程现场邻近建筑物与招标工程的间距、结构形式、基础埋深、新旧程度、高度；市政给排水管线位置、管径、压力，废水、污水处理方式，市政、消防供水管道管径、压力、位置等；现场供电方式、方位、距离、电压等；工程现场通信线路的连接和铺设；当地政府有关部门对施工现场管理的一般要求、特殊要求及规定等。

（3）相关地勘资料及技术标准

查看已有的相关地勘资料和依据设计文件整理的技术标准，在清单编制说明及项目特征中予以描述。

3. 招标工程量清单的编制内容

工程量清单成果文件应包括封面、签署页、编制说明、工程量计算规则说明、分部分项工程量清单、措施项目清单、其他项目清单、增值税项目清单等清单及计价表格等。

总价合同的工程量清单，应依据招标图纸、技术标准规范、相关工程的国家及行业工程量计算标准及补充的工程量计算规则，确定分部分项工程项目清单及其项目特征，并计算其工程数量。按照招标图纸及技术标准规范可确定项目特征，但不能准确计算工程数量的项目可按暂定数量编制，并在其项目特征中说明为暂定工程量。

分部分项工程项目清单中由发包人提供材料或暂估材料价格的清单项目编制应符合下列规定：

①发包人提供材料的清单项目应按《计价标准》的相关规定在招标文件中明确，并在项目特征中说明主材由发包人提供；

②材料暂估价的清单项目应在项目特征中明确材料暂估价的金额，并按《计价标准》的相关附录表格材料暂估单价及调整表单独列出材料明细项目及其暂估单价。

措施项目清单应结合招标工程的实际情况和相关部门的有关规定，依据常规的施工工艺、顺序及生活、安全、环境保护、临时设施、文明施工等非工程实体方面的要求，按照相关工程国家及行业工程量计算标准的措施项目分类规则，以及补充的工程量计算规则，结合招标文件及合同条款要求进行编制。其中安全生产措施项目应按国家及省级、行业主管部门的管理要求和招标工程的实际情况列项。

其他项目清单列项应符合下列规定。

①暂列金额应根据工程特点按招标文件的要求列项，可按用于暂未明确或不能详细说明工程、服务的暂列金额（如有）和用于合同价款调整的暂列金额分别列项。用于暂未明确或不能详细说明工程、服务的暂列金额应提供项目及服务名称，并根据同类工程的自理价格估算暂列金额；用于合同价款调整的暂列金额可按招标图纸设计深度及招标工程实施工期等因素，结合同类工程情况，对合同价款调整的影响程度合理估算。

②专业工程暂估价应根据招标文件说明的专业工程分类别和（或）分专业列项，并列出明细表，其暂估价可根据项目情况，结合同类工程的自理价格或概算金额估算。

③直接发包的专业工程应根据招标文件说明发包人直接发包的各专业工程分别列项，并列出明细表。

④发包人提供材料的可按承包人负责安装和承包人不负责安装分别列项，并按《计价标准》的相关附录表格发包人提供材料一览表列出材料明细项目及其暂估单价。

⑤计日工应在项目特征中说明招标工程实施中可能发生的计日工性质的工种类别、材料及施工机具名称、零星工作项目、拆除修复项目等，并列出每一项目相应的名称、计量单位和合理暂估数量。

⑥发包人提供材料、专业分包工程的总承包服务费应分别列项，可按项或费率计量。按费率计量的，宜以暂估价作为计价基础；直接发包的专业工程的总承包服务费应按上述第③条列项，宜以项计量。

增值税应根据政府有关主管部门的规定及《建设工程工程量清单计价标准》的相关规定列项，按增值税率计算。

（1）封面、签署页（扉页）

工程量清单封面及签署页，见表 4-1（a）、表 4-1（b）。

（2）编制说明

编制说明的作用主要是阐明本工程的有关情况，一般包括工程概况、招标（或合同）范围、编制依据（如采用的标准、施工图纸、标准图集等）、工程质量材料施工等的特殊要求、招标人自行采购材料的名称规格型号数量等、其他需要说明的问题等，编制说明举例，见表 4-2。

工程量计算规则说明应明确工程量清单使用的国家及行业工程量计算标准，以及根据工程实际需要补充的工程量计算规则等。

表 4-1（a） 招标工程量清单封面

____________工程

招标工程量清单

招标人：__________（盖章）

年 月 日

表 4-1（b） 招标工程量清单扉页

工程名称：

标段名称：

招标工程量清单

编 制 人：__________（造价专业人员签字及盖章）

审 核 人：__________（签字及盖章）

编制单位： （盖章）

法定代表人

或其授权人：__________（签字或盖章）

招 标 人： （盖章）

法定代表人

或其授权人：__________（签字或盖章）

编制时间：

表 4-2 招标工程量清单编制说明（示例）

工程名称：× × 市公立小学 1# 教学楼土建工程

1. 工程概况

建设地点：× × 省 × × 市

工程规模：本工程为 × × 市某公立小学 1# 教学楼土建工程。包括 × × 市某公立小学 1# 教学楼土建工程施工，总建筑面积 8 629.18 m^2，基底面积 2 498.09 m^2。其中包括土方工程、降水工程、地基与基础工程、结构、二次结构、初装修、屋面工程、防腐保温工程等。

2. 招标范围

本次招标范围为 × × 市公立小学施工图范围内的 1# 教学楼土建工程，以图纸范围为准。

3. 编制依据

（1）× × 业主单位提供的 × × 设计单位设计的 × × 市公立小学施工图纸及相关资料。

（2）× × 业主单位提供的招标文件。

（3）《房屋建筑与装饰工程工程量计算标准》（2024）。

（4）与建设项目有关的国家和 × × 市的现行标准、规范、技术资料等。

4. 其他有关说明

（1）本工程清单描述不清之处，应以图纸和相关图集、规范为准。

（2）施工措施费清单项目的报价，投标人应结合图纸、现场条件及施工组织设计进行计算，应包括该标段工程所采用的各种施工措施的费用。

（3）投标人在投标报价中应充分考虑施工期间各种环境因素、现场因素、国家或市相关部门下发的停工令通知等应急响应时，产生的相关全部费用应含在本次投标报价中。

（4）其他措施费包括临时用水、临时用电以及其他未列项等投标人根据现场实际情况自行综合考虑，结合招标文件及相关技术规范要求，进行综合报价。

（3）分部分项工程量清单

分部分项工程量清单应载明项目编码、项目名称、项目特征、计量单位和工程量。分部分项工程量清单举例见表 4-3。

表 4-3 分部分项工程量清单（示例）

工程名称： 标段： 第 1 页 共 1 页

序号	项目编码	项目名称	项目特征描述	计量单位	工程量
1	010103001001	平整场地	1. 土壤类别：普通土 2. 弃土运距：1 km 以内 3. 取土运距：1 km 以内	m^2	2 498.09
2	010102001001	挖基坑土方	1. 土壤类别：普通土 2. 挖土深度：0.5 m 以内	m^3	1 249.05
3	010102007001	回填方	1. 回填材料：就地取土 2. 回填质量要求：人工夯填	m^3	1 840.50
……					

①项目编码。项目编码是指分部分项工程和措施项目清单名称的阿拉伯数字标识。工程量清单项目编码采用十二位阿拉伯数字表示，一至九位（一、二、三、四级）应按计量规范附录规定设置，全国统一，十至十二位（第五级）应根据拟建工程的工程量清单项目名称设置，由清单编制人员根据工程的清单项目特征分别编制，从 001 开始。一、二位工程分类码中，01 表示房屋建筑与装饰工程，02 表示仿古建筑工程，03 表示通用安装工程，04 表示市政工程，05 表示园林绿化工程，06 表示矿山工程，07 表示构筑物工程，08 表示城市轨道交通工程，09 表示爆破工程。项目编码的十二位数字含义如图 4-4 所示。

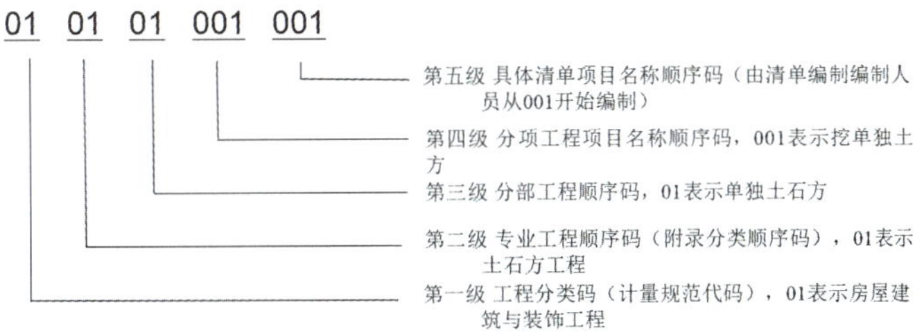

图 4-4　项目编码的十二位数字含义

同一招标工程的项目编码不得有重码。例如，一个标段（或合同段）的工程量清单中含有三个单位工程，每一单位工程中都有项目特征相同的挖基坑土方，在工程量清单中又需反映三个不同单位工程的挖基坑土方工程量时，则第一个单位工程的挖基坑土方的项目编码应为 010102001001，第二个单位工程的挖基坑土方的项目编码应为 010102001002，第三个单位工程的挖基坑土方的项目编码应为 010102001003，并分别列出各单位工程的挖基坑土方的工程量。

②项目名称。分部分项工程项目清单的项目名称应按各专业工程量计算规范附录的名称结合拟建工程的实际进行描述。比如规范附录里的“010301002 预制钢筋混凝土空心桩”，在编制工程量清单时，结合拟建工程实际可以具体化为“预制钢筋混凝土方桩”“预制钢筋混凝土管桩”等。

③项目特征。分部分项工程项目清单的项目特征应按各专业工程量计算规范附录的项目特征结合拟建工程的实际进行描述。项目特征是表征构成分部分项工程项目、措施项目自身价值的本质特征，是对体现分部分项工程量清单、措施项目清单价值的特有属性和本质特征的描述。它是对清单项目的质量要求，是确定一个清单项目综合单价不可缺少的重要依据。若采用标准图集或施工图纸能够全部或部分满足项目特征描述的要求，项目特征可直接采用详见 ×× 图集或 ×× 图号的方式，对不能满足项目特征描述要求的部分，仍应用文字描述。

对于初学者来说，易与项目特征混淆的另一个概念是项目的工作内容。与项目特征反映项目本质特征不同的是，工作内容是指为了完成工程量清单项目所需要发生的具体施工作业内容和操作程序，是进行清单项目组价的基础。在工程量计算规范附录中会给出一个清单项目所可能发生的工作内容，在工程量清单中一般不描述工作内容。

④计量单位。分部分项工程项目清单的项目特征应按各专业工程量计算标准附录的计量单位（基本单位）确定。在同一建设项目中相同项目的计量单位必须保持一致。

⑤工程量。分部分项工程项目清单的工程量应按各专业工程量计算规范附录的计算规则进行计算。其基本原则是不考虑具体的施工方法、施工工艺及现场实际情况，按照施工图图纸计算项目工

程数量的净量。因具体的施工方法、施工工艺及现场实际情况产生的施工余量在组价时在综合单价中考虑。

工程量计量时，每一项目汇总的有效位数应遵守以下规定：以“t”为单位，应保留小数点后三位数字，第四位小数四舍五入；以“m、m^2、m^3”为单位，应保留小数点后两位数字，第三位小数四舍五入；以“个、根、座、套、孔、榀”为单位，应取整数。

材料暂估价是发包人在工程量清单中提供的，用于支付设计图纸要求必需使用的材料，但在招标时暂不能确定其标准、规格、价格而在工程量清单中预估到达施工现场的不含增值税的材料价格。有材料暂估单价的分项，材料暂估单价及调整应符合表 4-4 的规定。由招标人填写“暂估单价”栏，并在备注栏说明拟用暂估价材料的清单项目，投标人应将上述材料暂估单价计入工程量清单综合单价。

表 4-4 材料暂估单价及调整表

工程名称：　　　　　　　　　　　　标段：　　　　　　　　　　　　第 1 页 共 1 页

序号	材料名称	规格型号	计量单位	暂估			确认			调整金额/元	备注
				数量	单价/元	合价/元	数量	单价/元	合价/元		
				A_1	B_1	C_1	A_2	B_2	C_2	$D=C_2-C_1$	
1											
2											
3											
4											
本页小计							—	—			
合　计							—	—			

（4）措施项目清单

措施项目一般包括脚手架、垂直运输、其他大型机械进出场及安拆、施工排水、施工降水、临时设施、文明施工、环境保护、安全生产、冬雨季施工增加、夜间施工增加、特殊地区施工增加、二次搬运、已完工程及设备保护、既有建（构）筑物设施保护等。措施项目清单编制应分别列项，见表 4-5。投标人报价时除分项报总价外，还需列明细表。

表 4-5 措施项目清单（示例）

工程名称：　　　　　　　　　　　　标段：　　　　　　　　　　　　第 1 页 共 1 页

序号	项目编码	项目名称	工作内容	价格/元	备注
1	011601001001	脚手架	搭设脚手架、斜道、上料平台，铺设安全网、铺（翻）脚手板，转运、改制、维修维护，拆除、堆放、整理、外运、归库等		
2	011601002001	垂直运输	垂直运输机械进出场及安拆，固定装置、基础制作、安装，行走式机械轨道的铺设、拆除，设备运转、使用等		

表 4-5（续）

序号	项目编码	项目名称	工作内容	价格 / 元	备注
3	011601003001	其他大型机械进出场及安拆	除垂直运输机械以外的大型机械安装、检测、试运转和拆卸，运进、运出施工现场的装卸和运输，轨道、固定装置的安装和拆除等		
……					

（5）其他项目清单

其他项目清单应包含暂列金额、专业工程暂估价、计日工、总承包服务费、合同中约定的其他项目，并按照以上内容分别列项。其他项目清单与计价汇总表见表 4-6。

表 4-6　其他项目清单计价表

工程名称：　　　　标段：　　　　第 1 页　共 1 页

序号	项目名称	暂估（暂定）金额 / 元	结算（确定）金额 / 元	调整金额 / 元	备注
1	暂列金额				
2	专业工程暂估价				
3	计日工				
4	总承包服务费				
5	合同中约定的其他项目				
合计					

暂列金额是发包人在工程量清单中暂定并包括在合同总价中，用于招标时尚未能确定或详细说明的工程、服务和工程实施中可能发生的合同价款调整等所预留的费用。暂列金额明细表见表 4-7。

表 4-7　暂列金额明细表

工程名称：　　　　标段：　　　　第 1 页　共 1 页

序号	项目名称	计算基础	费率 /%	暂定金额 / 元	确定金额 / 元	调整金额 / 元	备注
1	合同价格调整暂列金额						
2	未确定工程暂列金额						
2.1							
3	未确定工程暂列金额						
3.1							
4	未确定工程暂列金额						

表 4-7（续）

序号	项目名称	计算基础	费率 /%	暂定金额 /元	确定金额 /元	调整金额 /元	备注
4.1							
本页小计		—	—				—
合　计		—	—				—

备注：此表由招标人填写“暂定金额”总额，采用费率计价方式计算暂定金额的，应分别填写“计算基础”“费率”，并计算填写“暂定金额”；采用总价计价方式计算暂定金额的，可直接填写“暂定金额”；投标人应将上述暂定金额填写并计入投标总价；结算时应按合同约定计算并填写“确定金额”。

专业工程暂估价是发包人在工程量清单中提供的，在招标时暂不能确定工程具体要求及价格而预估的含增值税的专业工程费用。专业工程暂估价列项举例见表 4-8。

表 4-8　专业工程暂估价明细表

工程名称：　　　　　　　　　　　　标段：　　　　　　　　　　　　第 1 页　共 1 页

序号	专业工程名称	暂估金额 / 元			确认金额 / 元			调整金额 / 元	备注
		不含税价格	增值税	含税价格	不含税价格	增值税	含税价格		
		A_1	B_1	C_1	A_2	B_2	C_2	$D=C_2-C_1$	
1									
2									
3									
4									
本页小计									—
合　计									—

备注：此表“暂估金额”由招标人填写，投标人应将“暂估金额”填写并计入投标总价。结算时应按合同约定计算并填写“确定金额”。

计日工是在施工过程中，承包人完成发包人提出的施工图纸以外的零星项目或工作，按合同中约定的综合单价计价的一种方式。计日工列项举例见表 4-9。

表 4-9 计日工表

工程名称： 标段： 第 1 页 共 1 页

编号	计日工名称	单位	暂定数量	综合单价 / 元	合价 / 元		调整金额 / 元
					暂定	实际	
					A_1	A_2	A_2-A_1
一	人工						
1							
人工小计							
二	材料						
1							
2							
材料小计							
三	施工机具						
1							
施工机具小计							
总 计							

备注：此表计日工名称、暂定数量应由招标人填写；编制最高投标限价时，单价应由招标人按有关计价规定确定；编制投标报价时，单价应由投标人自主报价，并按暂定数量计算合价计入投标总价中。工程结算时，应按发承包双方确认的实际数量计量合价。

总承包服务费是总承包人为配合协调发包人进行的专业工程分包，发包人自行采购的设备、材料等进行保管以及施工现场管理、竣工资料汇总整理等服务所需的费用。总承包服务费列项举例见表 4-10。

表 4-10 总承包服务费计价表

工程名称： 标段： 第 1 页 共 1 页

序号	项目名称	计算基础	费率 /%	金额 / 元	确认计算基础	结算金额 / 元	调整金额 / 元	备注
		A_1	B	C_1	A_2	C_2	$D=C_2-C_1$	
1	发包人提供材料							
2	专业分包工程							
3	直接发包的专业工程							
本页小计								
合计								

备注：此表项目名称、服务内容应由招标人填写；编制最高投标限价及投标报价时，采用费率计价方式计算总承包服务费的，应分别填写“计算基础 A_1”“费率 B”，并计算填写“金额 C_1”$C_1=A_1\times B$；采用总价计价方式计算总承包服务费的，可直接填写“金额 C_1”；编制结算时，采用费率计价方式计算总承包服务费的，应填写“确认计算基础 A_2”，并填写“结算金额 C_2”，$C_2=A_2\times B$；采用总价计价方式计算总承包服务费的，可直接填写“结算金额 C_2”。

直接发包的专业工程明细应符合表 4-11 的规定。

表 4-11　直接发包的专业工程明细表

工程名称：　　　　标段：　　　　第 1 页　共 1 页

序号	直接发包的专业工程名称	备注

备注：此表应由招标人填写，用于计算直接发包的专业工程总承包服务费。

（6）增值税清单

增值税清单计价表见表 4-12。

表 4-12　增值税计价表

工程名称：　　　　标段：　　　　第 1 页　共 1 页

编号	项目名称	计算基础说明	计算基础	税率 /%	金额 / 元
合计					

4. 清单项目的补充

针对在工程量计算规范附录中没有对应的项目，并且在附录项目的“项目特征”或“工作内容”中也没有提示的情况，必须编制针对这些分项工程的补充项目，在清单中单独列项并在清单的编制说明中注明。

清单项目的补充应注意以下几点。

①在编制工程量清单时，编制人补充的清单项目应报省级或行业工程造价管理机构备案，省级或行业工程造价管理机构应汇总并报中华人民共和国住房和城乡建设部标准定额研究所。

②补充的清单项目应包括项目编码、项目名称、项目特征、计量单位、工程量计算规则以及包含的工作内容。补充项的工程量计算应符合计算口径一致、按工程量计算规则计算、按图纸计算、按一定顺序计算的原则。

③补充的清单项目的编码应为“专业工程代码 +B+ 三位阿拉伯数字”，从 001 开始，同一招标工程的项目编码不得有重码。

四、最高投标限价的编制

（一）最高投标限价的定义及作用

最高投标限价，也称招标工程的招标控制价、拦标价，是招标人根据国家或省级、行业建设主管部门颁发的有关计价依据和办法，以及拟定的招标文件和招标工程量清单，结合工程具体情况编制的对投标人的投标报价进行控制的招标工程的最高投标限价。

招标过程中还有另外一个名词——标底，常常会被误会成最高投标限价。最高投标限价和标底是两个不同的概念。标底是招标人的预期价格或者心理价格，最高投标限价是招标人可以接受的上限价格。招标人不得以投标价格超过或低于标底浮动范围作为投标否决条件，但可以以投标价格超过最高投标限价作为投标否决条件。标底在评标过程中一般参考评标，在评标过程中占有权重。另外，《中华人民共和国招标投标法实施条例》第二十七条规定：招标人可以自行决定是否编制标底。一个招标项目只能有一个标底。标底必须保密。接受委托编制标底的中介机构不得参加受托编制标底项目的投标，也不得为该项目的投标人编制投标文件或者提供咨询。因此，标底要开标前保密，在开标时宣布，而最高投标限价在投标过程中是公开的。

最高投标限价在招标投标的过程中，对控制项目投资控制、招标透明度等起着重要的作用，主要包括以下几个方面。

①招标人可有效控制项目投资，防止围标、串标等恶性投标方式带来的投资风险。

②增强招标过程的透明度，有利于正常评标。

③利于引导投标方投标报价，避免投标方无标底情况下的无序竞争。

④最高投标限价反映的是社会平均水平，为招标人判断最低投标价是否低于成本提供参考依据。

⑤可为工程变更新增项目确定单价提供计算依据。

⑥作为评标的参考依据，避免出现较大偏离。

⑦投标人根据自己的企业实力、施工方案等报价，不必揣测招标人的标底，提高了市场交易效率。

⑧减少了投标人的交易成本，使投标人不必花费人力、财力去套取招标人的标底。

⑨招标人把工程投资控制在最高投标限价范围内，提高了交易成功的可能性。

（二）最高投标限价的编制原则

①建设工程招标设有最高投标限价的，应按国家有关规定编制最高投标限价，并在发布招标文件时公布最高投标限价及其编制依据。

②招标人设有最高投标限价的，应当在招标文件中明确最高投标限价或者最高投标限价的计算方法。此外，招标人不得规定最低投标限价。

③设有最高投标限价的工程建设项目，投标人的投标报价不能高于最高投标限价，否则，其投标将被拒绝。

（三）最高投标限价的编制依据

最高投标限价的编制依据是指在编制最高投标限价时需要进行工程量计量、价格确认、工程计价的有关参数、费率值的确定等工作时所需的基础性材料，虽然《工程造价改革工作方案》（建办标〔2020〕38 号）提出了“取消最高投标限价按定额计价的规定，逐步停止发布预算定额”的要求，但在一定时期内，由于市场化的造价信息以及对应一定计量单位的工程量清单或工程量清单子项具有地区、行业特征的工程造价指标尚不能完全满足工程计价的需要，因此最高投标限价的编制依据应是各级建设行政主管部门发布的计价依据、标准、办法与市场化的工程造价信息的混合使用。最高投标限价的主要编制依据如下。

①《建设工程工程量清单计价标准》（GB/T 50500—2024）与相关工程国家及行业工程量计算标准。

②招标文件（包括招标工程量清单、合同条款、招标图纸、技术标准规范等）及其补遗、澄清或修改。

③国家或省级、行业建设主管部门颁发的工程计量与计价相关规定，以及根据工程需要补充的工程量计算规则。

④与招标工程相关的技术标准规范。

⑤工程特点及交付标准、地勘水文资料、现场情况。

⑥合理施工工期及常规施工工艺、顺序。

⑦工程价格信息及造价资讯、工程造价数据及指数。

⑧其他相关资料。

（四）最高投标限价的编制程序

最高投标限价的主要编制程序如下。

①了解编制要求与范围。

②熟悉施工图纸和有关文件。

③熟悉与建设工程有关的标准，规范，技术资料，交付标准。

④熟悉拟定的招标文件及其补充通知，答疑纪要等。

⑤了解施工现场情况和工程特点。

⑥熟悉工程量清单。

⑦工程造价汇总，分析，审核。

⑧成果文件确认，盖章。

⑨提交成果文件。

（五）最高投标限价的编制方法

招标人可依据招标文件要求、工程实际情况，结合类似工程合理的施工方案及工期数据，合理确定计划工期，最高投标限价应基于合理计划工期内完成招标工程所需的费用进行编制。招标人可依据招标工程量清单及同类工程的价格信息和造价资讯等，按相关主管部门的规定确定招标工程可接受的最高价格。最高投标限价成果文件由封面、编制说明、工程项目清单汇总表、分部分项工程项目清单计价表、措施项目清单计价表、其他项目清单计价表、增值税计价表组成。最高投标限价封面、编制说明和最高投标限价的编制程序（工程项目清单汇总表）见表 4-13 ~ 表 4-15。

表 4-13（a）　最高投标限价封面

____________工程

最高投标限价

招标人：________（盖章）

年　月　日

表 4-13（b） 最高投标限价扉页

工程名称：

标段名称：

最高投标限价

最高投标限价（小写）：

（大写）：

编 制 人：＿＿＿＿（造价专业人员签字及盖章）

审 核 人：＿＿＿＿（签字及盖章）

编制单位：（盖章）

法定代表人

或其授权人：＿＿＿＿（签字或盖章）

招 标 人：（盖章）

法定代表人

或其授权人：＿＿＿＿（签字或盖章）

编制时间：

表 4-14 最高投标限价编制说明（示例）

工程名称：× × 市公立小学 1# 教学楼土建工程

1. 工程概况

建设地点：× × 省 × × 市。

工程规模：本工程为 × × 市某公立小学 1# 教学楼土建工程。包括 × × 市某公立小学 1# 教学楼土建工程施工，总建筑面积 8 629.18 m^2，基底面积 2 498.09 m^2。其中包括土方工程、降水工程、地基与基础工程、结构、二次结构、初装修、屋面工程、防腐保温工程等。

2. 招标范围

本次招标范围为 × × 市公立小学施工图范围内的 1# 教学楼土建工程，以图纸范围为准。

3. 编制依据

（1）× × 业主单位提供的 × × 设计单位设计的 × × 市公立小学施工图纸及相关资料；

（2）× × 业主单位提供的招标文件；

（3）《建设工程工程量清单计价标准》（GB/T 50500—2024）和《× × 省房屋建筑与装饰工程计价定额》；

（4）与建设项目有关的国家和 × × 市的现行标准、规范、技术资料等；

（5）本工程材料价格采用 × × 省 × × 市 2025 年 1 月份工程造价信息价，信息价没有的材料，其材料价格参照市场价格确定。人工费按照 × × 省 × × 市 2025 年 1 月份人工费单价。

4. 其他相关说明

（1）本工程无材料暂估价、专业工程暂估价；

（2）本工程暂列金额 100 万元。

表 4-15　最高投标限价（投标报价）的编制程序

工程名称：　　　　　　　　　　　　标段：　　　　　　　　　　　　第 1 页　共 1 页

序号	汇总内容	金额 / 元
1	分部分项工程项目	
1.1	单项工程 1（分部分项工程项目）	
1.1.1	单位工程 1（分部分项工程项目）	
1.1.2	单位工程 2（分部分项工程项目）	
1.2	单项工程 2（分部分项工程项目）	
1.2.1	单位工程 1（分部分项工程项目）	
1.2.2	单位工程 2（分部分项工程项目）	
2	措施项目	
2.1	其中：安全生产措施项目	
3	其他项目	
3.1	其中：暂列金额	
3.2	其中：专业工程暂估价	
3.3	其中：计日工	
3.4	其中：总承包服务费	
3.5	其中：合同中约定的其他项目	
4	增值税	
合计		

1. 分部分项工程费的编制

分部分项工程项目清单中承包人提供材料、发包人提供材料、材料暂估价、按预计价等清单项目的综合单价及价格可根据招标文件和招标工程量清单、《建设工程工程量清单计价标准》（GB/T 50500—2024）相关条款的规定，以及类似工程的价格信息、价格指数及市场造价资讯等确定。分部分项工程项目清单计价表、分部分项工程量清单综合单价分析表举例见表 4-16、表 4-17。

（1）综合单价的组价过程

最高投标限价的分部分项工程费应由各单位工程的招标工程量清单中给定的工程量乘以其相应综合单价汇总而成。其综合单价和合价应为不含增值税的税前全费用价格，由人工费、材料费、施工机具使用费、管理费、利润等组成，包括相应清单项目约定或合理范围的风险费，以及不可或缺的辅助工作所需的费用。

首先，依据提供的工程量清单和施工图纸，确定清单计量单位所组价的子项目名称，并计算出相应的工程量；其次，依据工程造价政策规定或信息价确定其对应组价子项的人工、材料、施工机具台班单价；再次，在考虑风险因素确定管理费率和利润率的基础上，按规定程序计算出所组价子项的合价（式 4-2）；最后，将若干项所组价的子项合价相加，并考虑未计价材料费，除以工程量清单项目工程量，便得到工程量清单项目综合单价，见公式（4-3）。其中未计价材料（包括暂估单价的材料费）应计入综合单价。

$$清单组价子项合价 = 清单组价子项工程量 \times [\sum(人工消耗量 \times 人工单价) + \sum(材料消耗量 \times 材料单价) + \sum(机具台班消耗量 \times 机具台班单价) + 管理费 + 利润] \tag{4-2}$$

$$工程量清单综合单价 = \frac{\sum 定额项目合价 + 未计价材料}{工程量清单项目工程量} \tag{4-3}$$

（2）综合单价中的风险因素

为使最高投标限价与投标报价所包含的内容一致，综合单价中应包括招标文件中要求投标人所承担的风险内容及其范围（幅度）产生的风险费用。

①对于技术难度较大和管理复杂的项目，可考虑一定的风险费用，并纳入综合单价中。

②对于工程设备、材料价格的市场风险，应依据招标文件的规定，工程所在地或行业工程造价管理机构的有关规定，以及市场价格趋势考虑一定率值的风险费用，纳入综合单价中。

③税金、规费等法律法规、规章和政策变化的风险和人工单价等风险费用不应纳入综合单价。

表 4-16 为分部分项工程项目清单计价表，表 4-17（a）与表 4-17（b）为分部分项工程项目清单综合单价分析表、简版表格。

表 4-16 分部分项工程项目清单计价表

工程名称： 标段： 第 1 页 共 1 页

序号	项目编码	项目名称	项目特征描述	计量单位	工程量	金额 / 元	
						综合单价	合价
本页小计							
合　计							

表 4-17（a） 分部分项工程量清单综合单价分析表

工程名称： 标段： 第 1 页 共 1 页

项目编码		项目名称				计量单位	
项目特征							
序号	费用项目	单位	数量	计算基础 / 元	费率 /%	单价 / 元	合价 / 元
1	人工费						
1.1	……						
2	材料费						
2.1	主要材料 1						
2.2	主要材料 2						
	……						

表 4-17（a）（续）

项目编码		项目名称				计量单位	
	其他材料费						
3	施工机具使用费						
3.1	机具 1						
3.2	机具 2						
	……						
	其他施工机具使用费						
4	1+2+3 小计						
5	管理费						
6	利润						
综合单价							

表 4-17（b）　清单综合单价分析表（简版）

工程名称：　　　　　　　　　　　　标段：　　　　　　　　　　　　第 1 页　共 1 页

序号	项目编码	项目名称	项目特征描述	计量单位	综合单价组成明细 / 元					
					人工费	材料费	施工机具使用费	管理费	利润	综合单价

2. 措施项目费的编制

措施项目清单的价格可根据招标文件和招标工程量清单、工程实施要求及常规的施工工艺措施、合同条款、《计价标准》相关规定及附录中的措施项目清单构成明细分析表、类似工程的措施价格信息及市场造价资讯等确定。其中安全生产措施费的计算应符合国家及省级、行业主管部门的规定。

措施项目清单计价表、措施项目清单构成明细分析表、大型机械进出场及安拆费用组成明细表见表 4-5、表 4-18、表 4-19。

表 4-18 措施项目清单构成明细分析表

工程名称： 标段： 第 1 页 共 1 页

序号	项目编码	措施项目名称	计算基础	费率/%	价格/元	价格构成明细/元						备注
						人工费	材料费	施工机具使用费	管理费	利润	综合单价	
1		措施项目清单 1										
1.1		构成明细 1										
1.2		构成明细 2										
		……										
2		措施项目清单 2										
合计												

表 4-19 大型机械进出场及安拆费用组成明细表

工程名称： 标段： 第 1 页 共 1 页

序号	大型机械名称、规格、型号	数量	进出场次数	进出场费用单价/元 $C=C_1+C_2+C_3$			合价/元	备注
				机械安拆费	机械装卸运输费	固定装置安拆费		
		A	B	C_1	C_2	C_3	$D=A \cdot B \cdot C$	
本页小计								
合　计								

3. 其他项目费的编制

其他项目费应包含暂列金额、专业工程暂估价、计日工、总承包服务费以及合同约定的其他项目，并按照以上内容分别列项填报金额。

其他项目清单计价应满足下列要求。

①暂列金额按招标工程量清单中列出的相关金额计价。

②专业工程暂估价按招标工程量清单中列出的相关金额计价。

③计日工按招标工程量清单中列出的工程内容和要求及《计价标准》相关规定计价。

④总承包服务费按招标工程量清单列出的需要投标人提供服务的发包人提供材料、专业分包工程、直接发包的专业工程，以及类似工程价格信息和造价资讯等分别确定各清单项目的服务费或费率并计价。

⑤若招标工程存在《计价标准》列项的其他项目，应按同期市场合理价格计算其费用，并说明构成合同价格的计价条件。

其他项目清单计价表、暂列金额明细表、专业工程暂估价明细表、计日工表、总承包服务费计价表等相关计价表分别见表 4-6 ~ 表 4-10。

（1）暂列金额

暂列金额由招标人根据工程特点、工期长短，按有关计价规定进行估算，一般可以分部分项工程费的 10% ~ 15% 参考。

（2）暂估价

专业工程暂估价应分不同专业，按有关计价规定估算。材料、工程设备暂估单价编制最高投标限价和投标报价时一般在分部分项工程清单综合单价中填入，专业工程暂估价单独列表。

（3）计日工

在编制最高投标限价时，对计日工中的人工单价和施工机械台班单价应按省级、行业建设主管部门或其授权的工程造价管理机构公布的单价计算；材料应按工程造价管理机构发布的工程造价信息中的材料单价计算，工程造价信息未发布单价的材料，其价格应按市场调查确定的单价计算。

（4）总承包服务费

总承包服务费按招标工程量清单列出的需要投标人提供服务的发包人提供材料、专业分包工程、直接发包的专业工程，以及类似工程价格信息和造价资讯等分别确定各清单项目的服务费或费率并计价。

4. 增值税的编制

增值税应以分部分项工程项目清单、措施项目清单、其他项目清单（专业工程暂估价除外）的合计金额作为计算基础，乘以政府主管部门规定的增值税税率计算税金。增值税计价表见表 4-12。

5. 最高投标限价编制的注意事项

最高投标限价清单项目价格可依据招标工程技术标准规范、交付标准和招标文件要求，并结合下列工程价格信息及造价资料进行编制。

①近期完成的类似工程最高投标限价、施工图预算、设计概算、成本估算的价格。

②近期获得的类似工程市场竞争合理投标单价。

③近期确定的类似清单项目结算单价。

④近期签订的类似工程合同价格。

⑤通过市场询价获得的人工、材料、施工机具、清单项目综合单价等相关合理工程价格。

⑥近期人工、材料、施工机具使用的市场价格和相关价格指数或报价价格指数等。

若招标工程的实际情况与上述的工程价格信息及造价资料存在差异的，应依据其建设时期、建设地点、建设规模、交付标准等的差异影响，在合理调整价格后计算。

因招标文件的补遗、答疑、异议澄清或修正等引起最高投标限价变化的，招标人应相应修正最高投标限价，并按相关要求和程序重新公布。

第三节 建设工程投标

建设项目投标是指投标人响应招标文件的要求，参加投标竞争的法律行为。依照《招标投标法》的相关规定，投标人是指响应招标、参加投标竞争的法人或者其他组织。潜在投标人是指知悉招标人公布的招标项目的有关条件和要求，有可能愿意参加投标竞争的供应商或承包商。

一、投标条件

①投标人应具备与招标文件要求相适应的人力、物力和财力。

②投标人应具备与招标文件要求的资质证书和相应的工作经验与业绩证明。

③联合体投标。联合体投标是指由两个或者两个以上法人或者其他社会组织根据其间的约定协议自愿结成一个联合体，以一个投标人的身份共同参与投标竞争的一种法律行为。如招标文件载明允许联合体投标，有意向的投标人可组成联合体进行投标，但招标人不得强制投标人组成联合体共同投标。由同一专业的单位组成的联合体，按照资质等级较低的单位确定投标联合体的资质等级。联合体中标后，联合体各方应当共同与招标人签订一份工程承包合同，并就中标项目向招标人承担连带责任。

④投标人应具备法律法规规定的其他条件。

二、投标程序

（一）投标报价前期准备工作

投标报价是投标人响应招标文件要求所报出的，在已标价工程量清单中标明的总价，它是依据招标工程量清单所提供的工程数量，计算综合单价与合价后所形成的。为使投标报价更加合理并具有竞争性，通常投标报价的编制应遵循一定的程序，如图 4-5 所示。

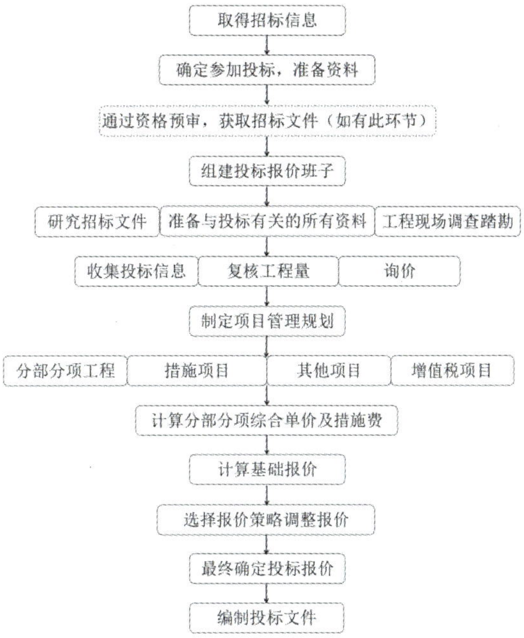

图 4-5 投标报价编制流程图

1. 投标决策

在工程建设项目的招标投标过程中，投标人的总体目标为通过努力使自己在激烈的竞争中能一举中标，并使中标项目能有较大的利润空间。为此，要求投标人应对招标项目进行可行性和可靠性研究，并最终决策是否对招标项目进行投标。

2. 确认招标公告 / 投标邀请函

①确认招标项目的真实性。

②确认招标项目业主的项目合法性、项目资金的来源情况、招标项目业主的背景及其运行情况、社会信誉情况等，以避免投标人盲目投标，从而大大降低投标人的投标风险。

3. 组建投标组织，参加资格预审

（1）报名参加投标

投标人经过决策决定参加招标项目的投标后，应进行投标报名，并根据相关法律法规的规定及招标公告或者投标邀请书中的有关要求向招标人提供相关资料，以说明投标人的合法性、介绍投标人的情况。

（2）组建投标组织

投标人为了确保在投标竞争中取胜，投标人应精心挑选精干且投标经验丰富的相关人员组建投标工作机构，由其具体负责整个投标过程中所有事务。在投标过程中，投标人也可将投标任务委托给相应的招标代理机构，由招标代理机构代理投标人对招标项目进行投标。

（3）填写资格预审表

投标人应按照招标人提供的资格预审表中的内容认真填写，填写的过程中应确保填写内容的真实性和准确性，并应有一定的针对性，以保证投标人能顺利通过资格预审。

4. 领取招标文件

投标人应按招标公告或者投标邀请书中规定的时间和地点向招标人投送投标资格预审表。招标人在对各个投标人的投标资格进行审查后，应在规定的时间内向各个投标人发送投标资格预审合格通知书或者投标资格预审不合格通知书。投标资格预审合格的投标人在收到投标资格预审合格通知书后，应在招标公告或者投标邀请书中规定的时间和地点从招标人处领取或者购买招标文件，并按照招标公告或者投标邀请书中规定的数额向招标人缴纳投标保证金。

5. 研究招标文件

招标文件是投标人进行投标和编制投标文件、投标报价的主要依据，也是投标人中标后与招标人签订工程施工承包合同的纲领性文件。所以投标人在领取招标文件后应认真研究。

①了解、熟悉招标文件中的有关内容，如投标人须知、招标工程的条件、工程施工范围、工程量、计划工期、工程质量标准及要求、最高投标限价、合同的主要条款内容、招标人提出的实质性内容及要求等，以便投标人尽早了解投标过程中存在的投标风险，利于投标人针对性地采取相应的投标策略。

②对招标文件中模糊不清或者投标人把握不准的内容，投标人应做好记录，以便于在招标人组织的招标答疑会上能够给以澄清，或者通过招标文件中规定方式由招标人解答疑点。

A. 投标人须知（注意招标工程的详细内容和范围，避免遗漏或多报；注意投标文件的组成；招标答疑时间、投标截止时间等重要时间安排）。

B. 投标书附录与合同条件（特殊要求，即投标人在中标后应享受的权力，所承担的义务和责任等）。

C. 技术说明（技术规范，特殊材料设备要求以及有关选择代用材料设备的规定，以便确定价格）。

D. 永久性工程之外的报价补充文件（对旧有建筑物和设施的拆除，工程师现场办公室及其各项开支、模型、广告、工程照片和会议费用等，若有需要列入工程总价中，弄清报价方式）。

6. 进行各项调查研究

（1）对招标项目进行调查分析

首先调查招标项目的自身情况，包括招标项目的合法性、建设资金的到位情况、招标项目前期准备工作的进行情况、招标项目是否具备工程施工的条件和要求、业主对招标项目建设工期要求的紧迫程度、招标项目的质量等级要求及相应的控制标准等；其次对招标项目的现场和周围环境进行调查分析，包括招标项目具体施工的难易程度、当地的自然条件对招标项目施工和工程承包合同履行的影响、招标项目现场地质情况对工程施工和工程承包合同履行的影响、招标项目现场周围环境对工程施工和工程承包合同履行的影响以及招标项目现场的交通、通讯、供水、供电情况等。

（2）对市场宏观经济环境调查

调查当地的建筑材料、有关设备、日常生活用品等供应情况及市场价格水平；调查当地的劳动力市场行情；调查当地的政策环境、社会治安情况等是否有利于招标项目的施工等。

（3）对工程业主方和竞争对手公司的调查

弄清投标人自己企业目前的自身实力和发展、生存状况，如企业的管理水平、企业的技术和设备实力、企业的财务状况及流动资金情况、企业的在建施工项目的饱和程度、企业的社会信誉和知名度情况、企业的竞争力情况等。

（二）询价与工程量复核

1. 询价

询价是投标报价中的一个重要环节。工程投标活动中，投标人不仅要考虑投标报价能否中标，还应考虑中标后所承担的风险。因此，在报价前必须通过各种渠道，采用各种方式对所需人工、材料、施工机具等要素进行系统的调查，掌握各要素的价格、质量、供应时间、供应数量等数据。

（1）询价的渠道

①直接与生产厂商联系。

②了解生产厂商的代理人或从事该项业务的经纪人。

③了解经营该项产品的销售商。

④向咨询公司进行询价。通过咨询公司所得到的询价资料比较可靠，但需要支付一定的咨询费用，也可向同行了解。

⑤通过互联网查询。

⑥自行进行市场调查或信函询价。

（2）材料询价

材料询价的内容包括调查对比材料价格、供应数量、运输方式、保险和有效期、不同买卖条件下的支付方式等。询价人员在施工方案初步确定后，立即发出材料询价单，并催促材料供应商及时报价。收到询价单后，询价人员应将从各种渠道所询得的材料报价及其他有关资料汇总整理。对同种材料从不同经销部门所得到的所有资料进行比较分析，选择合适、可靠的材料供应商的报价，提供给工程报价人员使用。

（3）施工机具询价

在外地施工需用的施工机具，有时在当地租赁或采购可能更为有利，因此，事前有必要进行施工机具的询价。必须采购的施工机具，可向供应厂商询价。对于租赁的施工机具，可向专门从事租赁业务的机构询价，并应详细了解其计价方法。例如，各种施工机具每台班的租赁费、最低计费起点、施工机具停滞时租赁费及进出场费的计算，燃料费及机上人员工资是否在台班租赁费之内，如需另行计算，这些费用项目的具体数额为多少等。

（4）劳务询价

如果承包人准备在工程所在地招募工人，则劳务询价是必不可少的。劳务询价主要有两种情况；一种是成建制的劳务公司，相当于劳务分包，一般费用较高，但素质较可靠，工效较高，承包人的管理工作较轻；另一种是劳务市场招募零散劳动力，这种方式虽然劳务价格低廉，但有时素质达不到要求或工效较低，承包人的日常管理工作较繁重。投标人应在对劳务市场充分了解的基础上决定采用哪种方式，并以此为依据进行投标报价。

（5）分包询价

承包人可以确定拟分包的项目范围，将拟分包的专业工程施工图纸和技术说明送交预先选定的分包单位，请他们在约定的时间内报价，以便进行比较选择，最终选择合适的分包人。

2. 工程量复核

工程量清单作为招标文件的组成部分，是由招标人提供的。工程量的大小是投标报价最直接的依据。复核工程量的准确程度，将影响承包人的经营行为。一是根据复核后的工程量与招标文件提供的工程量之间的差距，从而考虑相应的投标策略，决定报价裕度；二是根据工程量的大小采取合适的施工方法，选择适用、经济的施工机具设备、投入使用相应的劳动力数量等。复核工程量应注意以下几方面。

①投标人应根据招标说明、图纸、地质资料等招标文件资料，认真计算主要清单工程量，复核工程量清单。其中特别注意，按一定顺序进行，避免漏算或重算；正确划分分部分项工程项目，与“清单计价规范”保持一致。

②复核工程量的目的不是修改工程量清单，即使有误，投标人也不能修改招标工程量清单中的工程量，因为修改了清单将导致在评标时认为投标文件未响应招标文件而被否决。

③针对招标工程量清单中工程量的遗漏或错误，是否向招标人提出修改意见取决于投标策略。投标人可以向招标人提出，由招标人统一修改并把修改情况通知所有投标人；也可以运用一些报价的技巧提高报价的质量，争取在中标后能获得更大的收益。

④通过工程量计算复核还能准确地确定订货及采购物资的数量，防止由于超量或少购等带来的浪费、积压或停工待料。结合工程施工图和工程的施工现场情况对招标文件中的工程量清单、最高投标限价进行复核，其中应重点复核工程量清单中项目的划分、项目的组成及项目的工程量。

（三）编制投标报价文件

1. 投标报价的编制原则

投标报价应由投标人或受其委托的工程造价咨询人编制。

投标人可依据《计价标准》的相关规定自主确定投标报价，并应对已标价工程量清单填报价格的一致性及合理性负责，承担不合理报价及总价合同的工程量清单缺陷等风险。

投标人的投标报价不得低于成本价，且不得高于招标人公布的最高投标限价。

投标人应在接收招标文件后，在规定时间内根据招标文件说明的工程特点及合同要求复查招标文件中计划工期的可行性及其风险与影响，对计划工期有疑问或异议的，应按招标文件的规定以书面形式提请招标人澄清或修正。投标人对计划工期或招标人澄清或修正后的计划工期无疑问或异议的，投标人应根据自身的实施方案、施工技术、管理水平、合同履约风险及专业分包工程工期等合理确定投标工期并按标报价。投标工期不得超过招标人的计划工期或澄清修正的计划工期。

投标人应在接收招标文件后，在规定时间内根据工程特点、合同要求及现场踏勘情况，复查措施项目清单列项的完整性和适用性。如投标人对措施项目清单有疑问或异议的，可按招标文件的规定以书面形式提请招标人澄清或修正；若投标人认为需要增加措施项目的，可在措施项目中补充列项及报价，并对措施项目清单的准确性和完整性负责。

采用单价合同的招标工程，投标人应在接收招标文件后，在规定时间内对招标工程量清单的分部分项工程项目清单进行复核。如投标人对分部分项工程项目清单有疑问或异议的，应按招标文件的规定以书面形式提请招标人澄清，招标人核实后作出修正的，投标人应按修正后的分部分项工程项目清单进行投标报价。无论投标人是否已提出疑问或异议，分部分项工程项目清单的完整性和准确性由招标人负责，清单项目或修正后（如有）的清单项目存在工程量清单缺陷的，应按《计价标准》的第 8.2 节的规定调整相关价款及合同总价。

采用总价合同的招标工程，投标人应在接收招标文件后，在规定时间内对招标工程量清单进行复核。如投标人对工程项目清单有疑问或异议的，应按招标文件的规定以书面形式提请招标人澄清，招标人核实后作出修正的，投标人应按修正后的工程量清单进行报价。如投标人经复核认为招标工程量清单及其修正后（如有）的分部分项工程项目清单存在工程量清单缺陷的，可在已标价工程量清单的分部分项工程项目清单中进行补充完善及报价，并对已标价分部分项工程项目清单的完整性和准确性负责。无论投标人是否已提出疑问、异议或按已修正后的工程量清单报价，或对分部分项工程项目清单做出补充完善及报价，除招标工程量清单说明为暂定数量的单价计价分部分项工程项目清单外，合同价格不应因存在工程量清单缺陷而调整。

投标人的投标价应包括招标文件中规定的由承包人承担范围及幅度内的风险费用。如招标文件中未明确相关风险责任的，投标人应在接收招标文件后，在规定的时间内提请招标人明确，招标人应在规定时间内予以书面答复。

采用单价合同的工程，投标人应按要求完整填报工程量清单中所有清单项目的综合单价及其合价和（或）总价计价项目的价格，且每个清单项目应只填报一个报价，未按要求填报（漏填或未填）综合单价及其合价和（或）清单项目价格的，宜按《计价标准》第 3.5.4 条的规定完成相关的投标报价澄清或说明，相关清单项目报价可视为已包含在投标总价中。

采用总价合同的工程，投标人应按《计价标准》第 6.1.7 条的规定补充完善工程量清单，并完整填报工程量清单中所有清单项目的综合单价及其合价和（或）总价计价项目的价格，且每个清单项目应只填报一个报价，未按要求填报（漏填或未填）综合单价及其合价和（或）清单项目价格的，可按《计价标准》第 3.5.4 条的规定完成相关的投标报价澄清或说明，相关清单项目报价可视为已包含在其他的清单项目中。

投标人的投标总价应与分部分项工程项目清单、措施项目清单、其他项目清单、增值税的合价总额一致。如投标总价与前述合价总额不相符的，应在保持投标总价不变的前提下，按《计价标准》第 3.5 节的规定调整已标价工程量清单。

投标人应按《计价标准》附录 D. 4 的表 D. 4.1 工程量清单计算规则说明中规定的国家及行业工程量计算标准规定和补充的工程量计算规则，对分部分项工程项目清单的所有清单项目进行报价，其报价应考虑下列因素对价格的影响。

①工程数量对材料采购及人工价格的影响。

②招标文件规定物价变化进行价格调整的清单项目，在调整的范围和波动幅度内市场物价变动及调整时段带来的承包风险的影响。

③招标文件未规定物价变化进行价格调整的清单项目的材料费、人工费、施工机具使用费等市场价格波动的影响。

④单价合同履行《计价标准》第 8.2 节的工程量清单缺陷价格调整和《计价标准》第 8.9 节的工程变更计价规定的工程数量变化带来的承包风险的影响。

⑤总价合同履行《计价标准》第 6.1.7 条规定的工程量清单缺陷责任及价格包干规定，以及履行《计价标准》第 8.9 节规定的工程变更计价规则带来的承包风险的影响。

⑥除履行《计价标准》第 8 章规定的合同价格调整外，总价合同及单价合同中综合单价不做调整规定所引起的承包风险的影响。

投标人应按自身的工程实施方案及投标工期，《计价标准》第 6.1.5 条规定拟定的措施项目，对措施项目清单进行自主报价，其中安全生产措施费应符合国家及省级、行业主管部门的相关规定。措施项目清单的报价应考虑下列因素对价格的影响。

①招标工程的特点及其标段划分和完工交付标准。

②工程地质条件、邻近建筑物、现场设施情况、周边道路、交通、水文、环境。

③招标文件说明的相关合同责任。

④招标文件规定的承包风险。

⑤发包人提供材料的货物供应、专业分包工程、直接发包的专业工程的总承包管理服务（仅适用于总承包合同的投标报价）。

⑥除《计价标准》第 8 章规定的工程变更、暂列金额中未能完全预见或详细说明的工程、新增工程、工程索赔等引起的措施项目费用调整外，执行措施项目费用由于引起的承包风险。

投标人依据相关造价资讯进行投标报价时，应满足招标工程与所使用造价资讯相应工程存在的建设时间、建设地点、建设规模、完工交付标准、招投标方式、材料来源、使用工人来源等差异引起的价格变化的要求，投标人可在合理调整造价资讯相关价格后应用于投标报价。

2. 投标报价的编制依据

①《建设工程工程量清单计价标准》（GB/T 50500—2024）和相关工程国家及行业工程量计算标准。

②招标文件（包括招标工程量清单、合同条款、招标图纸、技术标准规范等）及其补遗、答疑、异议澄清或修正。

③国家及省级、行业建设主管部门颁发的工程计量与计价相关规定，以及根据工程需要补充的工程量计算规则。

④与招标工程相关的技术标准规范等技术资料。

⑤工程特点及交付标准、地勘水文资料、现场踏勘情况。

⑥投标人的工程实施方案及投标工期。

⑦投标人企业定额、工程造价数据、市场价格信息及价格变动预期、装备及管理水平、造价资讯等。

⑧其他相关资料。

3. 投标文件的组成

投标人应当按照招标文件的要求编制投标文件。投标文件一般分为价格标、技术标、资信标三部分，应包含以下内容。

①封面。

②资格审查文件（投标单位法定代表人身份证明、法定代表人授权委托书、联合体协议书、投标保证金银行回执、其他资格审查证明文件等）。

③技术文件（施工组织设计、项目管理机构、拟分包项目情况表、船机资料等）。

④投标报价文件（投标函、投标函附录、投标报价封面、编制说明、工程量清单计价汇总表、分部分项工程量清单与计价表、措施项目清单计价表、其他项目清单计价表、规费税金清单计价表、分部分项工程量清单项目综合单价分析表、主要设备材料清单等已标价工程量清单）。

⑤其他招标人要求的附件等。

4. 投标报价的编制方法

投标报价的编制过程，应首先根据招标人提供的工程量清单编制分部分项工程和措施项目清单与计价表，其他项目清单与计价表，规费、税金项目计价表，编制完成后，汇总得到单位工程投标报价汇总表，再逐级汇总，分别得出单项工程投标报价汇总表和建设项目投标报价汇总表。投标报价所用计价表格与编制最高投标限价时所用计价表格基本一致。

（1）分部分项工程项目清单计价表的编制

分部分项工程项目清单计价表的编制需要注意以下几点。

对分部分项工程项目清单中按项计价的项目，投标人应按其项目特征的工作内容、自身的实施方案、市场合理价格，以及履行招标图纸和技术标准规范要求，按《计价标准》第 8.9 节规定执行工程变更价格调整引起的承包风险，对按项计价项目进行投标报价。除合同另有约定外，按项计价项目报价为包干价，工程结算时不应做调整。

对分部分项工程项目清单中发包人提供材料的清单项目，投标人应按招标文件说明的发包人提供材料的规格型号、品牌档次和《计价标准》第 3.6 节的规定，对发包人提供材料的清单项目进行安装报价，并应考虑工程数量对人工价格变化、招标文件规定的有效损耗率、自身原因超耗使用材料产生的承包风险等影响。投标报价的综合单价及投标总价不应包含发包人提供材料的供货人将相关的材料运抵交货地点、完成卸货的费用。

对分部分项工程项目清单中载明材料暂估价的清单项目，应按工程量清单载明的材料暂估单价（不含增值税）计入综合单价。投标人对分部分项工程项目清单中的材料暂估价清单项目的报价，应考虑工程数量对人工价格变化、履行《计价标准》第 8.4 节规定的材料暂估价调价规则产生的价格变化等影响，并按招标文件提供的材料暂估价单价在《计价标准》附录 E.2 的表 E.2.3 材料暂估单价及调整表中列出。

（2）措施项目清单计价表的编制

投标人对措施项目的投标报价应遵循以下原则。

投标人应按自身的工程实施方案及投标工期，《计价标准》第 6.1.5 条规定拟定的措施项目，对措施项目清单进行自主报价，其中安全生产措施费应符合国家及省级、行业主管部门的相关规定。措施项目清单的报价应考虑下列因素对价格的影响。

①招标工程的特点及其标段划分和完工交付标准。

②工程地质条件、邻近建筑物、现场设施情况、周边道路、交通、水文、环境。

③招标文件说明的相关合同责任。

④招标文件规定的承包风险。

⑤发包人提供材料的货物供应、专业分包工程、直接发包的专业工程的总承包管理服务（仅适用于总承包合同的投标报价）。

⑥除《计价标准》第 8 章规定的工程变更、暂列金额中未能完全预见或详细说明的工程、新增工程、工程索赔等引起的措施项目费用调整外，执行措施项目费用由于引起的承包风险。

（3）其他项目清单计价表的编制

投标人对其他项目投标报价时应遵循以下原则。

投标人应按招标工程量清单中提供的暂列金额、专业工程暂估价金额，准确填报在相应投标总价内。

投标人应按计算清单中提供的清单项目及其暂定数量和《计价标准》第 3.2.10 条、第 8.6 节的相关规定，对计日工清单项目进行投标报价。

投标人应按工程实施方案和对各专业分包工程、直接发包的专业工程的工期安排，以及对发包人提供材料的供应履行管理及协调责任，对各专业分包工程履行管理和协调及配合责任，对各自接发包的专业工程履行协调及配合责任等招标文件规定的总承包服务内容及要求，对其他项目清单中的各项总承包服务费进行投标报价，并应满足《计价标准》第 8.5 节规定的总承包服务费计价风险的要求。

（4）增值税计价表的编制

投标人依据完成报价的分部分项工程项目清单、措施项目清单、其他项目清单（扣除专业工程暂估价）的清单总价汇总后，应按《计价标准》第 3.2.11 条的规定，将其汇总的项目清单总价乘以增值税率确定增值税报价。

（5）投标报价的汇总

投标人的投标总价应当与组成工程量清单的分部分项工程费、措施项目费、其他项目费和增值税的合计金额相一致。

投标人应在投标文件提交时完整提交与已标价工程量清单中综合单价及合价一致的费用构成明细表，相关表格应符合《计价标准》附录 E 的表 E.2.2-1 分部分项工程项目清单综合单价分析表或表 E.2.2-2 分部分项工程项目清单综合单价分析表（简版）、表 E.3.2 措施项目清单构成明细分析表、表 E.3.3 措施项目费用分析表、表 E.3.4 大型机械进出场及安拆费用组成明细表的有关规定。

投标人在提交投标文件时提交的措施项目费用分析表，应按《计价标准》附录 E.3 的表 E.3.3 的规定列明各项措施项目费用的初始设立费用，中期运行费用，后期拆除费用。

5. 投标报价的技巧

①投标策略，是投标人经营决策的组成部分，指导投标全过程。影响投标报价策略的因素十分复杂，加之投标报价策略与投标人的经济效益紧密相关，所以必须做到及时、迅速、果断。

②报价技巧，指投标中具体采用的对策和方法，如图 4-6 所示。常用的报价技巧有不平衡报价法、多方案报价法、保本竞标法、突然降价法、先亏后盈法和增加建议方案等。此外，对于计日工、暂定金额、可供选择的项目等也有相应的报价技巧，比如计日工资和零星施工机械台班小时单价作价，可稍高于工程单价中的相应单价。因为这些单价不包括在投标价格中，发生时按实计算，可多得利。

A. 不平衡报价法。不平衡报价指在同一工程项目中，在总价不变的情况下，对分部分项报价做适当调整，以期望在不提高总价的条件下，既不影响中标，又能在结算时得到更理想的经济效益。通常对前期工程、工程量可能增加的工程（由于图纸深度不够）等，可将原估单价调高，反之则调低。但单价的不平衡要有适当的尺度，要在合理的范畴内进行调整，不能太畸高或畸低（评标委员会有可能要求投标人对那些被认为是明显偏高或明显偏低的项目单价提交单价分析），单价调整幅度不宜超过 ±10%，只有对承包商具有特别优势的某些分项工程，才可适当增大调整幅度。这种方法在工程项目中运用得比较普遍，对于工程项目，一般可根据具体情况考虑采用不平衡报价法。

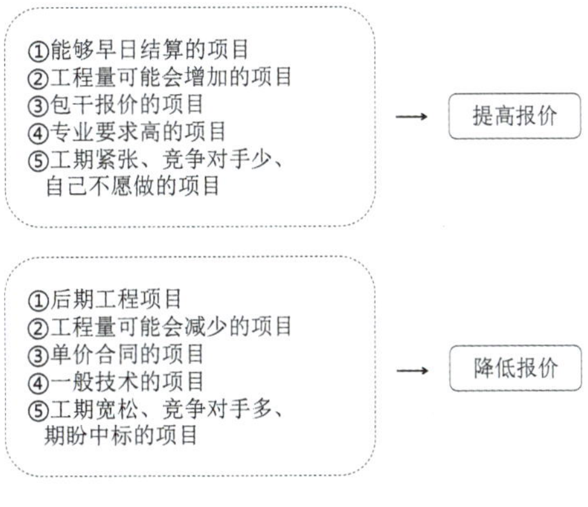

图 4-6　不平衡报价法

【案例解析 4.7】

某承包商参与某高层商用办公楼土建工程的投标。为了既不影响中标，又能在中标后取得较好的收益，决定采用不平衡报价法对原估价做适当调整，具体数字见表 4–20（单位：万元）。

表 4–20 报价调整前后对比表

阶段	桩基围护工程	主体结构工程	装饰工程	总价
调整前（投标估价）	1 480	6 600	7 200	15 280
调整后（正式报价）	1 600	7 200	6 480	15 280

现假设桩基围护工程、主体结构工程、装饰工程的工期分别为 4 个月、12 个月、8 个月，为计算现值方便，假定贷款月利率 i 为 1%，现值系数见表 4–21，并假设各分部工程每月完成的工作量相同且能按月度及时收到工程款（不考虑工程款结算所需要的时间）。

表 4–21 现值系数表

系数	n/ 月			
	4	8	12	16
（P/A，1%，n）	3.902 0	7.651 7	11.255 1	14.717 9
（P/F，1%，n）	0.961 0	0.923 5	0.887 4	0.852 8

问题：

1. 该承包商所运用的不平衡报价法是否恰当？为什么？

2. 采用不平衡报价法后，该承包商所得工程款的现值比原估价增加多少（以开工日期为折现点）？

解析：

问题 1：恰当。因为该承包商是将属于前期工程的桩基围护工程和主体结构工程的单价调高，而将属于后期工程的装饰工程的单价调低，可以在施工的早期阶段收到较多的工程款，从而可以提高承包商所得工程款的现值；而且，这三类工程单价的调整幅度均在 ±10% 以内，属于合理范围。

问题 2：①单价调整前的工程款现值：

桩基围护工程每月工程款 A_1=1 480/4=370（万元）

主体结构工程每月工程款 A_2=6 600/12=550（万元）

装饰工程每月工程款 A_3=7 200/8=900（万元）

则，单价调整前的工程款现值：

$$PV_0=A_1(P/A,1\%,4)+A_2(P/A,1\%,12)(P/F,1\%,4)+A_3(P/A,1\%,8)(P/F,1\%,16)$$

$$=370\times3.902\,0+550\times11.255\,1\times0.961\,0+900\times7.651\,7\times0.852\,8$$

$$=1\,443.74+5\,948.88+5\,872.83$$

$$=13\,265.45\text{（万元）}$$

②单价调整后的工程款现值：

桩基围护工程每月工程款 A'_1=1 600/4=400（万元）

主体结构工程每月工程款 A'_2=7 200/12=600（万元）

装饰工程每月工程款 A'_3=6480/8=810（万元）

则，单价调整前的工程款现值：

$PV'=A'_1(P/A, 1\%, 4)+A'_2(P/A, 1\%, 12)(P/F, 1\%, 4)+A'_3(P/A, 1\%, 8)(P/F, 1\%, 16)$

$=400\times3.902\,0+600\times11.255\,1\times0.961\,0+810\times7.651\,7\times0.852\,8$

$=1\,560.80+6\,489.69+5\,285.55$

$=13\,336.04$（万元）

③两者的差额：

$PV'-PV_0=13\,336.04-13\,265.45=70.59$（万元）

因此，采用不平衡报价法后，该承包商所得工程款的现值比原估价增加 70.59 万元。

B. 多方案报价法。即按原招标文件报一个价，然后再报一个较低的价，这样可以降低总价，吸引采购方。或是对某部分工程提出按“成本补偿合同”方式处理，其余部分报一个总价。

C. 保本竞标法。对于缺乏竞争优势的承包单位，万不得已时可采用根本不考虑利润的报价方法，以获得中标机会。

D. 突然降价法。在报价时可以采取迷惑对方的手法，即按一般情况报价或表现出自己对该项目兴趣不大，到快投标截止时，再突然降价。采用这种方法时，一定要在准备投标报价的过程中考虑好降价的幅度，在临近投标截止日期，根据情报信息分析判断，再做最后决策。如果由于采用突然降价法而中标，因为开标只降总价，在签订合同后可采用不平衡报价的方法调整项目内部各项单价或价格，以期取得更好的效益。

E. 先亏后盈法。有的投标方为了打进某一地区，依靠某国家、某财团和自身的雄厚资本实力，采取一种不惜代价，只求中标的低价报价方案。应用这种手法的投标方必须有较好的资信条件，并且提出的实施方案也要先进可行。

F. 增加建议方案。有时招标文件中规定，可以提出建议方案，即可以修改原设计方案，提出投标者的方案。这种新的建议方案可以降低总造价或提前竣工或使工程运用更合理。但要注意的是，对原招标方案一定要标价，以供采购方比较。

6. 投标文件编制注意事项

①应按招标文件按“投标文件格式”进行编写，防止废标。

②投标文件应当对招标文件有关工期、投标有效期、质量要求、技术标准和要求、招标范围等实质性内容做出响应。

③投标文件应由投标人的法定代表人或其委托代理人签字和盖单位章。委托代理人签字的，投标文件应附法定代表人签署的授权委托书。投标文件应尽量避免涂改、行间插字或删除。如果出现上述情况，改动之处应加盖单位章或由投标人的法定代表人或其授权的代理人签字确认。

【案例解析 4.8】

某工程，业主采用公开招标方式选择施工单位，A 企业结合自身情况和投标经验，认为该工程项目投高价标的中标概率为 40%。投低价标的中标概率为 60%，投高价标中标后，收益效果好、中、差三种可能性的概率分别为 30%，60%、10%，计入投标费用后的净损益值分别为 40 万元，35 万元、30 万元，投低价标中标后，收益效果好、中，差三种可能性的概率分别为 15%，60%，25%，计入投标费用后的净损益值分别为 30 万元、25 万元、20 万元；投标发生的相关费用为 5 万元。企业经测算、评估后，最终选择了投低价标，投标价为 500 万元。

问题：绘制 A 企业投标决策树，列式计算并说明 A 企业选择投低价标是否合理？

解析：

决策树的绘制是自左向右（决策点和机会点的编号左小右大，上小下大），而计算则是自右向左。各机会点的期望值计算结果应标在该机会点上方，最后将决策方案以外的方案枝用两短线排除。

机会节点③期望利润 =40×30%+35×60%+30×10%=36（万元）

机会节点④期望利润 =30×15%+25×60%+20×25%=24.5（万元）

机会节点①期望利润 =36×40%−5×60%=11.4（万元）

机会节点②期望利润 =24.5×60%−5×40%=12.7（万元）

绘制完成的决策树如图 4–7 所示。

由于投低标期望利润 12.7 ＞投高标期望利润 11.4，所以投低标合理。

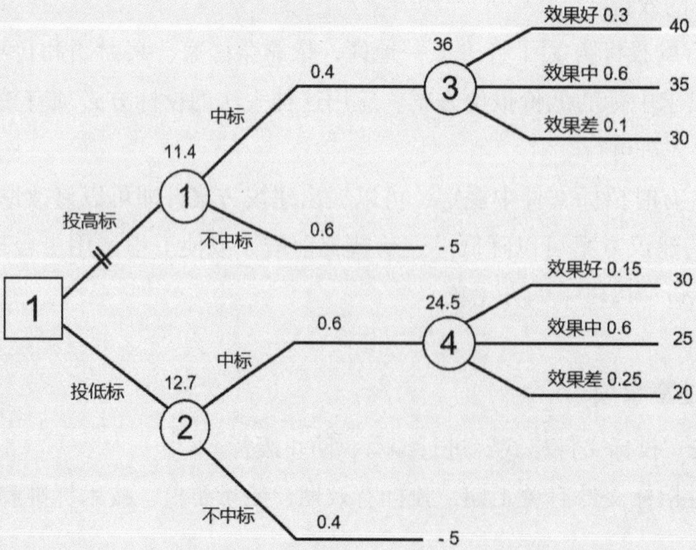

图 4–7　投标报价决策树

（四）投标文件的递交、评标和中标

投标人应当在招标文件要求提交投标文件的截止时间前，将投标文件送达招标文件中规定的地点。另外，投标文件的正本与副本应分开包装，加贴封条，并在封套上清楚标记“正本”或“副本”字样，于封口处加盖投标人单位章。

投标人必须按照招标文件中规定的时间和地点按时参加开标会，如果投标人不参加开标会，其投标文件应定为废标。

经评标委员会评审定标后，最终由招标人根据评标报告中推选的中标候选人确定中标人或者由评标委员会直接确定中标人，由招标人与中标人签订工程承包合同。

第四节　施工合同及合同价款确定

一、工程合同价确定

合同价款是合同文件的核心要素，建设项目不论是招标发包还是直接发包，合同价款的具体数额均在“合同协议书”中载明。

（一）工程合同价的定义

工程合同价，也称签约合同价，是指合同双方签订合同时在协议书中列明的包含暂列金额和暂估价的合同价格。对于以单价合同形式招标的项目，工程量清单中各种价格的总计即为合同价。合同价就是中标价，因为中标价是指评标时经过算术修正的、并在中标通知书中载明招标人接受的投标价格。

根据《招标投标法》第四十六条有关“招标人和中标人应当自中标通知书发出之日起三十日内，按照招标文件和中标人的投标文件订立书面合同。招标人和中标人不得再行订立背离合同实质性内容的其他协议。”之规定，发包人应根据中标通知书确定的价格签订合同。

另外还有一个与工程合同价的概念容易混淆的名词是合同价格，合同价格是指承包人按合同约定完成了包括缺陷责任期内的全部承包工作后，发包人应付给承包人的金额，包括在履行合同过程中按合同约定进行的变更、索赔和调整。因此，合同价格也可以称为结算价。

（二）合同计价方式

施工合同中，计价方式可分为三种：总价方式、单价方式和成本加酬金方式。相应的施工合同也称为总价合同、单价合同和成本加酬金合同。其中，成本加酬金的计价方式又可根据酬金的计取方式不同，分为百分比酬金、固定酬金、浮动酬金和目标成本加奖罚四种计价方式。一般来说，如果实行招标的建设项目，合同计价方式会在招标文件中载明。

不同计价方式合同的比较见表 4-22。

表 4-22　不同计价方式合同的比较

合同类型	总价合同	单价合同	成本加酬金合同			
			百分比酬金	固定酬金	浮动酬金	目标成本加奖罚
应用范围	广泛	广泛	有局限性			酌情
建设单位造价控制	易	较易	最难	难	不易	有可能
施工承包单位风险	大	小	基本没有		不大	有

当建设规模大且技术复杂的工程项目，承包风险大，各项费用不易准确估算，不宜采用固定总价合同。如果施工图纸和工程量清单详细而明确，即工程项目设计深度较深，则可选择总价合同，如果实际工程量与预计工程量可能有较大出入时，应优先选择单价合同。如果只完成初步设计，工程量清单不够明确时，则可选择单价合同或成本加酬金合同。对于施工难度估计不准或一些紧急工程，要求尽快开工且工期较紧时，选择成本加酬金合同比较合适。

根据《建筑工程施工发包与承包计价管理办法》（住建部第 16 号令），实行工程量清单计价的建筑工程，鼓励发承包双方采用单价方式确定合同价款。

【案例解析 4.9】

实际工程量与预计工程量可能有较大出入时，建设单位应采用的合同计价方式是（　　），施工单位的风险（　　）。

A. 单价合同；小　　B. 成本加固定酬金合同；小

C. 成本加浮动酬金合同；大　　D. 总价合同；大

解析：A。

实际工程量与统计工程量可能有较大出入时，应采用单价合同，当采用单价合同时，施工单位所承担的风险小。

（三）工程合同价的确定

实行招标的工程合同价款应由发承包双方依据招标文件和中标人的投标文件在书面合同中约定。合同约定不得违背招、投标文件中关于工期、造价、质量等方面的实质性内容。招标文件与中标人投标文件不一致的地方，以投标文件为准。

不实行招标的工程合同价款，在发承包双方认可的合同价款基础上，由发承包双方在合同中约定。

【案例解析 4.10】

某公办学校工程，建设单位采用公开招标方式选择施工单位，该项目的最高投标限价为600万元，其中暂列金额为50万元，按照招标文件规定：评标采用经评审的最低报价法，A企业通过了资格预审且在投标截止日前提交了投标文件，投标报价570万元，其中暂列金额50万元。评标委员会按招标文件评标办法对各投标企业的投标文件进行了价格评审，A企业经评审的投标价最低，最终被推荐为中标单位。合同签订前，业主与A企业进行了合同谈判，要求在合同中增加一项原招标文件中未包括的零星工程，合同额相应增加15万元。

问题：分析建设单位做法是否妥当，并说明理由。签约合同价位多少万元?

解析：不妥当。

实行招标的工程合同价款应由发承包双方依据招标文件和中标人的投标文件在书面合同中约定，书面合同的标的、价款、质量、履行期限应当与招标文件和中标人的投标文件一致。签约合同价应为570万元。

二、施工合同签订

建设工程施工合同的订立往往要经历一个较长的过程。在明确中标人并发出中标通知书后，双方即可就建设工程施工合同的具体内容和有关条款展开谈判，在30日内签订合同。

（一）施工合同谈判的主要内容

1. 关于工程内容和范围的确认

招标人和中标人可就招标文件中的某些具体工作内容进行讨论，修改、明确或细化，从而确定工程承包的具体内容和范围。在谈判中双方达成一致的内容，包括在谈判讨论中经双方确认的工程内容和范围方面的修改或调整，应以文字方式确定下来，并以“合同补遗”或“会议纪要”方式作为合同附件，并明确它是构成合同的一部分。对于为监理工程师提供的建筑物、家具、车辆以及各项服务，也应逐项详细地予以明确。

2. 关于技术要求、技术规范和施工技术方案

双方尚可对技术要求、技术规范和施工技术方案等进行进一步讨论和确认，必要的情况下甚至可以变更技术要求和施工方案。

3. 关于合同价格条款

一般在招标文件中就会明确规定合同将采用什么计价方式，在合同谈判阶段往往没有讨论的余地。但在可能的情况下，中标人在谈判过程中仍然可以提出降低风险的改进方案。

4. 关于价格调整条款

对于工期较长的建设工程，容易遭受货币贬值或通货膨胀等因素的影响，可能给承包人造成较大损失。价格调整条款可以比较公正地解决这一承包人无法控制的风险损失。

无论是单价合同还是总价合同，都可以确定价格调整条款，即是否调整以及如何调整等。可以说，合同计价方式以及价格调整方式共同确定了工程承包合同的实际价格，直接影响着承包人的经济利益。在建设工程实践中，由于各种原因导致费用增加的概率远远大于费用减少的概率，有时最终的合同价格调整金额会很大，远远超过原定的合同总价，因此承包人在投标过程中，尤其是在合同谈判阶段务必对合同的价格调整条款予以充分的重视。

5. 关于合同款支付方式的条款

建设工程施工合同的付款分四个阶段进行，即预付款、工程进度款、最终付款和退还质量保证金。关于支付时间、支付方式、支付条件和支付审批程序等有很多种可能的选择，并且可能对承包人的成本、进度等产生比较大的影响，因此，合同支付方式的有关条款是谈判的重要方面。

6. 关于工期和维修期

中标人与招标人可根据招标文件中要求的工期，或者根据投标人在投标文件中承诺的工期，并考虑工程范围和工程量的变动而产生的影响来商定一个确定的工期。同时，还要明确开工日期、竣工日期等。双方可根据各自的项目准备情况、季节和施工环境因素等条件洽商适当的开工时间。

对于具有较多的单项工程的建设工程项目，可在合同中明确允许分部位或分批提交业主验收，例如成批的房屋建筑工程应允许分栋验收；分多段的公路维修工程应允许分段验收；分多片的大型灌溉工程应允许分片验收等，并从该批验收时起开始计算该部分的维修期，以缩短承包人的责任期限，最大限度保障自己的利益。

双方应通过谈判明确，由于工程变更（业主在工程实施中增减工程或改变设计等）、恶劣的气候影响，以及种种“作为一个有经验的承包人无法预料的工程施工条件的变化”等原因对工期产生不利影响时的解决办法，通常在上述情况下应该给予承包人要求合理延长工期的权利。

合同文本中应当对维修工程的范围、维修责任及维修期的开始和结束时间有明确的规定，承包人应该只承担由于材料和施工方法及操作工艺等不符合合同规定而产生的缺陷。

承包人应力争以维修保函来代替业主扣留的质量保证金。与质量保证金相比，维修保函对承包人有利，主要是因为可提前取回被扣留的现金，而且保函是有时效的，期满将自动作废。同时，它对业主并无风险，真正发生维修费用，业主可凭保函向银行索回款项，因此，这一做法是比较公平的。维修期满后，承包人应及时从业主处撤回保函。

7. 合同条件中其他特殊条款的完善

主要包括：关于合同图纸；关于违约罚金和工期提前奖金；工程量验收以及衔接工序和隐蔽工程施工的验收程序；关于施工占地；关于向承包人移交施工现场和基础资料；关于工程交付；预付款保函的自动减额条款等。

以上所有方面的前期工作都对后续工程施工阶段工程造价管理有着很大影响。

（二）施工合同文本确定

各种施工合同示范文本一般都由 3 部分组成，包括协议书、通用条款、专用条款。

构成施工合同文件的组成部分，除了协议书、通用条款和专用条款以外，一般还应该包括：中标通知书、投标书及其附件、有关的标准、规范及技术文件、图纸、工程量清单、工程报价单或预算书等。

作为施工合同文件组成部分的上述各个文件，其优先顺序是不同的，解释合同文件优先顺序的规定一般在合同通用条款内，可以根据项目的具体情况在专用条款内进行调整。原则上应把文件签署日期在后的和内容重要的排在前面，即更加优先。《建设工程施工合同（示范文本）》（GF—2017—0201）通用条款规定的优先顺序为：A. 合同协议书；B. 中标通知书（如果有）；C. 投标函及其附录（如果有）；D. 专用合同条款及其附件；E. 通用合同条款；F. 技术标准和要求；G. 图纸；H. 已标价工程量清单或预算书；I. 其他合同文件。

三、FIDIC 合同条件

FIDIC 是国际咨询工程师联合会（Fédération lnternationale Des lngénieurs Conseils）的法文缩写，中文音译为“菲迪克”，由欧洲 3 国（比利时、法国和瑞士）独立的咨询工程师协会于 1913 年在比利时根特成立，是独立的国际组织。目前，FIDIC 的成员来自全球各个地区的六十多个国家，是国际上最有权威的、被世界银行认可的国际咨询工程师组织，主要出版物包括：各类会议和研讨会的论文集，为咨询工程师、项目业主和国际发展机构提供的信息、资格预审标准格式，合同文件以及客户与咨询单位协议书，得到世界各有关组织的广泛承认和实施。

FIDIC 自 1957 年发布《土木工程施工合同条件》（第 1 版）以来，陆续出版了一系列合同条件，如：《土木工程施工合同条件》（以下简称“施工合同条件”）（红皮书）、《生产设备和设计—建造合同条件》（黄皮书）、《土木工程施工分包合同条件》（与红皮书配套使用）、《设计—建造与交钥匙项目合同条件》（橘皮书）、《设计采购施工（EPC）/ 交钥匙工程合同条件》（银皮书）、《简明合同格式》（绿皮书）、《雇主 / 咨询工程师标准服务协议》等。2008 年，FIDIC 推出了《设计、建造及运营（DBO）合同条件》（金皮书）。2017 年，FIDIC 又推出了《施工合同条件》（红皮书）、《生产设备和设计－建造合同条件》（黄皮书）、《设计采购施工（EPC）/ 交钥匙项目合同条件》（银皮书）第二版。这些合同条件及协议共同构成了 FIDIC 彩虹族系列合同文件，不仅应用于世界银行、亚洲开发银行、非洲开发银行等国际金融组织的贷款项目，一些国家的国际工程也常采用 FIDIC 合同条件。这里主要介绍 FIDIC《施工合同条件》（红皮书）的有关内容。

（一）FIDIC 合同条件的优点

FIDIC 合同条件的优点如下。

①脉络清晰，逻辑性强，承包人和业主之间的风险分担公平合理，不留模棱两可之词，使任何一方都无隙可乘。

②对承包人和业主的权利义务和工程师职责权限有明确的规定，使合同双方的义务权利界限分明，工程师职责权限清楚，避免合同执行中过多的纠纷和索赔事件发生，并起到相互制约的作用。

③被大多数国家采用及世界大多数承包人所熟悉，又系世界银行和其他金融机构推荐，有利于实行国际竞争性招标。

④便于合同管理，对保证工程质量，合理地控制工程费用和工期产生良好的效果。

（二）FIDIC《施工合同条件》

（1）FIDIC《施工合同条件》的组成及解释顺序

FIDIC《施工合同条件》由通用条件和专用条件组成，通用条件和专用条件共同组成管理合同各方权利和义务的合同条件。对于每个具体的合同，都需要编制其专用条件，并要考虑提到专用条件的那些通用条件条款。

构成合同的文件要认为是互作说明的。为了解释的目的，合同文件的解释顺序为：①合同协议书；②中标函；③投标函；④专用条件；⑤通用条件；⑥规范要求；⑦图纸；⑧资料表和构成合同组成部分的任何其他文件。

（2）FIDIC《施工合同条件》的各方主体

FIDIC《施工合同条件》的各方主体包括雇主、工程师、承包商和指定的分包商。

雇主应在投标书附录中规定的时间（或几个时间）内，给承包商进入和占用现场各部分的权利。此项进入和占用权可不为承包商独享。如果根据合同，要求雇主向承包商提供任何基础、结构、生产设备或进入手段的占用权，雇主应按照规范要求规定的时间和方式提供。但是，雇主在收到履约担保前，可保留上述任何进入或占用权，暂不给予。雇主应根据承包商的请求，向承包商提供以下合理的协助：取得与合同有关、但不易得到的工程所在国的法律文本以及协助承包商申办工程所在国法律要求的许可、执照或批准。

雇主应任命工程师，工程师应履行合同中指派给他的任务。工程师无权修改合同，工程师可行使合同中规定或必然隐含的应属于工程师的权力。如果雇主拟替换工程师，应在替换前 42 天通知承包商，告知拟替换工程师的姓名、地址和相关经验。

承包商应按照合同及工程师的指示，设计（在合同规定的范围内）、实施和完成工程，并修补工程中的任何缺陷。承包商应对所有现场作业、所有施工方法和全部工程的完备性、稳定性和安全性承担责任。承包商应对严格履约（自费）取得履约担保，保证金额和币种应符合投标书附录中的规定。承包商应在收到中标函后 28 天内向雇主提交履约担保，并向工程师送一份副本。

合同中“指定的分包商”指以下分包商：合同中提出的指定的分包商；工程师根据“变更和调整”条款的规定指示承包商雇用的分包商。承包商应按工程师按照分包合同证明的应付金额支付给指定的分包商。

（3）FIDIC《施工合同条件》的争端解决

如果雇主和承包商之间发生了有关或起因于合同或工程实施的争端（不论任何种类），包括对工程师的任何证明、确定、指示、意见或估价的任何争端，任一方可以将该争端以书面形式，提交争端裁决委员会（DAB）供其裁定，并抄送另一方和工程师。

DAB 应按投标函附录中的规定，由具有适当资格的一名或三名成员组成。如果对委员会人数没有规定，且双方没有另外协议，DAB 应由三人组成。如果 DAB 由三人组成，各方均应推荐一人，报他方认可。双方应与这些成员协商，并商定第三名成员，此人应任命为主席。

（4）FIDIC《施工合同条件》的测量与估价

当工程师要求测量工程任何部分时，应向承包商代表发出合理通知，承包商代表应及时亲自或另派合格代表协助工程师进行测量并提供工程师要求的任何具体资料。除合同另有规定外，凡需根据记录进行测量的任何永久工程，此类记录应由工程师准备。承包商到场与工程师对记录进行检查和协商，达成一致后，应在记录上签字。

除合同另有规定外，无论当地有何惯例，应测量永久工程各项内容的实际净数量，并且测量的方法应按照工程量表或其他适用资料表的规定。

除合同另有规定外，工程师应通过上述测量方法和适宜的费率与价格，对各项工作进行估价，工程师应与每一方协商，尽量达成协议。如果达不成协议，工程师应对所有有关情况给予应有的考虑，按照合同作出公正的决定。

各项工作内容的适宜费率或价格，应为合同对此类工作内容规定的费率或价格，如合同中无此项内容，应取类似工作的费率或价格。但在以下情况下，宜对有关工作内容采用新的费率或价格。

①该项工作测出的数量变化超过工程量表或其他资料表中所列数量的 10% 以上；

②此数量变化与该项工作上述规定的费率的乘积，超过中标合同额的 0.01%；

③此数量变化直接改变该项工作的单位成本超过 1%；

④合同中没有规定该项工作为“固定费率项目”；

⑤根据变更与调整的规定指示的工作；

⑥合同中没有规定该项工作的费率或价格；

⑦由于工作性质不同，或在与合同中任何工作不同的条件下实施，未规定适宜的费率或价格。

新的费率或价格应考虑上述①～⑦项描述的有关事项对合同中相关费率或价格的影响加以合理调整后得出。如果没有相关的费率或价格可供推算新的费率或价格，应根据实施该工作的合理成本和合理利润，并考虑其他相关事项后得出。工程师应在商定或确定适宜费率或价格前，确定用于期中付款证书的临时费率或价格。

（5）FIDIC《施工合同条件》的变更与调整

在颁发工程接收证书前的任何时间，工程师可通过发布指示或要求承包商提交建议书的方式，提出变更。承包商应遵守并执行每项变更，除非承包商迅速向工程师发出通知，说明（附详细根据）承包商难以取得变更所需的货物。工程师接到此类通知后，应取消、确认或改变原指示。

每项变更可包括如下内容。

①合同中包括的任何工作内容的数量的改变（但此类改变不一定构成变更）；

②任何工作内容的质量或其他特性的改变；

③任何部分工程的标高、位置、尺寸的改变；

④任何工作的删减，但要交他人实施的工作除外；

⑤永久工程所需的任何附加工作、生产设备、材料或服务，包括任何有关的竣工试验、钻孔和其他试验和勘探工作；

⑥实施工程的顺序或时间安排的改变。

另外，承包商自费可随时向工程师提交书面建议，如被采纳后可加快竣工，降低雇主的工程施工、维护、运行费用，提高雇主的竣工工程的效率或价值，给雇主带来其他利益的建议的工作称为价值工程。

除非工程师另有指示或批准，否则每项变更应按照“测量和估价”的规定进行估价。

暂列金额，每笔暂列金额只应按照工程师的指示全部或部分地使用，合同价格应相应进行调整。暂列金额用于按照变更进行估价、由承包商实施的工作，也用于应包括在合同价格中，主要由承包商从指定的分包商或其他单位购买的生产设备、材料或服务所需的费用，主要包括承包商已支付或应付的实际金额和以相应资料表规定的有关百分率（如果有）计算的，这些实际金额的一个百分比，作为管理费和利润的金额。

计日工作，对于一些小的或附带性的工作，工程师可指示按计日工作实施变更。这时，工作应按照包括在合同中的计日工作计划表进行估价。

（6）FIDIC《施工合同条件》的合同价格和付款

合同价格，除非专用条件中另有规定，合同价格应根据“估价”的规定进行商定或确定，并应按照合同进行调整。承包商应支付根据合同要求应由其支付的各项税金、关税和费用，除因法律改变引起的调整外，合同价格不应对任何这些费用进行调整。工程量表或其他资料表中可能列出的任何数量都是估计数，不作为要求承包商实施的工程或测量与估价的实际和正确的数量。承包商在开工日期后 28 天内，应向工程师提交资料表中所列每项总价的建议分类细目，以供工程师编制付款证书时参考。

预付款，承包商提交保函后，雇主应支付一笔预付款，作为用于动员的无息贷款。预付款总额、分期预付次数和时间安排，应按投标书附录中的规定。也就是说，如果投标书附录中未列明预付款总额，雇主将不支付预付款。过程中，由工程师发出期中付款证书。

承包商应在每个月末后，按工程师批准的格式向工程师提交报表，一式六份，详细说明承包商自己认为有权得到的款额（包含已实施的工程、变更、因法律改变和成本改变应增减的任何款额等），同时提交“进度报告”等相关证明文件。工程师应在收到有关报表和证明文件后 28 天内，向雇主发出期中付款证书，说明工程师公正地确定的应付金额，并附支持资料。各期中付款证书应在工程师收到报表和证明文件后 56 天内支付。

（7）FIDIC《施工合同条件》的承包商索赔

如果承包商认为，根据《施工合同条件》和与合同有关的其他文件，他有权得到竣工时间的任何延长期和任何追加付款，承包商应向工程师发出通知，说明引起索赔的事件或情况。该通知应在承包商察觉或应该察觉该事件或情况后 28 天内发出。如果未能在上述 28 天内提出发出索赔通知，则无权得到竣工时间的任何延长期和任何追加付款。

承包商应在察觉或应该察觉该事件或情况后 42 天内向工程师递交索赔报告，包括索赔的依据、要求延长的时间和追加的付款等全部详细资料。

◎ 本章小结

本章主要讲授建设项目招标投标基础理论、招标文件、招标工程量清单、最高投标限价的编制与优化、建设工程施工合同示范文本的格式及其相关组成等内容。在招标投标阶段，工程造价管理的重点有：发包人选择合理的招标方式和承包模式、发包人合理编制招标文件，确定最高投标限价、规范开标、评标和定标、承包人合理编制投标报价文件、做好合同谈判和合同价款确定等。

◎ 课后习题

一、选择题

1. 关于最高投标限价的公布，下列说法正确的是（　　）。

A. 应在发布招标文件时一并发布　　B. 应在开标时公布

C. 应在评标时公布　　D. 不应公布

2. 根据《建设工程工程量清单计价标准》（GB/T 50500—2024），最高投标限价的综合单价组价工作包括：①确定工、料、机单价；②确定所组价定额项目名称；③计价组价定额项目的合价；④除以工程量清单项目工程量；⑤计算组价定额项目工程量。下列工作排序正确的是（　　）。

A. ②⑤①③④　　B. ①②⑤④③

C. ②③①⑤④　　D. ①②③④⑤

3. 关于建设工程施工招标文件，下列说法正确的是（　　）。

A. 工程量清单不是招标文件的组成部分

B. 由招标人编制的招标文件只对投标人具有约束力

C. 招标项目的技术要求可以不在招标文件中描述

D. 招标人可以对已发出的招标文件进行必要的修改

4. 关于施工招标文件的疑问与澄清，下列说法正确的是（　　）。

A. 投标人可以口头方式提出疑问

B. 投标人不得在投标截止前的 15 天提出疑问

C. 投标人收到澄清后的确认时间应按绝对时间设置

D. 招标文件的书面澄清应发给所有投标人

5. 工程量清单项目中的钢筋工程量应是（　　）。

A. 设计图示钢筋长度的钢筋净重量　　B. 不计入搭接和锚固钢筋的用量

C. 设计图示钢筋总消耗量　　D. 计入施工余量的钢筋用量

6. 编制房屋建筑工程施工招标的工程量清单，对第一项现浇混凝土实心楼板的清单项目应编码为（　　）。

A. 010502013001　　B. 010405001001

C. 010505002001　　D. 010506002001

7. 依据《建设工程工程量清单计价标准》（GB/T 50500—2024），关于项目特征，说法正确的是（　　）。

A. 项目特征是编制工程量清单的基础　　B. 项目特征是确定工程内容的核心

C. 项目特征是项目自身价值的本质特征　　D. 项目特征是工程结算的关键依据

8. 在同一合同中的工程量清单中，多个单位工程中具有相同项目特征的项目，项目编码和计量单位应为（　　）。

A. 项目编码不一致，计量单位不一致　　B. 项目编码一致，计量单位一致

C. 项目编码不一致，计量单位一致　　D. 项目编码一致，计量单位不一致

9. 为编制招标工程量清单，在拟定常规的施工组织设计时，正确的做法是（　　）。

A. 根据概算指标和类似工程估算整体工程量时，仅对主要项目加以估算

B. 拟定施工总方案时需要考虑施工步骤

C. 在满足工期要求的前提下，施工进度计划应尽量推后以降低风险

D. 在计算工、料、机资源需要量时，不必考虑节假日、气候的影响

10. 关于招标工程量清单中分部分项工程量清单的编制，下列说法正确的是（　　）。

A. 所列项目应该是施工过程中以其本身构成工程实体的分项工程或可以精确计量的措施分项项目

B. 拟建施工图纸有体现，但专业工程量计算规范附录中没有相对应项目的，则必须编制这些分项工程的补充项目

C. 补充项目的工程量计算规则，应符合“计算规则要具有可计算性”且“计算结果要具有唯一性”

D. 采用标准图集的分项工程，其调整描述应直接采用“详见 ×× 图集”方式

11. 关于最高投标限价的编制，下列说法正确的是（　　）。

A. 国有企业的建设工程招标可以不编制最高投标限价

B. 招标文件中可以不公开最高投标限价

C. 最高投标限价与标底的本质是相同的

D. 政府投资的建设工程招标时，应设最高投标限价

12. 依据工程所在地颁发的计价定额等编制最高投标限价、进行分部分项工程综合单价组价时，首先应确定的是（　　）。

A. 风险范围与幅度　　B. 工程造价信息确定的人工单价等

C. 定额项目名称及工程量　　D. 管理费率和利润率

13. 对于大型复杂工程项目，施工标段划分较多时，对建设单位的影响是（　　）。

A. 有利于工程现场的布置与协调　　B. 有利于得到较为合理的报价

B. 不利于选择有专长的承包单位　　D. 不利于设计图纸的分期供应

14. 对施工承包单位而言，承担风险大的合同计价方式为（　　）。

A. 总价合同　　B. 单价合同

C. 成本加百分比酬金　　D. 成本加固定酬金

15. 对于不进行资格预审的招标文件应包括（　　）。

A. 招标公告　　B. 招标邀请书

C. 拟分包项目情况表　　D. 投标人须知

E. 联合体协议书

16. 下列费用中，属于招标工程量清单中其他项目清单编制内容的是（　　）。

A. 暂列金额　　B. 暂估价

C. 计日工　　D. 总承包服务费

E. 措施费

17. 为满足施工招标工程量清单编制的需要，招标人需拟定施工总方案，其主要内容包括（　　）。

A. 施工方法　　B. 施工步骤

C. 施工机械设备的选择　　D. 施工顺序

E. 现场平面布置

18. 施工合同有多种类型，下列工程中不宜采用总价合同的有（　　）。

A. 没有施工图纸的灾后恢复工程

B. 设计深度不够，工程量清单不够明确的工程

C. 已完成施工图审查的单体住宅工程

D. 工程内容单一，施工图设计已完成的路面铺装工程

E. 采用较多新技术、新工艺的工程

二、名词解释

1. 资格预审

2. 公开招标

3. 建设项目投标

三、简答题

1. 投标文件包括哪些内容？

2. 编制投标文件的基本要求和注意事项？

3. 招标投标阶段工程造价管理的主要内容。

4. 最高投标限价应重点审核的内容有哪些？

5. 简述评标的程序和常用方法。

6. 某市公立小学拟建一幢建筑面积为 8 000 m^2 的教学楼，拟采用工程量清单以公开招标的方式进行施工招标。业主委托某造价咨询企业编制招标文件和最高投标限价（该项目的最高投标限价为 3 200 万元）在招投标过程中发生了如下事件。

事件 1：为了响应业主对潜在投标人择优选择的高要求，咨询企业在招标文件的编制中设置了以下几项内容。

（1）投标人资格条件之一为：投标人近 5 年必须承担过教学楼工程。

（2）投标人近 5 年获得过鲁班奖、本省省级质量奖等奖项作为加分项。

（3）项目的投标保证金为 70 万元，且投标保证金必须从投标企业的基本账户转出。

（4）中标人的履约保证金为最高投标限价的 10%。

事件 2：咨询企业认为招标文件中的合同条款是基本的粗略条款，只需将政府有关管理部门出台的施工合同示范文本添加项目基本信息后附在招标文件中即可。

事件 3：在招标文件编制人员研究本项目的评标办法时，咨询企业认为其以往代理的招标项目更常采用综合评估法，遂采用综合评估法。

事件 4：为控制投标报价的价格水平，咨询企业和业主商定，以代表省内先进水平的 A 施工企业的企业定额作为主要依据，编制了本项目的最高投标限价。此外，由于某分项工程使用了一种新型材料，定额及造价信息均无该材料消耗量和价格的信息。编制人员按照理论计算法计算了材料净用量，并以此净用量乘以向材料生产厂家询价确认的材料出厂价格，得到该分项工程中综合单价中新型材料的材料费。

事件 5：该咨询企业技术负责人在审核项目成果文件时发现项目工程量清单中存在漏项，要求做出修改。该咨询企业项目成果文件编制人员认为第二天需要提交成果文件且合同条款中已有关于漏项的处理约定，故不用修改。

事件 6：该咨询企业认为最高投标限价不需保密，因此，又接受了某拟投标人的委托，为其提供该项目的投标报价咨询。

问题：以上各事件中是否有不妥之处？请说明理由。

7. 某地方政府投资一建设项目，法人单位委托招标代理机构采用公开招标方式代理招标，并委托有资质的工程造价咨询企业编制了最高投标限价。招投标过程中发生了如下事件。

事件 1：招标代理机构设定招标文件出售的起止时间为 2 个工作日。

事件 2：开标后，招标代理机构组建了评标委员会，由技术专家 2 人，经济专家 3 人，招标人代表 1 人，该项目主管部门主要负责人 2 人组成。

事件 3：招标人向中标人发出中标通知书后，向其提出降价要求，双方经多次谈判，签订了书面合同，合同价比中标价降低 3%；招标人在与中标人签订合同后的 5 个工作日内，退还了未中标的其他投标人的投标保证金。

问题：

（1）事件 1 中招标代理机构的行为有什么不妥之处，说明理由。

（2）事件 2 中招标代理机构的行为有什么不妥之处，说明理由。

（3）事件 3 中招标人的行为有什么不妥之处，说明理由。

◎ 思考与讨论

学习本章知识后，请从以下三个方面进行思考与讨论。

（1）招标文件与造价管理：招标文件是如何影响工程造价管理的？在编制招标文件时，应注意哪些问题以确保造价管理的有效性？

（2）投标策略与造价管理：施工单位在投标过程中，如何制定投标策略以体现其在工程造价管理上的优势？有哪些常见的投标策略可能会影响工程造价？

（3）合同管理与造价风险：在中标后，如何通过合同管理来确保工程造价得到有效控制？在合同条款中，应包含哪些与造价管理相关的内容？

同时，思考并讨论在实际工程项目中，如何确保招标投标阶段的公开、公正、公平，防止不正当竞争和腐败现象的发生。并结合“工匠精神”，谈谈在招投标阶段如何坚守职业道德，确保工程造价管理的准确性和公正性。

第五章　施工阶段工程造价管理

DI-WU ZHANG SHIGONG JIEDUAN GONGCHENG ZAOJIA GUANLI

本章导学

知识目标

◆了解施工阶段造价管理的内容。

◆掌握工程变更的概念、处理程序、变更价款的计算。

◆了解现场签证的概念及处理。掌握工程索赔的概念、提出及处理程序、费用索赔及工期索赔的计算。

◆掌握工程索赔的概念、提出及处理程序、费用索赔及工期索赔的计算。

◆掌握工程计量方法，了解工程预付款及进度款的支付。

◆了解工程保修责任、保修期限、保修费用处理及质量保证金的退还。

◆了解最终结清的概念、申请和支付。

◆了解争议的解决方式。

能力目标

◆理解施工阶段造价管理的基本内涵和工作。

◆明确本阶段造价管理重点。

◆理解合同价与结算价之间的变化成因及其变动的计算方法。

育人目标

◆强化作为造价工程师的职业伦理和责任感，特别是在成本控制方面。

◆通过案例研究和团队项目，促进团队合作能力和领导能力的发展。

◆培养对质量和安全标准的重视，理解其在施工造价管理中的重要性。

◆引导学生理解和评估施工阶段决策对环境、社会和经济的影响，提倡可持续发展的观念。

内容概述

本章主要介绍了施工阶段造价管理的相关工作，主要内容有工程变更、现场签证、工程索赔所形成的合同变更中的造价管理，在此基础上，以相关法律法规、合同文件、招投标文件、图纸、现场资料等为依据进行的工程计量、进度款支付，在竣工验收后进行的保修费用管理，进行最终结清。也介绍了在整个施工阶段，合同双方存在争议时，所能采用的一些解决方案。

课程导入

施工阶段是将设计蓝图转化为现实的关键环节，这一阶段的造价管理对于确保工程质量、效率和成本控制至关重要。在施工过程中，诸多因素如材料成本、劳动力、施工方法和时间管理等都会直接影响到项目的总造价。因此，施工阶段的造价管理不仅是一项复杂的技术任务，也是一场对项目管理能力的全面考验。

在这一阶段，有效的成本控制策略和实时的项目监控成为确保项目按预算和时间进度顺利进行的关键。例如，通过采用先进的施工技术和材料，可以提高工作效率，降低浪费，从而控制成本。同时，精确的进度规划和监控，可以确保项目按时完成，防止因延期而产生额外费用。

以北京大兴国际机场为例，这个工程项目在施工阶段展现了卓越的造价管理能力。项目团队通过高效的协调和精细的进度控制，不仅在预定时间内完成了工程，还有效控制了成本，确保了项目的整体质量。

总之，施工阶段的造价管理是工程项目成功的关键。通过本章的学习，将深入了解如何在施工阶段运用不同的管理技巧和方法，以实现项目的高效、经济和高质量完成。这一章节的目标是掌握施工阶段造价管理的核心技术和策略，为未来的项目管理工作打下坚实的基础。

第一节 概述

施工阶段是建设准备阶段的后续，在本阶段，存在着大量的人力、物力、财力的投入，对于建设项目管理目标的实现起到了关键性的作用。

在发承包阶段造价管理形成的合同条款及签约合同价的基础上，依据国家有关法律法规和标准规定，如《建设工程施工合同（示范文本）》（GF—2017—0201）、《建设工程工程量清单计价标准》（GB/T 50500—2024）等，考虑在履行合同过程中工程量清单缺陷、暂列金额、暂估价、总承包服务费、计日工、物价变化、法律法规及政策性变化、工程变更、新增工程、工程索赔、发承包双方约定的其他调整事项，最终形成竣工结算价格，详见表 5-1。

在施工阶段造价管理的重点工作如下。

①预算管理。在施工阶段，根据施工图预算，制定合理的预算计划，以确保工程造价控制在预期范围内。

②合同管理。严格遵守和执行施工合同条款，保障费用、进度、质量、安全、信息管理目标的实现。

③变更管理。在施工准备及施工过程中做好设计优化，降低变更发生的概率，在施工过程中，加强现场管理，落实变更及现场签证相关管理制度。

④索赔管理。对于因工程变更或索赔事件导致的工期和费用变化，做好相应的索赔管理。

⑤预结算管理。严格参照合同条款及建设单位项目管理制度，对工程量、工程变更、签证、工程索赔等过程资料进行系统性收集整理，并严格审核。在形象进度的确认，预付款、进度款的审核与支付过程中严格把关。

表 5-1　竣工（过程）结算汇总表

工程名称：　　　　　　　　　　　　　　标 段：　　　　　　　　　　　　　　第　页 共　页

序号	汇总内容	合同金额 / 元	合同价格调整金额 ±/ 元	结算金额 / 元	备注
		A	B	C=A+B	
1	分部分项工程项目				
1.1	单项工程 1（分部分项工程项目）				
1.1.1	单位工程 1（分部分项工程项目）				
2	措施项目				
2.1	其中：安全生产措施项目				
3	其他项目				
3.1	其中：暂列金额				
3.2	其中：专业工程暂估价				
3.3	其中：计日工				
3.4	其中：总承包服务费				
3.5	其中：合同中约定的其他项目				
4	材料暂估价调整				
5	物价变化调差				
6	法律法规及政策性变化				
7	工程变更				
8	新增工程				
9	工程索赔				
10	发承包双方约定的其他项目调整				
11	增值税				
合　计				—	

注：①专业工程暂估价为已含税价格，在计算增值税计算基础时不应包含专业工程暂估价金额。

②工程量清单缺陷事项引起的调整金额分别列入对应分部分项工程项目和措施项目的“合同价格调整金额”。

③本表适用于按合同标的为工程量清单编制对象的工程汇总计算，以单项工程、单位工程等为工程量清单编制对象的工程可参照本表汇总计算。

第二节 工程量清单缺陷

一、概念

工程量清单的分部分项工程项目清单中所列的清单项目与对应的合同图纸及合同规范所要求的清单项目在列项、项目特征、工程数量上存在的差异。包括工程量清单多列项、错漏项、项目特征不符、工程数量偏差及其他同类。

在《建设工程工程量清单计价标准》（GB/T 50500—2024）中，新增了工程量清单缺陷这一概念，把合同清单的缺陷从工程变更的概念中剥离出来，使相关合同价格调整的原则更为清晰。对比工程变更及工程量清单缺陷的定义，工程量清单缺陷是指依据合同图纸计量的分部分项工程清单项目及其工程量与已标价工程量清单的清单项目及其工程量的差异，工程变更则强调发包人颁发或确认的变更指令及实际施工图纸与合同图纸之间的差距。对于单价合同而言，应按发包人颁发或确认的变更指令及实际施工图纸重新计算分部分项工程清单项目及工程量，并与已纠正工程量清单缺陷的工程量清单项目及其工程量进行比较，确定增减变更项目及其工程量。对于总价合同而言，应按发包人颁发或确认的变更指令及实际施工图纸与合同图纸进行比较，差异部分的分部分项工程项目清单即为工程变更项目。

二、工程量清单缺陷导致的合同价款调整计算

（一）工程量清单缺陷引起的分部分项工程费的调整

采用单价合同的工程，应依据合同图纸重新计量分部分项工程清单项目及其工程量，并按以下规定调整其与已标价工程量清单存在差异的工程量清单缺陷引起的合同价格调整。

工程量清单缺陷引起清单项目变化（项目增减），或清单工程量增加或减少，应按工程变更的相关规定确定综合单价，计算调整合同价格。

（二）工程量清单缺陷引起的措施项目费的调整

除安全生产措施项目及以综合单价形式计价，在分部分项工程项目清单中所列属于措施项目的模板等工程及合同约定应予计量的其他措施项目外，合同清单的措施项目清单及合同工期均不应予调整。

采用总价合同的工程，合同价格及合同工期不应因合同清单缺陷而调整。如存在合同约定的分部分项工程项目清单工程量为暂定数量单价计价的项目，该分项可按单价合同的规定调整。

第三节 其他调整

一、暂列金额

暂列金额指发包人在工程量清单中暂定并包括在合同总价中，用于招标时尚未能确定或详细说明的工程、服务和工程实施中可能发生的合同价款调整等所预留的费用。

合同总价内的暂列金额应由发包人掌握，依据发包人发出的指令使用。

合同总价内的暂列金额用于工程合同价格调整的，发承包双方应按规定计算调整价格，合同价格应按所确定的调整价格与暂列金额的差异进行调整。

合同总价内的暂列金额用于未能完全预见或详细说明的工程的，发承包双方应根据双方确认的施工图纸计算分部分项工程项目清单工程量，按合同单价计算调整价格；完成相关工程引起措施项目费用变化的，可按工程变更的规定计算调整。合同价格应按所确定的调整价格与暂列金额的差异进行调整。

发生工程变更、工程索赔而引起措施项目、合同工期变化的，应分别按相应规定调整措施项目费用和合同工期，合同价格应按所确定的调整价格与暂列金额的差异调整；发生其他用于合同价格调整的暂列金额事件的，合同清单的措施项目费与合同工期均不应做调整。

二、暂估价

材料暂估价指发包人在工程量清单中提供的，用于支付设计图纸要求必需使用的材料，但在招标时暂不能确定其标准、规格、价格而在工程量清单中预估到达施工现场的不含增值税的材料价格。

专业工程暂估价是指发包人在工程量清单中提供的，在招标时暂不能确定工程具体要求及价格而预估的含增值税的专业工程费用。

工程量清单中给定暂估价的材料和（或）暂估价的专业工程属于依法必须招标的，应以招标确定的材料税前价格和（或）含税专业分包工程价格取代暂估价，调整合同价格。承包人参加由发包人作为招标人的暂估价专业工程投标并中标的，应按规定扣减该专业工程的总承包服务费。

工程量清单中给定暂估价的材料不属于依法必须招标的，可由承包人进行市场采购询价或自主报价，经发包人确认税前价格，或可由发承包双方共同询价确认税前价格。

工程量清单中给定暂估价的专业工程不属于依法必须招标的，可按新增工程相关规定确定含增值税专业工程价格，或可通过发承包双方共同招标采购确定含增值税专业分包工程价格。

工程量清单中给定材料暂估价的清单项目价格调整，应只调整综合单价的材料暂估价价格，合同清单中该清单项目的综合单价的其他费用不宜做调整，调整后的合同单价可用于工程量清单缺陷、暂列金额、工程变更的计价。材料暂估价为不含税价格，以税前价格取代暂估价，并计算相应调整引起增值税的变化，调整合同价格。工程量清单中给定暂估价的专业工程用确定的含增值税专业工程价格取代专业工程暂估价，调整合同价格。

三、总承包服务费

按合同约定，承包人对发包人提供的材料履行保管及其配套服务所需的费用；和（或）承包人对合同范围的专业分包工程（承包人实施的除外）提供配合、协调、施工现场管理、已有临时设施使用、竣工资料汇总整理等服务所需的费用；以及(或)承包人对非合同范围的发包人直接发包的专业工程履行协调及配合责任所需的费用。总承包服务的相关管理、协调及配合责任等应在招标文件及合同中详细说明。

若合同约定的发包人提供材料变更为承包人提供，如承包人接受其变更，承包人应按工程进度计划负责变更材料的采购及供应。变更材料价格可通过发承包双方共同招标采购或市场询价确定，发承包双方应按式（5–1）规定调整相应分部分项工程项目清单的综合单价，并扣除合同总价中计取的相应发包人提供材料的总承包服务费。

$$综合单价=合同单价+已确认材料价格\times(1+损耗率)\times(1+管理费费率)\times(1+利润率) \tag{5-1}$$

式中　合同单价——已标价工程量清单中的安装单价；

损耗率——可在招标文件中明确发包人提供材料的有效损耗率，其相应有效损耗率可按类似工程同类项目材料损耗率合理确定；

管理费费率、利润率——可按清单项目综合单价分析表中的取费费率计取。

若合同履行过程中发生合同约定的承包人提供材料变更为发包人提供，如承包人接受其变更，发承包双方应按下列规定，计算变更为发包人提供材料所增加的总承包服务费，调整合同价格。

①相关工程量清单项目综合单价中包含的材料费及其采购保管费等应予扣除，综合单价中所含的其他费用不做调整，扣除后的清单项目单价应为该清单项目的安装综合单价，合同总价中包含的扣除价款的增值税应予以扣减；

②发包人应按相关规定，向承包人支付该材料变更为发包人提供而需要承包人协助协调、材料保管等相应服务产生的总承包服务费及增值税。

若合同履行过程中发生暂估价专业分包工程、发包人直接发包的专业工程被取消，或确定由承包人负责完成，或在承包人的合同工程已竣工且撤离现场后进行的，发承包双方应扣除合同总价中计取的相应专业分包工程、直接发包的专业工程的总承包服务费。

发包人批准的专业分包工程发生工程变更或发包人原因引起相关专业分包工程、直接发包的专业工程的实质性工期改变，发承包双方可按式（5–2）计算调整受影响的专业分包工程（或直接发包专业工程）总承包服务费。

$$总承包服务费调整价款=受影响专业分包工程(或直接发包专业工程)延误的工期\times受影响专业分包工程(或直接发包专业工程)总承包服务费/受影响专业分包工程(或直接发包专业工程)工期 \tag{5-2}$$

因承包人原因引起相关专业分包工程、直接发包专业工程的实质性工期延长，承包人应按索赔相关规定向发包人赔偿误期赔偿费。

若总承包服务费以项计价，除可按上述规定扣减或调整总承包服务费外，应按风险包干原则，工程结算应不作调整。如总承包服务费以费率计价，且合同未约定费率计价基础或约定不明的，总承包服务费应按上述规定进行调整，工程结算时可按专业分包工程、直接发包的专业工程的合同价、发包人提供材料的供货合同价进行计算。

四、计日工

计日工指承包人完成发包人提出的零星项目或工作，但不宜按合同约定的计量与计价规则进行计价，而应依据经发包人确认的实际消耗人工工日、材料数量、施工机具台班等，按合同约定的单价计价的一种方式。

合同工程发生不宜按合同约定和相关工程国家及行业工程量清单计价标准等计价的，发承包双方可采用计日工方式进行计价。除合同另有约定外，下列工程项目及零星工作可采用计日工计量计价。

①不能依据施工图纸、工程变更及合同约定计量规则进行计量的增加工程或替代工程。

②按发包人要求增加的短工期、零星、有限工程范围、少量工程数量的工程项目。

③极端变化的工作条件引起的非正常操作。

④进行紧急工程引起其他工程损坏的修复。

⑤按发包人要求打开已隐蔽的工程，但相关工程通过检测证明符合合同要求的。

⑥修复其他承包人完成工作后周边受影响工程的费用。

⑦因发包人暂缓（停）工程引起工程延期而必须更换材料的费用。

⑧合同范围外发包人特殊要求的清扫和清场工作。

⑨合同范围外发包人要求的测试运行。

⑩非承包人原因引起的修复和恢复被损坏的微小工程（大规模的损坏恢复应按工程变更规定计量与计价）。

如承包人认为有关项目或工作不宜按分部分项、措施项目、工程变更的规定进行计量而采用计日工的规定进行计量，承包人应在合同约定时间内向发包人提出，发包人应在约定时间内批复。如承包人未在约定时间内提出，应视为承包人放弃按计日工方式进行计量的需求；若发包人未在约定时间内批复，应视为同意承包人按照计日工方式进行计量。

合同清单中没有已标价计日工清单项目或已标价计日工清单项目没有适用综合单价的，可按下列规定确定计日工综合单价。

①人工费、材料费、施工机具使用费可按合同约定的市场价格信息来源所发布工程价格信息确定。合同没约定或约定不明的，可依据工程所在地工程造价管理部门或行业发布的工程价格信息中的不含税人工、材料、施工机具租赁市场价格信息，以及合同清单中类似清单项目综合单价分析表中的明细价格组成等确定相应计日工综合单价。

②工程所在地工程造价管理部门及行业发布的工程价格信息中没有相关市场价格信息的，可依据经发承包双方确认的承包人采购单价，以及合同清单中类似清单项目综合单价分析表中的明细价格组成等确定相应计日工综合单价。

采用计日工计价的，计日工综合单价应包括计日工项目随机发生、少量发生等特点造成的额外增加费用和计日工项目发生的措施项目费用，合同总价中的措施项目费用不应因发生计日工而调整。

工程结算时，按合同约定应予计算的计日工项目应依据发承包双方共同签署的相关计日工确认结果调整合同总价。

第四节 物价变化

一、市场价格调整原则

合同约定因物价变化引起合同清单的分部分项项目清单的人工费、材料费、施工机具使用费中的燃料动力费进行价格调整的，应依据合同约定的市场价格信息来源所发布的合同基准日与调价时间区段相关人工费、材料费、施工机具使用费中的燃料动力费市场价格信息所反映的价格波动幅度，计算调价区段超出合同约定幅度的人工费、材料费、施工机具使用费中的燃料动力费价差。合同约定调整的人工费、材料费、施工机具使用费中的燃料动力费市场价格波动超出合同约定幅度，如合同未约定幅度或约定不明，其市场价格波动幅度超出 5% 时，调整合同价格。

若不属于合同约定调整的人工费、材料费、施工机具使用费中的燃料动力费的其他材料费市场价格出现异常变动，且是发承包双方在订立合同时无法预见的重大变化，继续履行合同对于受不利影响的合同一方明显不公平的，发承包双方可按风险合理分担原则，协商合同风险幅度或费用分担比例，承担相关部分的增（减）价差或据实调整合同价格。

合同当事人可以在专用合同条款中约定选择下列方式之一对合同价格进行调整。

（一）采用价格指数进行价格调整

1. 价格调整公式

因人工、材料和设备等价格波动影响合同价格时，根据专用合同条款中约定的数据，计算差额并调整合同价格为

$$\Delta P = P_0\left[A+\left(B_1\times\frac{F_{t1}}{F_{01}}+B_2\times\frac{F_{t2}}{F_{02}}+B_3\times\frac{F_{t3}}{F_{03}}+\cdots+B_n\times\frac{F_{tn}}{F_{0n}}\right)-1\right] \tag{5-3}$$

式中　ΔP——需调整的价格差额；

P_0——约定的计量周期中承包人应得到的不含增值税合同价金额。此项金额不应包括价格调整、不计质量保证金的扣留和支付、预付款的支付和扣回。已按现行价格计价的变更及其他金额也不应计算在内，但工程量清单缺陷及按中标价的工料机单价计算的变更及其他金额应计算在内；

A——定值权重（即不调部分的权重）；

B_1 B_2 B_3…… B_n——各可调因子的变值占不含税签约合同价的权重（即可调部分的权重）；

F_{t1} F_{t2} F_{t3}…… F_{tn}——各可调因子的现行价格指数；

F_{01} F_{02} F_{03}…… F_{0n}——各可调因子的基本价格指数，指基准日期的各可调因子的价格指数。如合同约定允许价格波动幅度的，基本价格指数应予以考虑此波动幅度系数。

以上价格指数调差公式中的各可调因子、定值和变值权重、基本价格指数及其来源由发包人根据工程情况测算确定其范围，并由投标人在投标函附录价格指数和权重表中约定，投标人有异议的，应在投标前提请发包人澄清或修正。价格指数的来源或确定方式方法应由发承包双方在合同中约定。

2. 权重的调整

工程变更引起原定合同中的权重不合理需调整权重的，应由发承包双方协商调整。当变值权重未约定时，各可调因子的变值权重可采用最高投标限价的相应权重。

（二）采用价格信息调差法进行价格调整

物价变化引起合同价格调整采用价格信息调差法的，因人工、材料、施工机具价格波动影响合同价格时，应根据招标人提供的承包人提供可调价主要材料表（适用于价格信息调差法），并由投标人在投标函附录中约定的价格数据，按下列公式计算差额并调整合同价格：

$$\Delta P=\sum\left[(\Delta C-C_0\times r)\times Q\right]\text{，其中}\left|\Delta C\right|>\left|C_0\times r\right| \tag{5-4}$$

$$\Delta C=C_i(i=1,2,\cdots n)-C_0 \tag{5-5}$$

式中 ΔP——价差调整费用，为按计量周期计算的当次调价费用；

ΔC——可调因子价差；

C_0——基准价，投标截止日前28天（非招标工程为合同签订日前28天）的市场价格，基准价来源可为发包人确定最高投标限价时所采用的市场价格，或工程造价管理机构发布的当季（月）度信息价，或同类工程项目、同期（前1个月内）同条件、工程项目所在地交易中心公布的招标中标价，但均应代表投标截止日前28天（非招标工程为合同签订日前28天）的市场价格水平；招标人应在招标文件中明确基准价（C_0）采用的价格来源、发布机构和具体季（月）等信息；

C_i——计量周期市场价格，现行市场价格可为经发承包双方确认的该计量周期的市场价格，或工程造价管理机构发布的当季（月）度信息价，或同类工程项目、同期（前1个月内）同条件、工程项目所在地交易中心公布的招标中标价，但均应代表计量周期的现行市场价格水平；

Q——可调因子的数量，指可调差因子的数量。可调差因子数量采用其他计算方法的，应在招标文件和合同专用条款中细化明确；

r——风险幅度系数，当$\Delta C>0$时，r为正值，当$\Delta C\leqslant 0$时，r为负值；

i——采购时间。

以上价格信息调差公式中的基准价（C_0）和计量周期市场价格（C_i）采用的价格方式、价格信息的来源及其确认、风险幅度系数的确认等应由发包人根据工程情况测算确定，并在招标文件明确，承包人有异议的，应在投标前规定时间内提请发包人澄清或修正。可调差的材料数量应依据发承包双方在合同中约定的数量计算规则计算确定。

①采用投标截止日前 28 天（非招标工程为合同签订日前 28 天）工程造价管理机构发布的信息价作为基准价，并以计量周期工程造价管理机构发布的信息价作为现行市场价格的，可调价因子价格变化应按照发包人提供的承包人提供可调价主要材料表（适用于价格信息调差法），依据发承包双方约定的风险范围按下列规定调整合同价格。

A. 承包人投标报价中可调价因子单价低于基准价的，计量周期工程造价管理机构发布的单价涨幅以基准价为基础超出合同约定的风险幅度值，或材料单价跌幅以投标报价为基础超出合同约定的风险幅度值时，其超出部分应按实调整。

B. 承包人投标报价中可调价因子单价高于基准价的，计量周期工程造价管理机构发布的单价跌幅以基准价为基础超出合同约定的风险幅度值，或材料单价涨幅以投标报价为基础超出合同约定的风险幅度值时，其超出部分应按实调整。

C. 承包人投标报价中可调价因子单价等于基准价的，计量周期工程造价管理机构发布的单价涨、跌幅以基准价为基础超出合同约定的风险幅度值时，其超出部分应按实调整。

上述 A、B、C 中原则可总结为：投标报价中可调价因子单价、基准价两者逢单价上涨时取两者高值，逢材料下跌时取两者低值，当其变动超过合同约定的风险幅度值时，超过部分据实调整。

②采用发包人认定的材料采购价格作为计量周期材料市场价格的，承包人应在采购材料前将采购数量和单价等报送发包人核对，发包人应在约定时间内予以核对、确认，并按发承包双方确认的价格计算，分批采购时可按权重取平均值计算。发包人在收到承包人报送的确认资料后在约定期限不予答复的，可视为已经认可，可作为调整合同价格的依据。

（三）专用合同条款约定的其他方式

具体详见各不同专用合同条款约定。但是建设工程发承包，必须在招标文件、合同中明确计价中的风险内容及其范围，不得采用无限风险、所有风险或类似语句规定计价中的风险内容及范围，由于市场物价波动影响合同价款的，应由发承包双方合理分摊。

二、特殊说明

执行市场价格调整时，发生合同工程工期延误的，应按照下列规定确定合同履行期用于调整的价格或单价。

①因发包人原因导致工期延误的，则计划进度日期后续工程的价格或单价，采用计划进度日期与实际进度日期两者的较高者。

②因承包人原因导致工期延误的，则计划进度日期后续工程的价格或单价，采用计划进度日期与实际进度日期两者的较低者。

③发包人供应材料和工程设备的，应由发包人按照实际变化调整，列入合同工程的工程造价内。

除合同另有约定外，承包人按合同履行及完成工程所发生的下列费用不应因物价变化而调整合同总价和合同单价：施工耗材费用；中小型工具使用费；措施项目费用；除按合同约定因物价变化引起合同清单的分部分项项目清单的人工费、材料费、施工机具使用费中的燃料动力费进行价格调整的，或因非承包人原因引起工期延长的导致物价变化需要进行价格调整的，其他的施工机具使用费用；除价格异常波动外，不属于合同约定调价项目的材料费；超出合同约定调价范围及幅度的价格变化，或合同未约定幅度或约定不明调价项目的物价变化幅度未超出 5%；管理费及利润；承包人自身原因产生的费用。

第五节　法律法规及政策性变化

招标工程以投标截止日前 28 天、非招标工程以合同签订前 28 天为基准日，其后国家的法律法规、规章和政策发生变化引起工程造价增减变化的，发承包双方应当按照省级或行业建设主管部门或其授权的工程造价管理机构的规定调整合同价款：增加时，由发包人承担由此增加的费用；减少时，应从合同价格中予以扣减。基准日期后，因法律变化造成工期延误时，工期应予以顺延。

因法律变化引起的合同价格和工期调整，合同当事人无法达成一致的，由总监理工程师按商定或确定的约定处理。

因承包人原因造成工期延误，在工期延误期间出现法律变化的，由此增加的费用和（或）延误的工期由承包人承担。

合同履行过程中，如国家财税政策变化调整增值税税率的，调整税率实施后的工程计价及所支付的工程价款应按调整后的税率计算增值税，并按原依据合同基准日税率计算的相应增值税的差额调整合同价格。

第六节 工程变更

一、工程变更的概念及原因

（一）概念

FIDIC 在 17 版系列合同条件中将变更的定义统一为“对工程所做的任何更改，且该更改是根据第 13 条变更和调整规定指示为变更”。17 版 FIDIC 红皮书中将工程变更划分为以下六种类型。

①合同中任何工作的工程量的改变（但此类工程量的变化不一定构成变更）。

②任何工作的质量或其他特性的改变。

③工程任何部位的标高、位置和（或）尺寸的变化。

④任何工作的删减，但删减未经双方同意由他人实施的除外。

⑤永久工程所需的任何附加工作、生产设备、材料或服务，包括任何有关的竣工试验、钻孔、其他试验或勘测工作。

⑥实施工程的顺序或时间安排的变动。

2017 版《建设工程施工合同（示范文本）》中规定，合同履行过程中发生以下情形的，应按照本条约定进行变更，即工程变更的定义。

①增加或减少合同中任何工作，或追加额外的工作。

②取消合同中任何工作，但转由他人实施的工作除外。

③改变合同中任何工作的质量标准或其他特性。

④改变工程的基线、标高、位置和尺寸。

⑤改变工程的时间安排或实施顺序。

《建设工程工程量清单计价标准》（GB/T 50500—2024）中规定，工程变更是指经发包人批准的对合同工程工作内容、合同图纸、合同规范、位置与尺寸、施工顺序与时间、施工条件、合同条款或其他特征等的改变。工程变更包括对合同工程的增加、减少、取消、替代和使用材料等的改变。

（二）原因

导致工程参与方发起变更的主要原因有客观原因与主观原因两种，分别如下。

1. 客观原因

①需求变化。工程规模、使用需求发生变化等。

②技术变化。新材料、新设备、新工艺、新技术的出现。

③条件变化。工程环境或者条件的变化，新标准的推行，新法律法规、政策性文件的推出，人材机市场价格的风险范围外波动，不可抗力的发生等。

④设计失误。设计图纸中出现纰漏。

2. 主观原因

①界面调整。各承包商之间的界面存在交叠或缺失，或同一工作价格差异巨大。

②盈利需求。承包商需要通过工程变更创造更多利润点。

二、工程变更的处理程序

工程变更可由建设单位或监理单位发起，也可由施工单位发起。但是三者发起工程变更的权利和性质不同。发包人有变更权，监理人有变更建议权，承包人有合理化建议权。因此，对于不同方发起的工程变更，程序略有不同。

（一）发包人提出变更

发包人提出变更的，应通过监理人向承包人发出变更指示，变更指示应说明计划变更的工程范围和变更的内容。

（二）监理人提出变更建议

监理人提出变更建议的，需要向发包人以书面形式提出变更计划，说明计划变更工程范围和变更的内容、理由，以及实施该变更对合同价格和工期的影响。发包人同意变更的，由监理人向承包人发出变更指示。发包人不同意变更的，监理人无权擅自发出变更指示。

（三）承包人的合理化建议

承包人提出合理化建议的，应向监理人提交合理化建议说明，说明建议的内容和理由，以及实施该建议对合同价格和工期的影响。

除专用合同条款另有约定外，监理人应在收到承包人提交的合理化建议后 7 天内审查完毕并报送发包人，发现其中存在技术上的缺陷，应通知承包人修改。发包人应在收到监理人报送的合理化建议后 7 天内审批完毕。合理化建议经发包人批准的，监理人应及时发出变更指示，由此引起的合同价格调整按照变更估价约定执行。发包人不同意变更的，监理人应书面通知承包人。

合理化建议降低了合同价格或者提高了工程经济效益的，发包人可对承包人给予奖励，奖励的方法和金额在专用合同条款中约定。

（四）变更执行

建设单位或监理单位提出的工程变更，施工单位提出的技术核定单，涉及设计变更的，应由设计人提供变更后的图纸和说明。以上三种经由相关方审核，签字盖章后，形成工程变更通知单，最终由施工单位实施。如变更超过原设计标准或批准的建设规模时，发包人应及时办理规划、设计变更等审批手续。

承包人收到经发包人签认的变更指示后，方可实施变更。未经许可，承包人不得擅自对工程的任何部分进行变更。承包人收到监理人下达的变更指示后，认为不能执行，应立即提出不能执行该变更指示的理由。承包人认为可以执行变更的，应当书面说明实施该变更指示对合同价格和工期的影响，且合同当事人应当按照变更估价约定确定变更估价。

三、工程变更价款计算

（一）工程变更引起的综合单价的调整

工程变更引起已标价工程量清单项目或其工程数量发生变化，除专用合同条款另有约定外，应按照下列规定调整。

①采用单价合同的工程，因工程变更或工程量清单缺陷引起分部分项工程的清单项目变化（项目增减），或清单工程量发生变化且工程量变化不超出 15%（含 15%）时，发承包双方应按下列规定确定综合单价并计价：

A. 相同施工条件下实施相同项目特征的清单项目，应采用相应的合同单价；

B. 相同施工条件下实施类似项目特征的清单项目或类似施工条件下实施相同项目特征的清单项目，应采用类似清单项目的合同单价换算调整后的综合单价；

C. 相同施工条件下实施不同项目特征的清单项目或不同施工条件下实施相同项目特征的清单项目，可依据工程实施情况，结合类似项目的合同单价计价规则及报价水平，协商确定市场合理的综合单价；

D. 不同施工条件下实施不同项目特征的清单项目，可依据工程实施情况，结合同类工程类似清单项目的综合单价，协商确定市场合理的综合单价；

E. 因减少或取消清单项目的工程变更显著改变了实施中的工程施工条件，可根据实施工程的具体情况、市场价格、合同单价计价规则及报价水平协商确定工程变更的综合单价。

②采用单价合同的工程，因工程变更或工程量清单缺陷引起分部分项工程的清单工程量发生变化，且工程量变化超出 15%（不含 15%）时，发承包双方应按以下规定确定综合单价并计价：

如工程变更或工程量清单缺陷引起增加（减少）清单项目及相应清单项目工程量的，可依据上文①中规定，并结合因增加（减少）工程数量引起的人工及材料采购价格优惠（失去优惠）的影响，在合理下调（上调）其合同单价及新增综合单价后，计算相应清单项目价格，调整合同价格。

③采用总价合同的工程，按合同约定合同单价适用于工程变更计价的，因工程变更引起工程量清单项目及其工程数量发生变化时，可依据前述①②中的规定确定单价；若合同约定合同单价不适用于工程变更计价的，工程变更发生的清单项目可由发承包双方根据工程实施情况、市场价格，结合已标价工程量清单计价规则及报价水平协商确定综合单价并计价。

（二）工程变更引起的措施项目费的调整

工程变更引起施工方案改变，并使措施项目发生变化的，承包人提出调整措施项目费的，应事先将拟实施的方案提交发包人确认，并详细说明与原方案措施项目相比的变化情况。拟实施的方案经发承包双方确认后执行。

为完成工程变更而需增加的额外措施项目，增加的措施项目费用应按下列规定计算。

①完成工程变更所需增加的（现场没有的）施工机具，应按实际发生施工机具的型号、台数及其耗用台班计量，并按合同清单中的计日工清单的相关施工机具单价进行计价。

若合同清单中没有相应计日工清单，可按下列规定计算：依据合同约定的市场价格信息来源所发布的工程价格信息确定；合同没有约定或约定不明确的，可依据工程所在地工程造价管理部门或行业发布的工程价格信息中的不含税施工机具租赁市场价格信息，以及合同清单中类似清单项目综合单价分析表中的明细价格组成等确定相应单价；工程所在地工程造价管理部门及行业发布的工程价格信息中没有相关市场价格信息的，可依据经发承包双方确认的承包人采购单价。

②完成工程变更所需增加设置的（现场没有的）临时设施，应按实际发生临时设施的类型、数量及使用时间进行计量，按发承包双方协商确定的合理市场价格进行计价。

工程变更或发包人责任事件引起合同工期实质性延长或缩短的，发承包双方可按延长（缩短）工期与合同工期的比例乘以措施项目中期运行费用计算工期影响的措施项目调增（减）价格。

如果承包人未事先将拟实施的方案提交给发包人确认，则视为工程变更不引起措施项目费的调整或承包人放弃调整措施项目费的权利。

（三）工程变更引起的总价的调整

如果发包人提出的工程变更，因为非承包人原因删减了合同中的某项原定工作或工程，致使承包人发生的费用或（和）得到的收益不能被包括在其他已支付或应支付的项目中，也未被包含在任何替代的工作或工程中，则承包人有权提出并得到合理的利润补偿。

第七节　现场签证

一、概念

根据中价协〔2002〕第 016 号文件发布的《工程造价咨询业务操作指导规程》的定义，工程签证是指按承发包合同约定，一般由承发包双方代表就施工过程中涉及合同价款之外的责任事件所作的签认证明（注：目前一般以技术核定单和业务联系单的形式反映者居多）。

在《建设工程价款结算暂行办法》中，有关于签证的相关内容：①合同以外零星项目工程价款结算：发包人要求承包人完成合同以外零星项目，承包人应在接受发包人要求的 7 天内就用工数量和单价、机械台班数量和单价、使用材料和金额等向发包人提出施工签证，发包人签证后施工，如发包人未签证，承包人施工后发生争议的，责任由承包人自负。②发包人和承包人要加强施工现场的造价控制，及时对工程合同外的事项如实记录并履行书面手续。凡由发、承包双方授权的现场代表签字的现场签证以及发、承包双方协商确定的索赔等费用，应在工程竣工结算中如实办理，不得因发、承包双方现场代表的中途变更而改变其有效性。

《最高人民法院关于审理建设工程施工合同纠纷案件适用法律问题的解释》中第十九条规定，当事人对工程量有争议的，按照施工过程中形成的签证等书面文件确认。承包人能够证明发包人同意其施工，但未能提供签证文件证明工程量发生的，可以按照当事人提供的其他证据确认实际发生的工程量。

二、现场签证程序

承包人应发包人要求完成合同以外的零星项目、非承包人责任事件等工作的，发包人应及时以书面形式向承包人发出指令，提供所需的相关资料；承包人在收到指令后，应及时向发包人提出现场签证要求。

承包人应在收到发包人指令后的 7 天内，向发包人提交现场签证报告，报告中应写明所需的人工、材料和施工机械台班的消耗量等内容。发包人应在收到现场签证报告后的 48 小时内对报告内容进行核实，予以确认或提出修改意见。发包人在收到承包人现场签证报告后的 48 小时内未确认也未提出修改意见的，视为承包人提交的现场签证报告已被发包人认可。

现场签证工作完成后的 7 天内，承包人应按照现场签证内容计算价款，报送发包人确认后，作为追加合同价款，与工程进度款同期支付。

合同工程发生现场签证事项，未经发包人签证确认，承包人便擅自施工的，除非征得发包人同意，否则发生的费用由承包人承担。

三、涉及计日工的现场签证

采用计日工计价的任何一项变更工作，承包人应在该项变更的实施过程中，每天提交以下报表和有关凭证送发包人复核。

①工作名称、内容和数量。

②投入该工作所有人员的姓名、工种、级别和耗用工时。

③投入该工作的材料名称、类别和数量。

④投入该工作的施工设备型号、台数和耗用台时。

⑤发包人要求提交的其他资料和凭证。

现场签证的工作如已有相应的计日工单价，则现场签证中应列明完成该类项目所需的人工、材料、工程设备和施工机械台班的数量。

如现场签证的工作没有相应的计日工单价，应在现场签证报告中列明完成该签证工作所需的人工、材料设备和施工机械台班的数量及其单价。

任一计日工项目持续进行时，承包人应在该项工作实施结束后的 24 小时内，向发包人提交有计日工记录汇总的现场签证报告一式三份。发包人在收到承包人提交现场签证报告后的 2 天内予以确认并将其中一份返还给承包人，作为计日工计价和支付的依据。发包人逾期未确认也未提出修改意见的，视为承包人提交的现场签证报告已被发包人认可。

任一计日工项目实施结束。发包人应按照确认的计日工现场签证报告核实该类项目的工程数量，并根据核实的工程数量和承包人已标价工程量清单中的计日工单价计算，提出应付价款；已标价工程量清单中没有该类计日工单价的，由发承包双方按工程变更的规定商定计日工单价计算。

每个支付期末，承包人应按进度款的规定向发包人提交本期间所有计日工记录的签证汇总表，以说明本期间自己认为有权得到的计日工价款，列入进度款支付。

第八节 新增工程

一、概念

发包人要求并获得承包人接受的、不属于合同约定工程范围及（或）其完工交付要求范围的实体工程。

在《建设工程工程量清单计价标准》（GB/T 50500—2024）中，增加了新增工程这一概念。对比工程变更及新增工程的定义，新增工程特殊之处在于不属于合同约定工程范围。因此可以看成在原合同的基础上，发承包双方达成的相对独立的另外一份合同。

二、新增工程导致的合同价款调整计算

（一）新增工程引起的分部分项工程费的调整

承包人按发包人要求完成合同约定工程范围外的新增工程，发承包双方可按合同约定的国家及行业工程量计算标准规定的清单项目列项要求、工程量计算规则和补充的工程量计算规则、合同单价及投标报价水平计算新增工程价格，也可重新协商确定新增工程的计量与计价规则计算新增工程价格，并签订相关新增工程合同或补充协议。新增工程宜在发承包双方协商确定了新增工程的合同工期、合同单价、合同总价，并已签订了新增工程合同或补充协议后实施。

新增工程的分部分项工程项目清单采用合同单价的，可按物价变化、法律法规及政策性变化规定的调整合同单价及按工程变更的计价规则确定，并满足下列差异因素所引起的价格影响的要求。

①合同单价内包括的人工费、材料费、施工机具使用费的单价与新增工程实施时市场合理价格的差异。

②合同单价对应的清单项目工程量与新增工程相关项目工程量的差异引起的批量或少量采购对人工费、材料费的影响。

③合同单价内存在的偏低或偏高单价的修正。

④招标市场竞争确定的合同单价与协商确定的新增工程综合单价之间的差异。

（二）工程量清单缺陷引起的措施项目费的调整

新增工程的措施项目费用，应包括承包人完成新增工程所需发生的下列费用。

①增加的施工机具费，包括延期使用现有相关施工机具及新增施工机具的费用。

②增加的临时设施费，包括延期使用现有临时设施及新增工程专用临时设施的费用。

③增加的安全生产、文明施工、环境保护等措施费用。

④增加的与措施项目相关的现场管理人员费用。

⑤新增工程其他必要的措施项目费用。

第九节　工程索赔

一、工程索赔的概念及原因

（一）工程索赔的概念

《建设工程工程量清单计价标准》（GB/T 50500—2024）关于施工索赔的定义：当事人一方因非己方的原因造成经济损失、费用增加或工期延误（或延长），按合同约定或法律法规规定，应由对方承担赔偿或补偿义务，而向对方提出经济损失赔偿或补偿和（或）工期调整及其他的要求。

索赔是双向的，既包括承包人向发包人的索赔，也包括发包人向承包人的索赔（反索赔）。

由施工索赔的定义可见，施工索赔的要件有：存在合同；由于非己方原因遭受损失，按合同约定或法规规定应由对方承担责任；按合同约定或法规规定的程序提出索赔。合同一方向另一方提出索赔时，应有正当的索赔理由和有效证据，并应符合合同的相关约定。

（二）工程索赔的原因

工程索赔是由于发生了施工过程中有关方面不能控制的干扰事件。这些干扰事件影响了合同的正常履行，造成了工期延长、费用增加，成为工程索赔的理由。

1. 业主方（包括建设单位和监理人）违约

在实施过程中，由于建设单位或监理人没有尽到合同义务，导致索赔事件发生，如：未按合同规定提供设计资料、图纸，未及时下达指令、答复请示等，使工程延期；未按合同规定的日期交付施工场地和行驶道路、提供水电、提供应由建设单位提供的材料和设备，使施工承包单位不能及时开工或造成工程中断；未按合同规定按时支付工程款，或不再继续履行合同，下达错误指令，提供错误信息；建设单位或监理人协调工作不力等。

2. 合同缺陷

合同缺陷表现为合同文件规定不严谨甚至矛盾，合同条款漏或错误，设计图纸错误造成设计修改、工程返工、窝工等。

3. 合同变更

合同变更也有可能导致索赔事件发生，如：建设单位指令增加、减少工作量，增加新的工程，提高设计标准、质量标准；由于非施工承包单位原因，建设单位指令中止工程施工；建设单位要求施工承包单位采取加速措施，其原因是非施工承包单位责任的工程拖延，或建设单位希望在合同工期前交付工程；建设单位要求修改施工方案打乱施工顺序；建设单位要求施工承包单位完成合同规定以外的义务或工作。

4. 工程环境的变化

如材料价格和人工工日单价的大幅上涨，国家法令的修改，货币贬值，外汇汇率变化等。

5. 不可抗力或不利的物质条件

不可抗力又可以分为自然事件和社会事件。自然事件主要是工程施工过程中不可避免发生并且不能克服的自然灾害，包括地震、海啸、瘟疫、水灾等；社会事件则包括国家政策、法律、法令的变更，战争、罢工等。不利的物质条件通常是指承包人在施工现场遇到的不可预见的自然物质条件、非自然的物质障碍和污染物，包括地下和水文条件。

（三）索赔的依据

索赔的依据如下。

①法律法规、行政法规、部门规章、地方性法规。

②技术规范、标准。

③行业文件。

④招标文件、投标文件及其他招标过程资料。

⑤合同文本及附件。

⑥往来信件及其他沟通过程资料。

⑦会议纪要。

⑧工程进度计划。

⑨气象资料。

⑩工程技术资料。

⑪ 多媒体资料。

二、工程索赔程序

（一）承包人提出索赔及处理程序

《建设工程工程量清单计价标准》（GB/T 50500—2024）中规定如下。

①承包人应在工程索赔事件发生后合同约定的期限（合同未约定的为 28 天）内，向发包人提交相关事件的书面工程索赔意向通知书，说明索赔事件发生的原因及索赔意向。承包人逾期未发出工程索赔意向通知书的，可按合同约定处理。

②承包人应在工程索赔意向通知书发出后合同约定的期限（合同未约定的为 28 天）内，向发包人提交相关的书面工程索赔报告，详细说明索赔事件发生的原因、索赔依据的合同条款及要求索赔的费用或（和）工期延长天数，并提供必要的记录和证明材料及索赔费用的计算明细表。

③承包人提出的索赔事件同时涉及费用增加及工期延长的，应一并提出。

④工程索赔事件具有连续影响的，承包人应按合同约定的期限（合同未约定的不超过 28 天）或合理时间间隔持续提交延续相关工程索赔意向通知书，说明持续影响索赔事件的实际情况和提供相关记录，列出累计的索赔费用和（或）工期延长天数。

⑤承包人应在连续影响工程索赔事件结束后按合同约定的期限（合同未约定的为 28 天）内，向发包人提交相关的最终工程索赔报告，详细说明整个索赔事件发生的原因、索赔依据的合同条款及要求索赔的合计费用或（和）工期延长天数，并提供必要的记录和证明材料及索赔费用的计算明细表。

特别需要说明的是，在除了上述条款的所示的时间要求外，发承包双方在按合同约定办理了竣工结算后，应被认为承包人已无权再提出竣工结算前所发生的任何索赔。承包人在提交的最终结清申请中，只限于提出竣工结算后的索赔，提出索赔的期限自发承包双方最终结清时终止。

在接到承包人提出的索赔后，发包人处理程序如下。

①发包人应在收到承包人的工程索赔意向通知书后在规定时间内审核承包人提交的记录和证明材料，如认为需要补充的，应在收到意向通知书后按合同约定的期限（合同未约定的为 14 天）内，书面向承包人提出进一步提交证明材料的要求。

②发包人应在收到承包人的工程索赔报告或补充证明材料后按合同约定的期限（合同未约定的为 28 天）内，将相关的工程索赔处理意见书面回复承包人。若发包人逾期回复或未作出回复的，可按合同约定处理，合同未约定的可视为已认可承包人要求的工程索赔。

③当承包人提出的索赔事件同时涉及费用增加和工期延长的，发包人应根据相应索赔事件一并作出相关费用索赔及工期延长的审批。

④发承包双方协商确定工程索赔费用后，发包人应将索赔费用在当期的进度款、施工过程结算款支付中按合同约定付款比例支付给承包人，在竣工结算款中支付剩余费用。针对费用索赔，可以申请通过发包人支付实际发生的额外费用，支付合理的预期利润或按合同的约定支付违约金求偿，工期索赔可以通过申请延长工期求偿，综合索赔可以申请通过费用索赔，结合工程延期求偿。

（二）发包人提出索赔及处理程序

根据合同约定，发包人认为由于承包人的原因造成发包人的损失，应参照承包人索赔的程序进行索赔。

针对费用索赔，可以申请通过承包人支付实际发生的额外费用，或按合同的约定支付违约金求偿，工期索赔可以通过申请延长质量缺陷修复期限求偿，综合索赔可以申请通过费用索赔，结合质量缺陷修复期限求偿。

承包人应付给发包人的索赔金额可从拟支付给承包人的合同价款中扣除，或由承包人以其他方式支付给发包人。

三、工程索赔计算

（一）工程索赔的内容

根据遭受的损失，合同一方可向另一方提出费用索赔、工期索赔、综合索赔（费用索赔和工期索赔）。各种情况下能够被支持的索赔内容详见表 5-2。

表 5-2　2017 版《建设工程施工合同（示范文本）》中规定的索赔相关条款

<table>
<tr><th rowspan="2">标准合同示范文本条款</th><th rowspan="2">具体事项</th><th rowspan="2">责任方</th><th rowspan="2">工期索赔</th><th colspan="3">费用索赔类型</th></tr>
<tr><th>费用</th><th>利润</th><th>违约金</th></tr>
<tr><td>1.6 图纸和承包人文件</td><td>因发包人未按合同约定提供图纸</td><td>发包人</td><td>√</td><td>√</td><td>√</td><td></td></tr>
<tr><td>1.7 联络</td><td>发包人和承包人拒不签收另一方送达指定地点和指定接收人的来往信函</td><td>拒绝接收一方</td><td>√</td><td>√</td><td></td><td></td></tr>
<tr><td>1.8 严禁贿赂</td><td>合同当事人不得以贿赂或变相贿赂的方式，谋取非法利益或损害对方权益</td><td>责任方</td><td>√</td><td>√</td><td>√</td><td>√</td></tr>
<tr><td rowspan="2">1.9 化石、文物</td><td>按有关政府行政管理部门要求采取妥善的保护措施</td><td>发包人</td><td>√</td><td>√</td><td></td><td></td></tr>
<tr><td>承包人发现文物后不及时报告或隐瞒不报，致使文物丢失或损坏</td><td>承包人</td><td></td><td>√</td><td></td><td></td></tr>
<tr><td rowspan="3">1.10 交通运输</td><td>未能根据施工需要，取得出入施工现场所需的批准手续和全部权利，或未能取得因施工所需修建道路、桥梁以及其他基础设施的权利，或未能提供满足工程施工所需的场内道路和交通设施</td><td>发包人</td><td>√</td><td>√</td><td></td><td></td></tr>
<tr><td>承包人未能在订立合同前查勘施工现场，并根据工程规模及技术参数合理预见工程施工所需的进出施工现场的方式、手段、路径等</td><td>承包人</td><td>√</td><td>√</td><td></td><td></td></tr>
<tr><td>因承包人原因造成满足工程施工所需的场内道路和交通设施损坏；因承包人运输造成施工场地内外公共道路和桥梁损坏</td><td>承包人</td><td></td><td>√</td><td></td><td></td></tr>
</table>

表 5-2（续）

标准合同示范文本条款	具体事项	责任方	工期索赔	费用索赔类型		
				费用	利润	违约金
1.11 知识产权	因发包人提供的材料、施工设备、工程设备或施工工艺导致侵权	发包人		√		
2.1 许可或批准	发包人应遵守法律，并办理法律规定由其办理的许可、批准或备案，应协助承包人办理法律规定的有关施工证件和批件。因发包人原因未能及时办理完毕前述许可、批准或备案	发包人	√	√	√	
2.3 发包人人员	在施工现场的发包人员未遵守法律及有关安全、质量、环境保护、文明施工等规定要求给承包人造成的损失	发包人		√		
2.4 施工现场、施工条件和基础资料的提供	因发包人原因未能按合同约定及时向承包人提供施工现场、施工条件、基础资料	发包人	√	√	√	
3.2 项目经理	承包人未能提交项目经理与承包人之间的劳动合同，以及承包人为项目经理缴纳社会保险的有效证明	承包人	√	√		
3.4 承包人现场查勘	发包人应当在移交施工现场前，或在相应工程施工前不影响承包人的正常施工的合理期限内，向承包人提供有关基础资料，并对所提供资料的真实性、准确性和完整性负责。如因所提供的基础资料存在错误、遗漏导致承包人解释或推断失实	发包人	√	√		
	承包人未能充分查勘、了解气象条件、交通条件、风俗习惯以及其他与完成合同工作有关的其他资料情况或未能充分估计前述情况所可能产生的后果	承包人	√	√		
3.6 工程照管与成品、半成品保护	在承包人负责照管期间，因承包人原因造成工程、材料、工程设备、成品、半成品损坏	承包人	√	√		
3.7 履约担保	因承包人原因导致工期延长，承包人继续提供履约担保所增加的费用	承包人		√		
	非因承包人原因导致工期延长，承包人继续提供履约担保所增加的费用	发包人		√		
4.3 监理人指示	监理人发出的指示应送达承包人项目经理或经项目经理授权接收的人员。因监理人未能按合同约定发出指示、指示延误或发出了错误指示	发包人	√	√		
4.4 商定或确定	争议解决后，争议解决的结果与总监理工程师的确定不一致的，按照争议解决的结果执行	责任方	√	√	√	√

表 5-2（续）

标准合同示范文本条款	具体事项	责任方	工期索赔	费用索赔类型		
				费用	利润	违约金
5.1 质量要求	因发包人原因造成工程质量未达到合同约定标准	发包人	√	√	√	
	因承包人原因造成工程质量未达到合同约定标准	承包人	√	√		
5.2 质量保证措施	监理人的检查和检验影响施工正常进行，经检查检验不合格	承包人	√	√		
	监理人的检查和检验影响施工正常进行，经检查检验合格	发包人	√	√		
5.3 隐蔽工程检查	经监理人检查质量不合格	承包人	√	√		
	监理人不能按时进行检查，由此导致工期延误	发包人	√			
	承包人覆盖工程隐蔽部位后，发包人或监理人对质量有疑问的，可要求承包人对已覆盖的部位进行钻孔探测或揭开重新检查，承包人应遵照执行，并在检查后重新覆盖恢复原状。经检查证明工程质量符合合同要求	发包人	√	√	√	
	承包人未通知监理人到场检查，私自将工程隐蔽部位覆盖的，监理人有权指示承包人钻孔探测或揭开检查，无论工程隐蔽部位质量是否合格	承包人	√	√		
5.4 不合格工程的处理	因承包人原因造成工程不合格	承包人	√	√		
	因发包人原因造成工程不合格	发包人	√	√	√	
5.5 质量争议检测	合同当事人对工程质量有争议的，由双方协商确定的工程质量检测机构鉴定，由此产生的费用及因此造成的损失，由责任方承担。合同当事人均有责任的，由双方根据其责任分别承担	责任方	√	√		
6.1 安全文明施工	因基准日期后合同所适用的法律或政府有关规定发生变化，增加的安全文明施工费	发包人		√		
	承包人未经发包人同意采取合同约定以外的安全措施	受益方		√		
	承包人违反安全文明施工费专款专用，未在财务账目中单独列项备查，挪作他用	承包人	√	√		
	在工程实施期间或缺陷责任期内发生危及工程安全的事件，监理人通知承包人进行抢救，承包人声明无能力或不愿立即执行的，发包人雇佣其他人员进行抢救	承包人	√	√		
	安全生产责任内各种情况造成的损失的赔偿	责任方		√		
6.3 环境保护	承包人应当承担因其原因引起的环境污染侵权损害赔偿责任，因环境污染引起纠纷而导致暂停施工	承包人	√	√		

表 5-2（续）

标准合同示范文本条款	具体事项	责任方	工期索赔	费用索赔类型		
				费用	利润	违约金
7.3 开工	除专用合同条款另有约定外，因发包人原因造成监理人未能在计划开工日期之日起 90 天内发出开工通知	发包人	√	√	√	
7.5 工期延误	因发包人原因导致工期延误	发包人	√	√	√	
	因承包人原因导致工期延误	承包人	√	√		√
7.6 不利物质条件	承包人遇到不利物质条件时，承包人采取合理措施	发包人	√	√		
7.7 异常恶劣气候条件	承包人遇到异常恶劣的气候条件，承包人采取合理措施	发包人	√	√		
7.8 暂停施工	发包人原因引起的暂停施工	发包人	√	√	√	
	承包人原因引起的暂停施工	承包人	√	√		
	暂停施工后，监理人应经发包人批准后向承包人发出复工通知，承包人无故拖延和拒绝复工	承包人	√	√		
	暂停施工后，因发包人原因无法按时复工	发包人	√	√	√	
	暂停施工期间，承包人应负责妥善照管工程并提供安全保障	责任方		√		
7.9 提前竣工	发包人要求承包人提前竣工	发包人		√		
8.2 承包人采购材料与工程设备	合同约定由承包人采购的材料、工程设备，发包人不得指定生产厂家或供应商，发包人违反本款约定指定生产厂家或供应商	发包人	√	√		
8.3 材料与工程设备接收与拒收	发包人提供的材料和工程设备的规格、数量或质量不符合合同约定的，或因发包人的原因导致交货日期延误或交货地点变更等情况	发包人	√	√	√	
	承包人采购的材料和工程设备不符合设计或有关标准要求	承包人	√	√		
8.4 材料与工程设备的保管与使用	发包人供应的材料和工程设备，承包人清点后由承包人妥善保管，因承包人原因发生丢失毁损	承包人		√		
	发包人供应的材料和工程设备，监理人未通知承包人清点的，承包人不负责材料和工程设备的保管，由此导致丢失毁损	发包人		√		
	承包人采购的材料和工程设备，发包人或监理人发现承包人使用不符合设计或有关标准要求的材料和工程设备	承包人	√	√		
8.5 禁止使用不合格材料和工程设备	承包人提供不合格材料或工程设备	承包人	√	√		
	发包人提供的材料或工程设备不符合合同要求	发包人	√	√	√	

表 5-2（续）

标准合同示范文本条款	具体事项	责任方	工期索赔	费用索赔类型		
				费用	利润	违约金
8.8 施工设备和临时设施	承包人使用的施工设备不能满足合同进度计划和（或）质量要求	承包人	√	√		
9.3 材料、工程设备和工程试验和检验	监理人对承包人的试验和检验结果有异议，或为查清承包人试验和检验成果的可靠性要求承包人重新试验和检验，重新试验和检验结果证明该项材料、工程设备和工程不符合合同要求的	承包人	√	√		
	重新试验和检验结果证明该项材料、工程设备和工艺符合合同要求的	发包人	√	√		
11.2 法律变化引起的调整	基准日期后，法律变化导致承包人在合同履行过程中所需要的费用发生除市场价格波动引起的调整外	发包人	√	√		
	因承包人原因造成工期延误，在工期延误期间出现法律变化	承包人	√	√		
12.2 预付款	发包人逾期支付预付款超过规定时限，收到通知后在规定时限仍未支付，承包人暂停施工	发包人	√	√	√	
12.4 工程进度款支付	发包人逾期支付进度款	发包人	√	√	√	√
13.2 竣工验收	竣工验收不合格	承包人	√	√		
	除专用合同条款另有约定外，发包人不按照本项约定组织竣工验收、颁发工程接收证书	发包人				√
	发包人无正当理由不接收工程	发包人		√		√
	承包人无正当理由不移交工程	承包人		√		√
13.3 工程试车	因设计原因导致试车达不到验收要求	发包人	√	√		
	因承包人原因导致试车达不到验收要求	承包人	√	√		
	因工程设备制造原因导致试车达不到验收要求	责任方	√	√		
	因承包人原因造成投料试车不合格	承包人		√		
	非因承包人原因导致投料试车不合格	发包人		√		
13.4 提前交付单位工程的验收	发包人要求在工程竣工前交付单位工程	发包人	√	√	√	
13.6 竣工退场	承包人未在专用合同条款约定的期限内完成竣工退场	承包人		√		
	承包人未按发包人的要求恢复临时占地，或者场地清理未达到合同约定要求的，发包人委托其他人恢复或清理	承包人		√		
14.2 竣工结算审核	发包人逾期支付	发包人	√	√	√	√
14.4 最终结清	发包人逾期支付	发包人				√

表 5-2（续）

标准合同示范文本条款	具体事项	责任方	工期索赔	费用索赔类型		
				费用	利润	违约金
15.2 缺陷责任期	由承包人原因造成的缺陷	承包人	√	√		
	任何一项缺陷或损坏修复后，经检查证明其影响了工程或工程设备的使用性能，承包人应重新进行合同约定的试验和试运行	责任方		√		
15.3 质量保证金	逾期未返还	发包人				√
15.4 保修	保修期内，因承包人原因造成工程的缺陷、损坏	承包人		√		
	保修期内，因发包人使用不当造成工程的缺陷、损坏	发包人		√	√	
	因承包人原因造成工程的缺陷或损坏，发包人自行修复或委托第三方修复，修复范围超出缺陷或损坏范围	发包人		√		
16.1 发包人违约	发包人违约	发包人	√	√	√	
16.2 承包人违约	承包人违约	承包人	√	√		√
16.3 第三人造成的违约	在履行合同过程中，一方当事人因第三人的原因造成违约	责任方	√	√	√	√
17.3 不可抗力后果的承担	不可抗力导致的人员伤亡、财产损失、费用增加和（或）工期延误等后果	责任方	√	√		
	不可抗力发生后，合同当事人均应采取措施尽量避免和减少损失的扩大，任何一方当事人没有采取有效措施导致损失扩大	责任方	√	√		
	因合同一方迟延履行合同义务，在迟延履行期间遭遇不可抗力	责任方	√	√	√	√
17.4 因不可抗力解除合同	因不可抗力导致合同无法履行连续超过 84 天或累计超过规定天数 140 天，发包人和承包人均有权解除合同	发包人		√	√	
18.6 未按约定投保的补救	未按合同约定办理保险，或未能使保险持续有效的，导致未能得到足额赔偿	责任方		√		

【案例解析 5.1】

（多选题）（2021 年一级造价工程师工程造价管理考试真题）依据《标准施工招标文件》中的通用合同条款，下列导致承包人工期延长和费用增加的情形中，发包人应延长工期和（或）增加费用，但不支付承包人利润的（　　）。

A. 发包人提供图纸延误

B. 施工中遇到了难以预料的不利物质条件

C. 在施工现场发现文物

D. 发包人提供的基准资料错误

E. 发包人引起的暂停施工

解析：BC。

AD 选项错误：在合同履行过程中，因下列情况导致工期延误和（或）费用增加的，由发包人承担由此延误的工期和（或）增加的费用，且发包人应支付承包人合理的利润。

①发包人未能按合同约定提供图纸或所提供图纸不符合合同约定的。

②发包人未能按合同约定提供施工现场、施工条件、基础资料、许可、批准等开工条件的。

③发包人提供的测量基准点、基准线和水准点及其书面资料存在错误或疏漏的。

④发包人未能在计划开工日期之日起 7 天内同意下达开工通知的。

⑤发包人未能按合同约定日期支付工程预付款、进度款或竣工结算款的。

⑥监理人未按合同约定发出指示、批准等文件的。

⑦专用合同条款中约定的其他情形。

B 选项正确：承包人遇到不利物质条件时，应采取克服不利物质条件的合理措施继续施工，并及时通知发包人和监理人。承包人因采取合理措施而增加的费用和（或）延误的工期由发包人承担。

C 选项正确：发包人、监理人和承包人应按有关政府行政管理部门要求采取妥善的保护措施，由此增加的费用和（或）延误的工期由发包人承担。承包人发现文物后不及时报告或隐瞒不报，致使文物丢失或损坏的，应赔偿损失，并承担相应的法律责任。

E 选项错误：因发包人原因引起的暂停施工，发包人应承担由此增加的费用和（或）延误的工期，并支付承包人合理的利润。

（二）费用索赔的计算

1. 索赔费用的组成

费用索赔的内容主要分为：实际发生的额外费用、合理的预期利润、按合同的约定支付违约金。对于不同原因引起的索赔，承包人可索赔的具体费用内容是不完全一样的。但归纳起来，索赔费用的要素与工程造价的构成基本类似，见表 5-3。

表 5-3 费用索赔要素与计算方法

序号	费用索赔要素	说明	计算方法
1	人工费	由于完成合同之外的额外工作所花费的人工费用	
		超过法定工作时间加班劳动	
		法定人工费增长	
		因非承包人原因导致工效降低所增加的人工费用	
		因非承包人原因导致工程停工的人员窝工费和工资上涨费等	在计算停工损失中人工费时，通常采取人工单价乘以折算系数计算
2	材料费	由于索赔事件的发生造成材料实际用量超过计划用量而增加的材料费	材料费中应包括运输费、保管费以及合理的损耗费用
		由于发包人原因导致工程延期期间的材料价格上涨和超期储存费用。如果由于承包人管理不善，造成材料损坏失效，则不能列入索赔款项内	
3	施工机具使用费	由于完成合同之外的额外工作所增加的机械使用费	
		非因承包人原因导致工效降低所增加的机械使用费	
		由于发包人或工程师指令错误或迟延导致机械停工的台班停滞费	承包人自有设备：一般按台班折旧费、人工费与其他费之和计算； 承包人租赁的设备：一般按台班租金加上每台班分摊的施工机械进出场费计算
4	管理费	现场管理费：承包人完成合同之外的额外工作以及由于发包人原因导致工期延期期间的现场管理费	包括管理人员工资、办公费、通信费、现场管理费、交通费等； 索赔金额＝索赔的直接成本费用×现场管理费率
		总部管理费：由于发包人原因导致工程延期期间所增加的承包人向公司总部提交的管理费	包括总部职工工资、办公大楼折旧、办公用品、财务管理、通信设施以及总部领导人员赴工地检查指导工作等开支； 无统一计算方法，通常可考虑按总部管理费的比例计算，或按已获补偿的工程延期天数为基础计算
		保函手续费：因发包人原因导致工程延期时，承包人必须办理相关履约保函的延期手续而增加的手续费	
		利息：发包人在退还质量保证金的同时按照中国人民银行发布的同期同类贷款基准利率支付利息	
5	利润	通常依据施工合同中明确规定可以给予利润补偿的索赔条款，承包人提出费用索赔时都可以主张利润补偿	利润通常是与原报价中的利润百分率保持一致

表 5-3（续）

序号	费用索赔要素	说明	计算方法
6	其他项目费	分包费用：由于发包人的原因导致分包费用增加时，分包人只能向总承包人提出索赔，但分包人的索赔款项应当列入总承包人对发包人的索赔款项中	
7	规费	保险费：因发包人原因导致工程延期时，承包人必须办理施工人员意外伤害保险等各项保险的延期手续而增加的费用	

注：现场管理费率的确定可以选用：合同百分比法，即管理费比率在合同中规定；行业平均水平法，即采用公开认可的行业标准费率；原始估价法，即采用投标报价时确定的费率；历史数据法，即采用以往相似工程的管理费率。

2. 具体的计算方法

应依据相关法律法规、合同文本、招标投标文件等确定费用索赔的计算范围后确定费用索赔的具体金额，具体的计算方法如下。

（1）实际费用法

实际费用法又称分项法，是按每个索赔事件所引起损失的费用项目分别分析计算索赔值的一种方法。这一方法是将索赔事件造成的损失、成本增加、利润或违约金分项列出，这样可以在较短时间内分析、核实，确定索赔费用。在实际中，由于这种方法易于被当事人接受，所以被广泛采用。

（2）总费用法

总费用法又称总成本法，当发生多次索赔事件后，重新计算该工程的实际总费用。再从实际总费用中减去投标报价时的估算总费用，计算索赔金额。但是没有考虑实际总费用中一些可能存在一些由索赔事件以外的原因引起的费用增加，投标报价估算总费用也是承包人在招投标环节中以中标为目的的报价，不一定具有科学性，与实际总费用也不存在完全对应性，无法保证差值的纯粹，因此，总费用法并不十分科学。只有在难以精确地确定某些索赔事件特别是连续索赔事件导致的各项费用增加额时，总费用法才得以采用。

（3）修正总费用法

修正总费用法是对总费用法的改进。即对总费用计算法的修正，增加其合理性。修正内容如下。

①将计算索赔款的时段局限于受到外界影响的时间，而不是整个施工期。

②只计算受影响时段内的某项工作所受影响的损失，而不是计算该时段内所有施工工作受的损失。

③与该项工作无关的费用不列入总费用中。

④对投标报价费用重新进行核算：按所受影响时段内该项工作的实际单价进行核算，乘以实际完成的该项工作的工作量，得出调整后的报价费用。

索赔金额等于某项工作调整后的实际费用减去该项工作的报价费用。

（三）工期索赔的计算

工期索赔，一般是指承包人依据合同对由于非自身原因导致的工期延误向发包人提出的工期顺延要求。发包人对于承包人的工期索赔的形式为发包人要求承包人延长缺陷责任期和（或）逾期竣工违约金，违约金又可归属至费用索赔。

工期索赔的核心为关键路线的确定：在网络计划中，总时差最小的工作称为关键工作。当网络计划的计划工期与计算工期相同时，总时差为零的工作为关键工作。自始至终全部由关键工作组成的线路或线路上总的工作持续时间最长的路线叫作关键线路。

1. 工期索赔的计算要点

工期索赔的计算主要涉及三个方面，一是责任划分，二是关键路线的确定，三是确定索赔事件对于总工期的影响。具体步骤如下。

（1）判断所发生的事件是否为索赔事件

判断所发生的事件是否为索赔事件，即是否满足工程索赔的要件。非己责任，只有承包人不应承担任何责任的延误，才不用考虑责任归属。有时工程延期的原因中可能包含有双方责任，此时应进行详细分析，分清双方责任范畴。事件造成对于工作持续时间的影响，是否影响总工期详见下步判断。承包人是否已经按照工程施工合同规定的期限和程序提交了索赔意向通知、索赔报告及相关证明材料。

（2）确定关键路线

只有关键路线上的工作的时间才会影响总工期，所以当且仅当事件发生，且影响关键工作时才涉及工期索赔。

（3）判断索赔事件是否影响关键线路，影响的时间范围

除对关键路线的影响外，还需考虑事件影响发生后，是否会形成新的关键线路，最终确定索赔工期。

2. 工期索赔的计算方法

（1）直接法

如果某干扰事件直接发生在关键线路上，造成总工期的延误，可以直接将该干扰事件的实际干扰时间（延误时间）作为工期索赔值。

（2）比例计算法

如果某干扰事件仅仅影响某单项工程、单位工程或分部分项工程的工期，要分析其对总工期的影响，可以采用比例计算法。

①已知受干扰部分工程的延期时间，计算方法为

$$\text{工期索赔值}=\text{受干扰部分工期拖延时间}\times\frac{\text{受干扰部分工程的合同价格}}{\text{原合同总价}} \qquad (5\text{-}6)$$

②已知额外增加工程量的价格，计算方法为

$$工期索赔值 = 原合同工期 \times \frac{额外增加的工程量的价格}{原合同总价} \tag{5-7}$$

比例计算法虽然简单方便，但有时不符合实际情况，而且比例计算法不适用于变更施工顺序、加速施工、删减工程量等事件的索赔。

（3）网络图分析法

网络图分析法是利用进度计划的网络图，计算每项工作的自由时差、总时差，确定关键线路。如果延误的工作为关键工作，则造成该项工作持续时间的增加为可索赔的工期；如果延误的工作为非关键工作，但若该项工作持续时间的增加超过该工作的总时差，使得新的关键路线出现，可以索赔增加的持续时间与总时差的差值。除上述两种情况外，不存在工期索赔。

该方法可以用于各种干扰事件和多种干扰事件共同作用所引起的工期索赔。

3. 共同延误的处理

在实际施工过程中，工程延期的成因往往并不单一，往往是两三种原因同时发生（或相互作用）而形成的，故称为“共同延误”。在这种情况下应依据以下原则，进行具体分析。

①确定造成工程延期的初始延误原因。在初始延误发生作用期间，其他并行的延误不承担拖期责任。

②如果初始延误归因于发包人，则在发包人原因造成的延误期内，承包人有权进行工期索赔和费用索赔。

③如果初始延误归因于客观原因，则在客观因素发生影响的延误期内，承包人有权进行工期索赔，但费用索赔往往很难被支持。

④如果初始延误归因于承包人，则在承包人原因造成的延误期内，承包人既无权进行工期索赔、费用索赔，由发包人向承包人提出工期索赔和费用索赔。

【案例解析 5.2】

（主观题）（2020 年一级造价工程师建设工程造价案例分析考试真题）某环保工程项目，承发包双方签订了工程施工合同。合同约定：工期 270 天；管理费和利润按人材机费用之和的 20% 计取；规费和增值税税金按人材机费、管理费和利润之和的 13% 计取；人工单价按 150 元 / 工日计，人工窝工补偿按其单价的 60% 计，施工机械台班单价按 1 200 元 / 台班计，施工机械闲置补偿按其台班单价的 70% 计；人工窝工和施工机械闲置补偿均不计取管理费和利润，各分部分项工程的措施费按其相应工程费的 25% 计取。（无特别说明的，费用计算时均按不含税价格考虑）

承包人编制的施工进度计划获得了监理工程师批准，如图 5-1 所示。

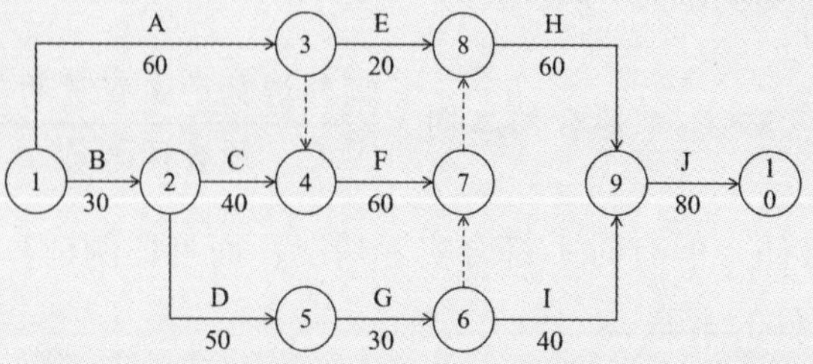

图 5-1 承包人施工进度计划（单位：天）

该工程项目施工过程中发生了如下事件。

事件 1：分项工程 A 施工至第 15 天时，发现地下埋藏文物，由相关部门进行了处置，造成承包人停工 10 天，人员窝工 110 个工日，施工机械闲置 20 个台班，配合文物处置，承包人发生人工费 3 000 元，保护措施费 1 600 元，承包人及时向发包人提出工期延期和费用索赔。

事件 2：文物处置工作完成后：①发包人提出了地基设计变更，致使分项工程 A 延长 5 天工作时间，承包人增加用工 50 个工日、增加施工机械 5 个台班、增加材料费 35 000 元；②为了确保工程质量，承包人将地基夯实处理设计变更的范围扩大了 20%，由此增加了 5 天工作时间，增加人工费 2 000 元、材料费 3 500 元、施工机械使用费 2 000 元。承包人针对①②两项内容及时提出工期延期和费用索赔。

问题：

1. 事件 1 中承包人提出工期和费用索赔是否成立？说明理由。如果成立，承包人应获得的工期延期为多少天？费用索赔额多少元？

2. 事件 2 中分别指出承包人针对①②两项内容所提出的工期延期和费用索赔是否成立？说明理由。承包人应获得工期延期多少天？说明理由。费用索赔额多少元？

解析：

问题 1 解：（1）事件 1 工期延期索赔不成立，费用索赔成立。理由是地下发现文物属于业主应承担的风险，造成的费用损失和工期的延误均由业主承担。此事件因延误的工期 10 天未超过 A 工作总时差 10 天，不会对总工期产生影响，故工期索赔不成立，此事件造成了承包人的实际费用增加，故可以索赔费用。

（2）费用索赔额 =（110 × 150 × 60%+20 × 1 200 × 70%）×（1+13%）+3 000 ×（1+20%）×（1+13%）+1 600 ×（1+13%）=36 047（元）

问题 2 解：

（1）针对①，可以提出工期和费用索赔。因为设计变更属于发包人应承担的责任，造成的费用损失由发包人承担，且由于事件 1，工作 A 已变成关键工序，延长的 5 天可以给予索赔。针对①费用索赔额：

（50 × 150+5 × 1 200+35 000）×（1+20%）×（1+13%）×（1+25%）=82 207.50（元）

（2）针对②，不可以提出工期和费用索赔。为确保工程质量而采取的技术组织措施，增加的工期及费用应由承包人承担。

第十节 工程计量与工程款支付

一、工程计量

（一）计量原则

工程量计量按照合同约定的工程量计算规则、图纸及变更指示等进行计量。工程量计算规则应以相关的国家标准、行业标准等为依据，由合同当事人在专用合同条款中约定。

承包人实施的下列工程及工作不应予计量。

①承包人为完成永久工程所实施的临时工程，合同约定应予计量的临时工程除外。

②承包人原因引起超出合同约定工程范围的工程。

③承包人所完成、但不符合合同图纸及合同规范要求的工程。

④承包人拆除及迁离不符合合同图纸及合同规范要求的工程或工作。

⑤承包人责任造成的其他返工。

1. 单价合同的计量原则

分部分项工程项目清单的单价计价清单项目（包括以综合单价形式计价且合同约定应予计量的措施项目）应依据发包人提供的工程实际施工图纸及颁发和确认的变更指令，按照合同约定的国家及行业工程量计算标准及补充的工程量计算规则进行重新计量，可作为计算分部分项工程项目清单价格的依据。其中，工程变更应按工程变更的规定计算工程量，并按工程变更的规定调整合同价格；依据合同图纸计量的分部分项工程清单项目及其工程量与已标价工程量清单的清单项目及其工程量的差异为工程量清单缺陷，应按工程量清单缺陷的规定调整合同价格，但以项计价的分部分项工程清单项目不应重新计量及调整。

措施项目计量，除合同另有约定及下列规定外，已标价工程量清单的措施项目不应予计量调整：以综合单价形式计价且合同约定应予计量的措施项目；安全生产措施费用应按合同约定执行；工程变更引起的措施项目变化；工程量清单缺陷引起的措施项目变化；暂列金额项目中所含未能完全预见或详细说明的工程引起的措施项目变化。专业工程暂估价已包含其措施项目费用，不应另外计算。除合同另有约定及用于工程变更、新增工程、工程索赔的暂列金额，暂列金额的措施项目费已包含在已标价工程量清单的措施项目中，不应另外计量调整。

计日工计量，任何一项非当天完成的计日工工作持续进行时，承包人应在该项工作实施结束后，在约定的时间内向发包人提交计日工签证报告，内容应包括每天计日工记录的汇总。

特殊情况，发生返工工程的项目应按合同约定明确发承包双方责任，返工引起的相关费用应由责任方承担。承包人完成的新增工程分部分项工程项目、措施项目，予以计量。

2. 总价合同的计量原则

除招标工程量清单中说明为暂定数量单价计价的分部分项工程项目清单和工程变更外，分部分项工程项目清单可不重新计量，合同价格不应因分部分项工程项目清单存在工程量清单缺陷而调整。

完成发包人要求的暂列金额项目中所含未能完全预见或详细说明的工程的分部分项工程项目清单予以计量。

采用总价合同的工程变更，应按发包人颁发或确认的变更指令及实际施工图纸与合同图纸进行比较，需计算变更项目及其工程量。

（二）计量周期

除专用合同条款另有约定外，工程量的计量按月进行，如另有约定，从专用合同条款约定，可按工程形象进度分段计量。

工程计量方式根据合同价款形式，由发承包双方在合同专用条款中进行约定。

（三）单价合同的计量

除专用合同条款另有约定外，单价合同的计量按照以下约定执行。

①承包人应按期向监理人报送本次计量周期内已完成的工程量报告，并附具进度付款申请单、已完成工程量报表和有关资料。

②监理人应在收到工程量报告后 7 天内完成审核并报送发包人，以此确定当月实际完成的工程量。监理人对工程量有异议的，有权要求承包人进行共同复核或抽样复测。承包人应协助监理人进行复核或抽样复测，并按监理人要求提供补充计量资料。承包人未按监理人要求参加复核或抽样复测的，监理人复核或修正的工程量应视为承包人实际完成的工程量。

③监理人未在收到承包人提交的工程量报表后的 7 天内完成审核的，承包人报送的工程量报告中的工程量应视为承包人实际完成的工程量，据此计算工程价款。

④发包人认为需要进行现场计量核实时，应在计量前 24 小时通知承包人，承包人应为计量提供便利条件并派人参加。双方均同意核实结果时，双方应在上述记录上签字确认。承包人收到通知后不派人参加计量，视为认可发包人的计量核实结果。若发包人不按照约定时间通知承包人，致使承包人未能派人参加计量，计量核实结果无效。

⑤如承包人认为发包人的计量结果有误，应在收到计量结果通知后的 7 天内向发包人提出书面意见，并附上其认为正确的计量结果和详细的计算资料。发包人收到书面意见后，应对承包人的计量结果进行复核后通知承包人。承包人对复核计量结果仍有异议的，按照合同约定的争议解决办法处理。

⑥承包人完成已标价工程量清单中每个项目的工程量后，发包人应要求承包人派员共同对每个项目的历次计量报表进行汇总，以核实最终结算工程量。发承包双方应在汇总表上签字确认。

2020 年 7 月 24 日，住建部颁发建办标〔2020〕38 号文《住房和城乡建设部办公厅关于印发工程造价改革工作方案的通知》第五条：严格施工合同履约管理。加强工程施工合同履约和价款支付监管，引导发承包双方严格按照合同约定开展工程款支付和结算，全面推行施工过程价款结算和支付，工程造价纠纷的多元化解决途径和方法，进一步规范建筑市场秩序，防止工程建设领域腐败和拖欠农民工工资。

（四）总价合同的计量

除专用合同条款另有约定外，按月计量支付的总价合同承包人的报送、监理的审批、异议、发包人审批、异议程序基本同单价合同相应规定。

与单价合同的计量显著不同的是，除按照发包人工程变更规定引起的工程量增减外，总价合同各项目的工程量是承包人用于结算的最终工程量。因此，工程范围的准确性、签订合同时的图纸深度、工程量的准确性、过程资料的真实与完整性就显得尤为重要。

（五）其他价格形式合同的计量

如采用其他价格形式，其计量方式可由合同当事人可在专用合同条款中约定其他价格形式合同的计量方式和程序。

二、支付工程预付款

（一）工程预付款

预付款是用于承包人为合同工程施工购置材料、工程设备，购置或租赁施工设备、修建临时设施以及组织施工队伍进场等所需的款项。

包工包料工程的预付款的支付比例不得低于签约合同价（扣除暂列金额）的 10%，不宜高于签约合同价（扣除暂列金额）的 30%。承包人对预付款必须专用于合同工程。

发承包人可在合同约定，要求承包人提供与预付款等额的预付款保函，确保预付款的专用性。除专用合同条款另有约定外，预付款在进度付款中同比例扣回。从未施工工程尚需的主要材料及构件的价值相当于工程预付款数额时起扣，在工程进度款中，按比例进行扣除，竣工前全部扣清。起扣点的计算为

$$\text{起扣点}=\text{工程合同价}-\frac{\text{工程预付款}}{\text{主要材料和设备占合同价的比重}} \tag{5-8}$$

因此，预付款保函的担保金额根据预付款扣回的数额相应递减，但剩余的预付款担保金额不得低于未被扣回的预付款金额，且需保证在预付款全部扣回前一直保持有效。

预付款的支付按照专用合同条款约定执行，但至迟应在开工通知载明的开工日期 7 天前支付。在颁发工程接收证书前，提前解除合同的，尚未扣完的预付款应与合同价款一并结算。

发包人逾期支付预付款超过 7 天的，承包人有权向发包人发出要求预付的催告通知，发包人收到通知后 7 天内仍未支付的，承包人有权暂停施工，违约责任由发包人承担。

（二）安全生产措施费的预付

安全生产措施费的内容和范围，应以国家和工程所在地省级建设行政主管部门的规定为准。发包人应在工程开工后的28天内预付不低于安全生产措施费总额的50%给承包人，其余部分与进度款同期支付。对跨年度实施的重大工程，预付的安全生产措施费总额可按年度计划分解计算。

发包人没有按时支付安全生产措施费的，承包人可催告发包人支付；发包人在付款期满后的7天内仍未支付的，若发生安全事故的，发包人应承担连带责任。

承包人应对安全生产措施费专款专用，在财务账目中单独列项备查，不得挪作他用，否则发包人有权要求其限期改正；逾期未改正的，造成的损失和（或）延误的工期由承包人承担。

（三）总承包服务费的预付

总承包人对于发包人选择的专业工程分包商、发包人自行采购的设备、材料具有法定的配合协调、管理责任，但是这种责任需要以总承包服务费的形式计费，计入其他项目清单当中。

发包人应在工程开工后的28天内向承包人预付总承包服务费的20%，分包进场后，其余部分与进度款同期支付。

发包人未按合同约定向承包人支付总承包服务费，承包人可不履行总承包服务义务，由此造成的损失（如有）由发包人承担。

三、支付工程进度款

（一）付款周期

除专用合同条款另有约定外，付款周期应与计量周期保持一致。

（二）进度款的范畴

除专用合同条款另有约定外，进度款应包括下列内容。

①截至本次付款周期已完成工作对应的金额。

②应增加和扣减的变更金额。

③应支付的预付款和扣减的返还预付款。

④应扣减的质量保证金。

⑤应增加和扣减的索赔金额。

⑥对已签发的进度款支付证书中出现错误的修正，应在本次进度付款中支付或扣除的金额。

⑦根据合同约定应增加和扣减的其他金额。

（三）进度付款申请

1. 单价合同进度付款申请单的提交

单价合同的进度付款申请单，按照约定的时间按月向监理人提交，并附上已完成工程量报表和有关资料。单价合同中的总价项目按月进行支付分解，并汇总列入当期进度付款申请单。

2. 总价合同进度付款申请单的提交

总价合同进度款可按月计量支付，或按支付分解表支付。按支付分解表支付，除专用合同条款另有约定外，承包人应根据约定的施工进度计划、签约合同价和工程量等因素对总价合同按月进行分解，编制支付分解表。

总价合同按月计量支付的，或按支付分解表支付，承包人按照约定的时间向监理人提交进度付款申请单，并附上已完成工程量报表和有关资料。

3. 其他价格形式合同的进度付款申请单的提交

合同当事人可在专用合同条款中约定其他价格形式合同的进度付款申请单的编制和提交程序。

（四）进度款审核和支付

除专用合同条款另有约定外，监理人应在收到承包人进度付款申请单以及相关资料后 7 天内完成审查并报送发包人，发包人应在收到后 7 天内完成审批并签发进度款支付证书。发包人逾期未完成审批且未提出异议的，视为已签发进度款支付证书。

发包人和监理人对承包人的进度付款申请单有异议的，有权要求承包人修正和提供补充资料，承包人应提交修正后的进度付款申请单。监理人应在收到承包人修正后的进度付款申请单及相关资料后 7 天内完成审查并报送发包人，发包人应在收到监理人报送的进度付款申请单及相关资料后 7 天内，向承包人签发无异议部分的临时进度款支付证书。存在争议的部分，按照争议解决的约定处理。

除专用合同条款另有约定外，发包人应在进度款支付证书或临时进度款支付证书签发后 14 天内完成支付，发包人逾期支付进度款的，应按照中国人民银行发布的同期同类贷款基准利率支付违约金。

发包人签发进度款支付证书或临时进度款支付证书，不表明发包人已同意、批准或接受了承包人完成的相应部分的工作。

（五）进度付款的修正

在对已签发的进度款支付证书进行阶段汇总和复核中发现错误、遗漏或重复的，发包人和承包人均有权提出修正申请。经发包人和承包人同意的修正，应在下期进度付款中支付或扣除。

四、工程保修金

（一）工程保修

1. 保修范围及期限

《建设工程质量管理条例》中规定建设工程实行质量保修制度。

建设工程承包单位在向建设单位提交工程竣工验收报告时，应当向建设单位出具质量保修书。质量保修书中应当明确建设工程的保修范围、保修期限和保修责任等。

在正常使用条件下，建设工程的最低保修期限如下。

①基础设施工程、房屋建筑的地基基础工程和主体结构工程，为设计文件规定的该工程的合理使用年限。

②屋面防水工程、有防水要求的卫生间、房间和外墙面的防渗漏，为 5 年。

③供热与供冷系统，为 2 个采暖期、供冷期。

④电气管线、给排水管道、设备安装和装修工程，为 2 年。

其他项目的保修期限由发包方与承包方约定。

建设工程的保修期，自竣工验收合格之日起计算。

2. 保修责任

在工程移交发包人后，因承包人原因产生的质量缺陷，承包人应承担质量缺陷责任和保修义务。缺陷责任期届满，承包人仍应按合同约定的工程各部位保修年限承担保修义务。

工程保修期从工程竣工验收合格之日起算，具体分部分项工程的保修期由合同当事人在专用合同条款中约定，但不得低于法定最低保修年限。在工程保修期内，承包人应当根据有关法律规定以及合同约定承担保修责任。如发包人未经竣工验收擅自使用工程的，保修期自转移占有之日起算。

3. 保修费用的处理

在保修期内，发包人在使用过程中，发现已接收的工程存在缺陷或损坏的，应书面通知承包人予以修复，但情况紧急必须立即修复缺陷或损坏的，发包人可以口头通知承包人并在口头通知后 48 小时内书面确认，承包人应在专用合同条款约定的合理期限内到达工程现场并修复缺陷或损坏。

保修期内，修复的费用按照以下约定处理。

①保修期内，因承包人原因造成工程的缺陷、损坏，承包人应负责修复，并承担修复的费用以及因工程的缺陷、损坏造成的人身伤害和财产损失。

②保修期内，因发包人使用不当造成工程的缺陷、损坏，可以委托承包人修复，但发包人应承担修复的费用，并支付承包人合理利润。

③因其他原因造成工程的缺陷、损坏，可以委托承包人修复，发包人应承担修复的费用，并支付承包人合理的利润，因工程的缺陷、损坏造成的人身伤害和财产损失由责任方承担。

因承包人原因造成工程的缺陷或损坏，承包人拒绝维修或未能在合理期限内修复缺陷或损坏，且经发包人书面催告后仍未修复的，发包人有权自行修复或委托第三方修复，所需费用由承包人承担。但修复范围超出缺陷或损坏范围的，超出范围部分的修复费用由发包人承担。

建设工程在超过合理使用年限后需要继续使用的，产权所有人应当委托具有相应资质等级的勘察、设计单位鉴定，并根据鉴定结果采取加固、维修等措施，重新界定使用期。

（二）质量保证金

经合同当事人协商一致扣留质量保证金的，应在专用合同条款中予以明确。承包人提供质量保证金有以下三种方式：质量保证金保函、相应比例的工程款、双方约定的其他方式。

需要注意的是，履约担保和质量保障金的预留存在选择性，如在工程项目竣工前，承包人已经提供履约担保的，发包人不得同时预留工程质量保证金。

质量保证金如使用方式从工程款中扣除相应比例的工程款，有以下三种方式。

①在支付工程进度款时逐次扣留，在此情形下，质量保证金的计算基数不包括预付款的支付、扣回以及价格调整的金额。

②工程竣工结算时一次性扣留质量保证金。

③双方约定的其他扣留方式。

发包人累计扣留的质量保证金不得超过工程价款结算总额的3%。如承包人在发包人签发竣工付款证书后28天内提交质量保证金保函，发包人应同时退还扣留的作为质量保证金的工程价款；保函金额不得超过工程价款结算总额的3%。

发包人在退还质量保证金的同时按照中国人民银行发布的同期同类贷款基准利率支付利息。

（三）缺陷责任期

缺陷责任期从工程通过竣工验收之日起计算，合同当事人应在专用合同条款中约定缺陷责任期的具体期限，但该期限最长不超过24个月。

单位工程先于全部工程进行验收，经验收合格并交付使用的，该单位工程缺陷责任期自单位工程验收合格之日起算。

特殊情况如下：因承包人原因导致工程无法按合同约定期限进行竣工验收的，缺陷责任期从实际通过竣工验收之日起计算。因发包人原因导致工程无法按合同约定期限进行竣工验收的，在承包人提交竣工验收报告90天后，工程自动进入缺陷责任期；发包人未经竣工验收擅自使用工程的，缺陷责任期自工程转移占有之日起开始计算。

缺陷责任期内，由承包人原因造成的缺陷，承包人应负责维修，并承担鉴定及维修费用。如承包人不维修也不承担费用，发包人可按合同约定从保证金或银行保函中扣除，费用超出保证金额的，发包人可按合同约定向承包人进行索赔。承包人维修并承担相应费用后，不免除对工程的损失赔偿责任。发包人有权要求承包人延长缺陷责任期，并应在原缺陷责任期届满前发出延长通知。但缺陷责任期（含延长部分）最长不能超过24个月。

由他人原因造成的缺陷，发包人负责组织维修，承包人不承担费用，且发包人不得从保证金中扣除费用。

任何一项缺陷或损坏修复后，经检查证明其影响了工程或工程设备的使用性能，承包人应重新进行合同约定的试验和试运行，试验和试运行的全部费用应由责任方承担。

缺陷责任期内，承包人应认真履行合同约定的责任。除专用合同条款另有约定外，承包人应于缺陷责任期届满后 7 天内向发包人发出缺陷责任期届满通知，发包人应在收到缺陷责任期满通知后 14 天内核实承包人是否履行缺陷修复义务；承包人未能履行缺陷修复义务的，发包人有权扣除相应金额的维修费用。发包人应在收到缺陷责任期届满通知后 14 天内，向承包人颁发缺陷责任期终止证书。

（四）质量保证金的退还

缺陷责任期到期后，承包人可向发包人申请返还保证金。发包人在接到承包人返还保证金申请后，应于 14 天内会同承包人按照合同约定的内容进行核实。如无异议，发包人应当按照约定将保证金返还给承包人。对返还期限没有约定或者约定不明确的，发包人应当在核实后 14 天内将保证金返还承包人，逾期未返还的，依法承担违约责任。发包人在接到承包人返还保证金申请后 14 天内不予答复，经催告后 14 天内仍不予答复，视同认可承包人的返还保证金申请。

发包人和承包人对保证金预留、返还以及工程维修质量、费用有争议的，按合同约定的争议和纠纷解决程序处理。

五、最终结清

最终结清是指合同约定的缺陷责任期终止后，承包人已按合同规定完成全部剩余工作且质量合格的，发包人与承包人结清全部剩余款项的活动。

（一）最终结清申请单

除专用合同条款另有约定外，承包人应在缺陷责任期终止证书颁发后 7 天内，按专用合同条款约定的份数向发包人提交最终结清申请单，并提供相关证明材料。

除专用合同条款另有约定外，最终结清申请单应列明质量保证金、应扣除的质量保证金、缺陷责任期内发生的增减费用。

发包人对最终结清申请单内容有异议的，有权要求承包人进行修正和提供补充资料，承包人应向发包人提交修正后的最终结清申请单。

（二）最终结清证书和支付

除专用合同条款另有约定外，发包人应在收到承包人提交的最终结清申请单后 14 天内完成审批并向承包人颁发最终结清证书。发包人逾期未完成审批，又未提出修改意见的，视为发包人同意承包人提交的最终结清申请单，且自发包人收到承包人提交的最终结清申请单后 15 天起视为已颁发最终结清证书。

除专用合同条款另有约定外，发包人应在颁发最终结清证书后7天内完成支付。发包人逾期支付的，按照中国人民银行发布的同期同类贷款基准利率支付违约金；逾期支付超过56天的，按照中国人民银行发布的同期同类贷款基准利率的两倍支付违约金。

承包人对发包人颁发的最终结清证书有异议的，按争议解决的约定办理。

六、争议的解决

在2017版《建设工程施工合同（示范文本）》中写明的争议解决途径主要有和解、调解、争议评审、仲裁或诉讼五种方法。

（一）和解

合同当事人可以就争议自行和解，自行和解达成协议的经双方签字并盖章后作为合同补充文件，双方均应遵照执行。

（二）调解

合同当事人可以就争议请求建设行政主管部门、行业协会或其他第三方进行调解，调解达成协议的，经双方签字盖章后作为合同补充文件，双方均应遵照执行。

（三）争议评审

合同当事人可以共同选择一名或三名争议评审员，组成争议评审小组。

合同当事人协商一致，可以共同书面请求争议评审小组，就合同履行过程中可能出现争议的情况提供协助或进行非正式讨论，争议评审小组应给出公正的意见或建议，争议评审小组在此类非正式讨论上给出的任何意见或建议，无论是口头还是书面的，对发包人和承包人不具有约束力，争议评审小组在之后的争议评审程序或决定中也不受此类意见或建议的约束。

合同当事人可在任何时间将与合同有关的任何争议共同提请争议评审小组进行评审。争议评审小组应秉持客观、公正原则，充分听取合同当事人的意见，依据相关法律、规范、标准、案例经验及商业惯例等，自收到争议评审申请报告后于期限内作出书面决定，并说明理由。争议评审小组作出的书面决定经合同当事人签字确认后，对双方具有约束力，双方应遵照执行。

（四）仲裁或诉讼

因合同及合同有关事项产生的争议，合同当事人可以在专用合同条件中约定向约定的仲裁委员会申请仲裁或向有管辖权的人民法院起诉方式解决争议。

建筑工程领域争议、纠纷发生频率较高，目前存在一些普遍问题，如争议解决面临制度问题，合同形成市场环境存在问题，合同订立存在问题，合同执行存在问题，争议解决存在问题。

针对这种现状，国家及各地区都在积极探索造价纠纷多元化解决途径和方法，如下。

1. 完善相关制度办法

①出台国家及地方规范，完善法律基础。

②构建网络监管平台，规范工作流程。

③建立企业声誉机制，提升企业诚信度。

2. 出台相关标准规范

①坚持加强诉源治理，推动建设工程价款纠纷诉前化解。

②成立造价纠纷多元解决专委会，推动专业辅助人员介入解纷。

③修编新版工程计量和计价规则，为多元解纷机制建设提供合理依据。

④形成造价咨询企业资信等级规范化管理，实现联动解纷。

3. 多方发挥作用

市场行为约束，法院、协会、仲裁，建立纠纷调解组织。

①加强市场行为约束，加大违规代价。

②专家库为纠纷调解提供组织支持与技术支持。

4. 促进行业质量动态提升

①加大典型案例支撑作用。

②加强对调解人员的技能培训和管理。

5. 强化中介作用（实施征信管理保障）

①探索中介及中介执业人员分级管理制度。

②提升中介人员职业素养，优化人员知识结构。

◎ 本章小结

施工阶段造价管理是全过程工程造价管理的重要一环，是建筑安装工程费的落地过程，这一阶段的管理质量对于竣工阶段造价管理起到了至关重要的作用。施工阶段造价管理以签约合同价为起点，以竣工验收后质量保证金的扣留或履约担保为终点。在施工阶段造价管理中，重点是合同的执行，通过项目管理的各项方法落实项目成本目标及其他项目管理目标的实现，在工程计量的基础上，能够对于签约合同价的各项可能发生的变化原因，进行预判、预防，在变动原因发生后，能够正确地进行合同价款变更，其中涉及工程变更、现场签证、工程索赔等，在此基础上进行进度款支付及质量保证金的管理。

◎ 课后习题

一、选择题

1. 某实行招标的工程，施工图预算为 8 000 万元，最高限价为 7 800 万元。若承包人签约合同价为 7 500 万元，则该承包人的报价浮动率为（　　）。

A. 3.85%　　B. 4.00%

C. 6.25%　　D. 6.67%

2. 工程变更引起施工方案改变，并使措施项目发生变化的，下列说法正确的是（　　）。

A. 承包人可直接进行方案的调整

B. 安全文明施工费，按照实际发生变化的措施项目调整

C. 采用单价计算的措施项目费，按照实际发生变化的措施项目调整

D. 按总价（或系数）计算的措施项目费，按照实际发生变化的措施项目调整

3. 费用索赔的内容主要分为（　　）。

A. 实际发生的额外费用　　B. 合理的预期利润

C. 按合同的约定支付违约金　　D. 罚款

4. 下列说法正确的是（　　）。

A. 发包人违约时，承包人可向发包人索赔工期、费用、违约金

B. 承包人违约时，发包人可向承包人索赔工期、费用、利润

C. 在履行合同过程中，一方当事人因第三人的原因造成违约，可向第三人进行索赔

D. 不可抗力导致的人员伤亡、财产损失、费用增加和（或）工期延误等后果，由责任方承担，非均由发包人承担

5. 除专用合同条款另有约定外，下列关于单价合同的计量的说法正确的是（　　）。

A. 监理人应在收到工程量报告后，监理人对工程量有异议的，有权要求承包人进行共同复核或抽样复测。承包人未按监理人要求参加复核或抽样复测的，监理人复核或修正的工程量视为承包人实际完成的工程量

B. 发包人认为需要进行现场计量核实时，应提前通知承包人，承包人收到通知后不派人参加计量，视为认可发包人的计量核实结果。发包人不按照约定时间通知承包人，致使承包人未能派人参加计量，计量核实结果有效

C. 承包人认为发包人的计量结果有误，应在收到计量结果后向发包人提出书面意见，并附上其认为正确的计量结果和详细的计算资料。发包人收到书面意见后，应对承包人的计量结果进行复核后通知承包人。承包人对复核计量结果仍有异议的，按照合同约定的争议解决办法处理

D. 承包人完成已标价工程量清单中每个项目的工程量后，发包人应要求承包人派员共同对每个项目的历次计量报表进行汇总，以核实最终结算工程量。发承包双方应在汇总表上签字确认

6. 发包人应在工程开工后的 28 天内预付不低于安全生产措施费总额的（　　）。

A. 30%　　B. 40%

C. 50%　　D. 60%

7. 包工包料工程的预付款的支付比例分别不得低于签约合同价（扣除暂列金额）和不宜高于签约合同价（扣除暂列金额）的（　　）。

A. 5%，10%　　B. 10%，30%

C. 10%，20%　　D. 15%，30%

8. 下列说法不正确的是（　　）。

A. 缺陷责任期是指承包人按照合同约定承担缺陷修复义务，且发包人预留质量保证金（已缴纳履约保证金的除外）的期限，自工程实际竣工日期起计算

B. 保修期是指承包人按照合同约定对工程承担保修责任的期限，从工程竣工验收合格之日起计算

C. 具体分部分项工程的保修期由合同当事人在专用合同条款中约定，但不得低于法定最低保修年限

D. 缺陷责任期到期后，但保修期未结束前，承包人不可向发包人申请返还保证金

二、计算题

1. 某工程招标工程量清单工程量为 1 000 m^3，由于工程变更实际完成工程量为 800 m^3，招标报价浮动率为 4%，招标控制价为 500 元 /m^3，投标报价为 400 元 /m^3，市场价为 560 元 /m^3，假定无其他变更的情况下，结算时该清单分部分项工程费为多少元？若其他条件不变，由于工程变更实际完成工程量为 1 200 m^3，投标报价为 600 元 /m^3，假定无其他变更的情况下，结算时该清单分部分项工程费为多少元？

2. 某工程合同总额为 2 000 万元，其中主要材料占比 40%，合同中约定的工程预付款总额为 2 400 万元，则按起扣点计算法计算的预付款起扣点为多少万元？

◎ 思考与讨论

学习完本章的内容，请从以下四个方面进行思考与讨论。

（1）施工计划与造价管理：在施工阶段，如何制定详细且可行的施工计划以确保工程造价得到有效控制？施工计划中的哪些因素可能对工程造价产生影响？

（2）材料采购与成本控制：材料采购是施工阶段造价管理的重要环节。请谈谈如何在这一环节实现成本的有效控制？有哪些策略可以用于优化材料采购过程？

（3）变更管理与造价调整：在施工过程中，工程变更往往不可避免。请讨论如何合理处理工程变更，以确保工程造价的准确性和公正性？在处理工程变更时，应注意哪些问题？

（4）质量控制与造价关系：施工质量直接影响工程的造价。请谈谈如何在保证施工质量的前提下，实现工程造价的有效控制？有哪些方法可以在保证质量的同时降低造价？

同时，思考并讨论在实际工程项目中，如何协调施工进度、质量和造价之间的关系，确保工程按时、按质、按量完成。并结合“工匠精神”，谈谈在施工阶段如何坚守职业道德，确保工程造价管理的准确性和公正性。

此外，也可以围绕实际工程案例，如某大型商业综合体、某地铁站等，深入讨论施工阶段的造价管理实践。通过具体案例的分析和讨论，加深对施工阶段造价管理的理解和认识。

第六章　竣工阶段工程造价管理

DI-LIU ZHANG JUNGONG JIEDUAN GONGCHENG ZAOJIA GUANLI

本章导学

知识目标

- 了解工程结算的概念、分类、内容。
- 掌握工程结算的计算方法。
- 了解工程结算文件的编制及审核。
- 了解竣工决算的相关概念、内容、计算方式。
- 了解竣工决算文件的编制及审核。

能力目标

- 理解工程结算、竣工结算、竣工决算之间的相互关联。
- 理解工程竣工阶段造价管理的基本内涵和工作。
- 理解全过程工程造价管理的含义及各阶段之间的有机联系。

育人目标

- 培养学生对工程项目的全局观，理解竣工阶段决策对社会、环境和经济的综合影响。
- 强化学生的职业道德和责任感，特别是在财务透明度和合同遵守方面。
- 引导学生理解并实践可持续发展和道德责任在工程项目中的重要性。

内容概述

本章介绍了竣工阶段造价管理的相关工作，主要内容有竣工结算、竣工决算，从概念及相关术语出发，以相关指导性文件为主线，以结算、决算相应的内容及计算方法为基础，最终落脚在建设项目结算、决算文件的编制及审核。

课程导入

竣工阶段是工程项目闭环的关键时刻，标志着项目从实施阶段过渡到最终交付。在这一阶段，工程造价管理的重点转变为确保所有成本与预算相符，处理最后的账目结算，以及评估整个项目的财务表现。这不仅是对项目造价控制成效的最终检验，也是对管理实践的全面总结。

在竣工阶段，造价管理的挑战在于处理变更订单、最终账单和财务关闭等事宜。准确和及时的成本审计，确保项目成本的透明和合规，是这一阶段的关键任务。同时，通过对项目造价的终极评估，可以提取宝贵的经验教训，为未来项目提供参考。

例如，在三峡大坝项目中，竣工阶段的造价管理是一个巨大的挑战。项目团队不仅需要处理复杂的财务结算，还必须确保所有成本在预算和合同规定的范围内。通过高效的管理和审计，项目成功地完成了财务闭环，为类似大型工程项目提供了宝贵的经验。

本章将深入了解竣工阶段的工程造价管理流程，包括成本控制的最终步骤、账目处理和项目评估。掌握如何在项目结束时有效管理和评估造价，确保项目的经济性和可持续性，为未来的工程管理实践积累宝贵的经验和知识。

第一节 工程结算

一、工程结算的概念及作用

中国建设工程造价管理协会标准《建设项目工程结算编审规程》（CECA/GC 3—2010）中，结算的相关定义如下。

（一）工程结算

发承包双方依据约定的合同价款的确定和调整以及索赔等事项，对合同范围内部分完成、中止、竣工工程项目进行计算和确定工程价款的文件。

（二）竣工结算

承包人按照合同约定的内容完成全部工作，经发包人或有关机构验收合格后，发承包双方依据约定的合同价款的确定和调整以及索赔等事项，最终计算和确定竣工项目工程价款的文件。

（三）分包工程结算

总包人与分包人依据约定的合同价款的确定和调整以及索赔等事项，对完成、终止、竣工分包工程项目进行计算和确定工程价款的文件。

从竣工结算的概念出发，竣工结算与工程造价的第二层含义（从承包商、供应商、设计者的角度出发的定义）“工程价格，即为建成一项工程，预计或实际在土地市场、设备市场、技术劳务市场、承包市场等交易活动中形成的建筑安装工程的价格和建设工程总价格”贴合。前承签约合同价，是建设工程施工合同签约合同价格的落地；后启竣工决算，是竣工决算基建支出中建筑安装工程费的来源。本章节的讨论重点，在工程结算中的竣工结算。

二、工程结算的内容

（一）结算编制文件组成

工程结算文件一般由工程结算汇总表、单项工程结算汇总表、单位工程结算汇总表和分部分项（措施、其他、零星）工程结算表及结算编制说明等组成。

工程结算汇总表、单项工程结算汇总表、单位工程结算汇总表应当按表格所规定的内容详细编制。

工程结算编制说明可根据委托工程的实际情况，以单位工程、单项工程或建设项目为对象进行编制，并应说明以下内容。

①工程概况。

②编制范围。

③编制依据。

④编制方法。

⑤有关材料、设备、参数和费用说明。

⑥其他有关问题的说明。

工程结算文件提交时，受委托人应当同时提供与工程结算相关的附件，包括所依据的发承包合同调整条款、设计变更、工程洽商、材料及设备定价单、调价后的单价分析表等与工程结算相关的书面证明材料。

（二）工程结算成果文件的形式

①工程结算书封面，包括工程名称、编制单位和印章、日期等。

②签署页，包括工程名称、编制人、审核人、审定人姓名和执业（从业）印章、单位负责人印章（或签字）等。

③目录。

④工程结算编制说明。

⑤工程结算相关表式，包括工程结算汇总表、单项工程结算汇总表、单位工程结算汇总表、分部分项清单计价表、措施项目清单与计价表、其他项目清单与计价汇总表、规费、税金项目清单与计价表、必要的相关表格。

⑥必要的附件。

三、工程结算的计算

工程结算按工程的施工内容或完成阶段，可分为竣工结算、分阶段结算、合同终止结算和专业分包结算等形式进行编制。

（一）编制方法

工程结算编制应区分施工合同类型及工程结算的计价模式，采用相应的工程结算编制方法。

①施工合同类型按计价方式应分为总价合同、单价合同、成本加酬金合同。

A. 工程结算编制时，采用总价合同的，应在合同价基础上对设计变更、工程洽商以及工程索赔等合同约定可以调整的内容进行调整。

B. 工程结算编制时，采用单价合同的，工程结算的工程量应按照经发承包双方在施工合同中约定的方法对合同价款进行调整。

C. 工程结算编制时，采用成本加酬金合同的，应依据合同约定的方法计算各个分部分项工程以及设计变更、工程洽商、施工措施等内容的工程成本，并计算酬金及有关税费。

②工程结算的计价模式应分为实物量法和单价法，单价法分为定额单价法和工程量清单计价法。

A. 实物量法。依据图纸和相应计价定额的项目划分及工程量计算规则，先计算出分部分项工程量，然后套用消耗量定额计算人材机等要素的消耗量，再根据各要素的实际价格及各项费率汇总形成相应工程造价的方法。

B. 定额单价法（工料单价法）。首先依据相应计价定额的工程量计算规则计算工程量；其次依据定额的人材机消耗量和预算单价，计算工料单价；用工程量乘以工料单价，汇总可得分部分项工程人材机费合计；再按照相应的取费标准依次计算其他各项费用，汇总后形成相应工程造价。

C. 工程量清单计价法。首先依据相应工程量计算规范规定的工程量计算规则计算工程量，并依据相应的计价依据确定综合单价；然后用工程量乘以综合单价并汇总，即可得出分部分项工程及单价措施项目费；之后再按相应的办法计算总价措施项目费、其他项目费，汇总后形成相应工程造价。

我国现行的《建设工程工程量清单计价标准》（GB/T 50500—2024）中规定工程竣工结算价款项目列项应符合下列规定，并应按其顺序编制相关的工程竣工结算文件。

1. 合同清单总价

采用单价合同的工程，合同总价应包括按招标文件规定完成合同工程工程量清单所需的全部费用；采用总价合同的工程，合同总价应包括按招标文件规定完成合同图纸及合同规范要求的合同工程所需的全部费用。已标价工程量清单仅反映合同总价的价格构成，出现工程量清单缺陷的，其价格应视为已包含在合同总价中。采用成本加酬金合同的工程，合同总价为暂定价，应依据招标文件、合同约定的计价规定和发包人发出的施工图纸、相关工程国家及行业工程量计算标准，按实确定工程项目及其数量，乘以项目成本单价，计算合同工程成本，并按合同的约定计算相应酬金及增值税后调整合同总价。

2. 工程量清单缺陷调整价款

需要区分单价合同、总价合同两种不同形式计算调整价款，调整方法详见第五章第二节“工程量清单缺陷”。需特别关注单价合同中措施项目费的调整、总价合同中合同约定暂定数量且采用单价计价的项目。

3. 暂列金额调整价款

合同总价内的暂列金额用于未能完全预见或详细说明的工程，按第五章第三节“其他调整”中说明的方法，依据发生的分部分项工程项目工程费、措施项目费计算调整价格。合同价格应按所确定的调整价格与暂列金额的差异进行调整。

4. 暂估价调整价款

①材料暂估价调整价款。计算方法详见第五章第三节“其他调整”，需特别关注材料暂估价（不含增值税），应只调整综合单价的材料暂估价价格，合同清单中该清单项目的综合单价的其他费用不宜做调整。

②专业工程暂估价调整价款（适用于总承包合同）。计算方法详见第五章第三节“其他调整”，需特别关注专业工程暂估价（含增值税）是否转由承包人承担。

5. 总承包服务费调整价款（适用于总承包合同）

计算方法详见第五章第三节“其他调整”，需要区分总承包服务费以项计价、以费率计价两种不同情况，并且关注甲供材的变化情况，暂估价专业分包工程的变化情况，发包人直接发包的专业工程的变化情况。

6. 计日工调整价款

计算方法详见第五章第三节“其他调整”，需特别关注计日工的单价构成，及其综合单价应包括计日工项目随机发生、少量发生等特点造成的额外增加费用和计日工项目发生的措施项目费用。

7. 物价变化调整价款

需依据合同，确认可调价因子，以及人工费、材料费、施工机具使用费中的燃料动力费的市场价格波动风险幅度，调整方法按价格指数调差法或价格信息调差法，计算方法详见第五章第四节“物价变化”。

8. 法律法规及政策性变化调整价款

调整方法详见第五章第五节“法律法规及政策性变化”。

9. 工程变更增减价款

区分单价合同和总价合同不同处理方式，计算分部分项工程费、措施项目费的调整，调整方法详见第五章第六节“工程变更”。

10. 新增工程价款

需依据新增工程合同或补充协议进行调整，调整方法详见第五章第八节“新增工程”。

11. 工程索赔价款

区分索赔事件的责任方和义务承担方，确认索赔内容：费用索赔、利润索赔、违约金索赔、工期索赔，调整方法详见第五章第九节“工程索赔”。

12. 不按合同约定履行的违约金

确认是否属于可索赔违约金的情况，然后计算违约金。

13. 其他价款（如有）

详见合同约定。

【案例解析 6.1】

（2021 年一级造价工程师建设工程造价案例分析考试真题）某施工项目发承包双方签订了工程合同，工期 6 个月。有关工程内容及其价款约定如下。

（1）分项工程（含单价措施，下同）项目 4 项，有关数据见表 6-1。

（2）总价措施项目费用为分项工程项目费用的 15%，其中，安全文明施工费为 6%。

（3）其他项目费用包括暂列金额 18 万元，分包专业工程暂估价 20 万元，另计总承包服务费 5%，管理费和利润为人材机费用之和的 12%，规费为工程费用的 7%，增值税税率为 9%。

表 6-1　分项工程项目相关数据与计划进度表

分项工程项目				每月计划完成工程量 /（m^3 或 m^2）					
名称	工程量	综合单价	费用 / 万元	1	2	3	4	5	6
A	900 m^3	300 元 /m^3	27	400	500				
B	1 200 m^3	480 元 /m^3	57.6		400	400	400		
C	1 400 m^2	320 元 /m^2	44.8		350	350	350	350	
D	1 200 m^2	280 元 /m^2	33.6			200	400	400	200
分项工程项目费用合计 / 万元			163.0	12	45.4	36	41.6	22.4	5.6

有关工程价款调整与支付条款约定如下。

（1）开工日期10日前，发包人按分项工程项目签约合同价的20%支付给承包人作为工程预付款，在施工期间2～5个月的每月工程款中等额扣回。

（2）安全文明施工费工程款分两次支付，在开工前支付签约合同价的70%，其余部分在施工期间第3个月支付。

（3）除安全文明施工费之外的总价措施项目工程款，按签约合同价在施工期间第1～5个月分五次平均支付。

（4）竣工结算时，根据分项工程项目费用变化值一次性调整总价措施项目费用。

（5）分项工程项目工程款按施工期间实际完成工程量逐月支付，当分项工程项目累计完成工程量增加（或减少）超过计划总工程量15%以上时，管理费和利润降低（或提高）50%。

（6）其他项目工程款在发生当月支付。

（7）开工前和施工期间，发包人按承包人每次应得工程款的90%支付。

（8）发包人在承包人提交竣工结算报告后20天内完成审查工作，并在承包人提供所在开户行出具的工程质量保函（额度为工程竣工结算总造价的3%）后，一次性结清竣工结算款。

该工程如期开工，施工期间发生了经发承包双方确认的下列事项。

（1）因设计变更，分项工程B的工程量增加300 m，第2、3、4个月每月实际完成工程量均比计划完成工程量增加100 m。

（2）因招标工程量清单的项目特征描述与工程设计文件不符，分项工程C的综合单价调整为330元/m^2。

（3）分包专业工程在第3、4个月平均完成，工程费用不变。

其他工程内容的施工时间和费用均与原合同约定相符。

问题：

（1）该施工项目签约合同价中的总价措施项目费用、安全文明施工费分别为多少万元？签约合同价为多少万元？开工前发包人应支付给承包人的工程预付款和安全文明施工费工程款分别为多少万元？

（2）截至第2个月末，分项工程项目的拟完工程计划投资、已完工程计划投资、已完工实际投资分别为多少万元（不考虑总价措施项目费用的影响）？投资偏差和进度偏差分别为多少万元？

（3）第3个月，承包人完成分项工程项目费用为多少万元？该月发包人应支付给承包人的工程款为多少万元？

（4）分项工程B按调整后的综合单价计算费用的工程量为多少m^3？调整后的综合单价为多少元/m^3？分项工程项目费用、总价措施项目费用分别增加多少万元？竣工结算时，发包人应支付给承包人的竣工结算款为多少万元？

（计算过程和结果以万元为单位的保留三位小数，以元为单位的保留两位小数）

解析：

（1）总价措施项目费 =163×15%=24.450（万元）

安全文明施工费 =163×6%=9.780（万元）

签约合同价 =（163+24.450+9.780+18+20+20×5%）×（1+7%）×（1+9%）=275.515（万元）

工程材料预付款 =163×（1+7%）×（1+9%）×20%=38.021（万元）

开工前应支付安全文明施工费工程款 =9.780×（1+7%）×（1+9%）×70%×90%=7.186（万元）

（2）拟完工程计划投资 =（27+57.6×1/3+44.8×1/4）×（1+7%）×（1+9%）=66.946（万元）

已完工程计划投资 =（27+500×480/10 000+350×320/10 000）×（1+7%）×（1+9%）=72.544（万元）

B 分项工程在工程量变化至 1 200×（1+15%）=1 380 m^3 时需要变更管理费和利润，即变更单价，第二个月末未达到。

已完工程实际投资 =（27+500×480/10 000+350×330/10 000）×（1+7%）×（1+9%）=72.952（万元）

投资偏差 = 已完工程计划投资 - 已完工程实际投资 =72.544−72.952=−0.408（万元）

上述结果表示投资超支 0.408 万元。

进度偏差 = 已完工程计划投资 - 拟完工程计划投资 =72.544−66.946=5.598（万元）

上述结果表示进度提前 5.598 万元。

（3）承包人完成分项工程费 =（500×480+350×330+200×280）/10 000=41.150（万元）

应支付工程款 =[41.150+（24.75−9.78）/5+9.78×30%+20×1.05]×（1+7%）×（1+9%）×90%−38.021/4=59.910（万元）

（4）B 分项工程需要调整综合单价的工程量为 1 200+100×3−1 200×（1+15%）=120（m^3）

原综合单价中人材机单价 =480/（1+12%）=428.57（元 /m^3）

调整后综合单价中管理费和利润 =428.57×12%×（1−50%）=25.71（元 /m^3）

调整后的综合单价为 428.57+25.71=454.28 元 /m^3

B 分项工程费增加额 =[（300−120）×480+120×454.28]/10 000=14.091（万元）

C 分项工程费增加额 =1 400×（330−320）/10 000=1.400（万元）

分项工程费用增加额 =14.091+1.400=15.491（万元）

总价措施费用增加额 =15.491×15%=2.324（万元）

实际总价 =275.515+（15.491+2.324−18）×（1+7%）×（1+9%）=275.299（万元）

结算尾款 =275.299−[275.299−2.324×（1+7%）×（1+9%）]×90%=29.969（万元）

（二）特殊情况

进行合同终止结算时，应按已完成工程的实际工程量和施工合同的有关约定，编制合同终止结算。

实行专业分包结算的工程，应将各专业分包合同的要求，对各专业分包分别编制工程结算。总承包人应按工程总承包合同的要求将各个专业分包结算汇总在相应的单位工程或单项工程结算内进行工程总承包结算。

四、工程结算文件的编制及审核

（一）工程结算编制依据

工程结算编制依据是指编制工程结算时需要工程计量、价格确定、工程计价有关参数、率值确定的基础资料如下。

①建设期内影响合同的法律法规和规范性文件。

②国务院建设行政主管部门以及各省、自治区、直辖市和有关部门发布的工程造价计价标准、计价办法、有关规定及相关解释。

③施工发承包合同、专业分包合同及补充合同，有关材料、设备采购合同。

④招投标文件，包括招标答疑文件、投标承诺、中标报价书及其组成内容。

⑤工程竣工图或施工图、施工图会审记录，经批准的施工组织设计以及设计变更、工程洽商和相关会议纪要。

⑥经批准的开工、竣工报告或停工、复工报告。

⑦工程材料及设备中标价、认价单。

⑧双方确认追加（减）的工程价款。

⑨影响工程造价的相关资料。

⑩结算编制委托合同。

（二）竣工结算申请

除专用合同条款另有约定外，承包人应在工程竣工验收合格后28天内向发包人和监理人提交竣工结算申请单，并提交完整的结算资料，除专用合同条款另有约定外，竣工结算申请单应包括以下内容。

①竣工结算合同价格。

②发包人已支付承包人的款项。

③应扣留的质量保证金。已缴纳履约保证金的或提供其他工程质量担保方式的除外。

④发包人应支付承包人的合同价款。

（三）竣工结算审批程序

合同工程完工后，承包人应在提交竣工验收申请前编制完成竣工结算文件，并在提交竣工验收申请的同时向发包人提交竣工结算文件。

承包人未在规定的时间内提交竣工结算文件，经发包人催促后 14 天内仍未提交或没有明确答复，发包人有权根据已有资料编制竣工结算文件，作为办理竣工结算和支付结算款的依据，承包人应予以认可。

1. 发包人审核

发包人应在收到承包人提交的竣工结算文件后的 28 天内审核完毕。其中，监理人应在收到竣工结算申请单后 14 天内完成核查并报送发包人。发包人应在收到监理人提交的经审核的竣工结算申请单后 14 天内完成审批。发包人在收到承包人竣工结算文件后的 28 天内，不审核竣工结算或未提出审核意见的，视为承包人提交的竣工结算文件已被发包人认可，竣工结算办理完毕。

发包人经核实，认为承包人还应进一步补充资料和修改结算文件，应在上述时限内向承包人提出核实意见，承包人在收到核实意见后的 14 天内按照发包人提出的合理要求补充资料，修改竣工结算文件，并再次提交给发包人复核后批准。

发包人应在收到承包人再次提交的竣工结算文件后的 28 天内予以复核，并将复核结果通知承包人。

①发包人、承包人对复核结果无异议的，应在 7 天内在竣工结算文件上签字确认，竣工结算办理完毕。

②发包人或承包人对复核结果认为有误的，无异议部分按照规定办理不完全竣工结算；有异议部分由发承包双方协商解决，协商不成的，按照合同约定的争议解决方式处理。

承包人在收到发包人提出的核实意见后的 28 天内，不确认也未提出异议的，视为发包人提出的核实意见已被承包人认可，竣工结算办理完毕。

2. 发包人委托造价咨询人审核

发包人委托造价咨询人审核竣工结算的，工程造价咨询人应在 28 天内审核完毕，审核结论与承包人竣工结算文件不一致的，应提交给承包人复核，承包人应在 14 天内将同意审核结论或不同意见的说明提交工程造价咨询人。工程造价咨询人收到承包人提出的异议后，应再次复核，后续处理方式同发包人复核程序。

承包人逾期未提出书面异议，视为工程造价咨询人审核的竣工结算文件已经承包人认可。

对发包人或造价咨询人指派的专业人员与承包人经审核后无异议的竣工结算文件，除非发包人能提出具体、详细的不同意见，发包人应在竣工结算文件上签名确认，拒不签认的，承包人可不交付竣工工程。承包人并有权拒绝与发包人或其上级部门委托的工程造价咨询人重新核对竣工结算文件。

承包人未及时提交竣工结算文件的，发包人要求交付竣工工程，承包人应当交付；发包人不要求交付竣工工程，承包人承担照管所建工程的责任。

发承包双方或一方对工程造价咨询人出具的竣工结算文件有异议时，可向当地工程造价管理机构投诉，申请对其进行执业质量鉴定。工程造价管理机构受理投诉后，应当组织专家对投诉的竣工结算文件进行质量鉴定，并作出鉴定意见。

竣工结算办理完毕，发包人应将竣工结算书报送工程所在地（或有该工程管辖权的行业主管部门）工程造价管理机构备案，竣工结算书作为工程竣工验收备案、交付使用的必备文件。

（四）竣工结算审核

1. 审查依据

工程结算审查依据主要有以下几个方面。

①建设期内影响合同价格的法律法规和规范性文件。

②工程结算审查委托合同。

③完整、有效的工程结算书。

④施工发承包合同、专业分包合同及补充合同，有关材料、设备采购合同。

⑤与工程结算编制相关的国务院建设行政主管部门以及各省、自治区、直辖市和有关部门发布的建设工程造价计价标准、计价方法、计价定额、价格信息、相关规定等计价依据。

⑥招标文件、投标文件。

⑦工程竣工图或施工图、经批准的施工组织设计、设计变更、工程洽商、索赔与现场签证，以及相关的会议纪要。

⑧工程材料及设备中标价、认价单。

⑨双方确认追加（减）的工程价款。

⑩经批准的开、竣工报告或停、复工报告。

⑪ 工程结算审查的其他专项规定。

⑫ 影响工程造价的其他相关资料。

2. 审查方法

工程结算审查应区分施工发承包合同类型及工程结算的计价模式采用相应的工程结算审查方法。

审查采用总价合同的工程结算时，应审查与合同所约定结算编制方法的一致性，按照合同约定可以调整的内容，在合同价基础上对调整的设计变更、工程洽商以及工程索赔等合同约定可以调整的内容进行审查。

审查采用单价合同的工程结算时，应审查按照竣工图或施工图以内的各个分部分项工程量计算的准确性，依据合同约定的方式审查分部分项工程项目价格，并对设计变更、工程洽商、施工措施以及工程索赔等调整内容进行审查。

审查采用成本加酬金合同的工程结算时，应依据合同约定的方法审查各个分部分项工程以及设计变更、工程洽商、施工措施等内容的工程成本，并审查酬金及有关税费的确定。

采用工程量清单计价的工程结算审查包括如下。

①工程项目的所有分部分项工程量，以及实施工程项目采用的措施项目工程量；为完成所有工程量并按规定计算的人工费、材料费和施工机械使用费、企业管理费利润，以及规费和税金取定的准确性。

②对分部分项工程和措施项目以外的其他项目所需计算的各项费用进行审查。

③对设计变更和工程变更费用依据合同约定的结算方法进行审查。

④对索赔费用依据相关凭证进行审查。

⑤合同约定的其他约定审查。

招标工程量清单的漏项、设计变更、工程洽商等费用应依据施工图以及发承包双方签证资料确认的数量和合同约定的计价方式进行结算，其费用列入相应的分部分项工程费或措施项目费中。

工程结算审查中涉及索赔费用的计算时，应依据发承包双方确认的索赔事项和合同约定的计价方式进行结算，其费用列入相应的分部分项工程费或措施项目费中。

采用预算定额计价的工程结算审查应包括如下。

①套用定额的分部分项工程量、措施项目工程量和其他项目，以及为完成所有工程量和其他项目并按规定计算的人工费、材料费和机械使用费、规费、企业管理费、利润和税金与合同约定的编制方法的一致性，计算的准确性。

②对设计变更和工程变更费用在合同价基础上进行审查。

③工程索赔费用按合同约定或签证确认的事项进行审查。

④合同约定的其他费用的审查。

3. 审查内容

（1）资料完备性检查

招标图纸、招标投标文件及过程资料、合同、补充协议，施工图纸，设计变更、签证台账及对应资料，竣工图纸及竣工验收报告及其他必要资料是否齐全，手续是否完善。

（2）研读合同条款

①明确工程概况、承包范围、合同工期、质量标准。

②签约合同价与合同价格形式。

③确认合同的解释顺序组成合同的各项文件应互相解释，互为说明。除专用合同条款另有约定外，解释合同文件的优先顺序如下。

A. 合同协议书。

B. 中标通知书（如果有）。

C. 投标函及其附录（如果有）。

D. 专用合同条款及其附件。

E. 通用合同条款。

F. 技术标准和要求。

G. 图纸。

H. 已标价工程量清单或预算书。

I. 其他合同文件。

上述各项合同文件包括合同当事人就该项合同文件所作出的补充和修改，属于同一类内容的文件，应以最新签署的为准。

在合同订立及履行过程中形成的与合同有关的文件均构成合同文件组成部分，并根据其性质确定优先解释顺序。

④明确合同中关于变更、价格调整、合同价格、计量与支付的相关约定。

⑤明确合同中关于索赔、违约、奖励的相关约定。

（3）阅读招标文件

①确认招标范围。确认招标范围，明确承包界面，并与合同承包范围及竣工验收范围进行对比，确认是否存在甩项；明确是否存在甲供材料设备。

②明确技术标准和要求。明确设备材料要求、施工要求、品牌推荐，以及其他要求。

③阅读招标答疑文件。阅读答疑问题、回复及澄清文件，对于招标文件、工程量清单、合同起到补充、辅助理解的作用。

（4）工程量复核

①逐项计算法。依据合同或招标文件中约定的计量规则，逐一计算各工程量清单的工程量进行结算工程量的复核。

②重点审核法。在分部分项工程清单、单价措施项目清单中选择工程量较大，或者虽工程量不大，但是在建安工程费中占比较高的项目作为审核重点；根据经验，在分部分项工程清单、措施项目清单中选择易错项进行审核，如工程量易存在计算错误，或者易存在重复计算、专业交叉的项目作为审核重点。

③指标审核法。根据项目类型，通过既往类似项目工程量指标，对于结算工程量进行整理，计算相应工程量指标，寻找异常指标，复核相关工程量，探究异常原因。

（5）计价复核

①合同内是否执行合同综合单价或执行合同中约定的综合单价调整条款。

②合同外计价，是否执行合同中关于变更的计价原则。

已标价工程量清单中没有适用、但有类似于变更工程项目的，可在合理范围内参照类似项目的单价。

已标价工程量清单中没有适用也没有类似于变更工程项目的，按照合理的成本与利润构成的原则，由合同当事人商定或确定变更工作的单价。可参考《建设工程工程量清单计价标准》（GB/T 50500—2024）中的相关条款，由承包人根据变更工程资料、计量规则和计价办法、工程造价管理机构发布的信息价格和承包人报价浮动率提出变更工程项目的单价，报发包人确认后调整。

已标价工程量清单中没有适用也没有类似于变更工程项目，且工程造价管理机构发布的信息价格缺价的，由承包人根据变更工程资料、计量规则、计价办法和通过市场调查等取得有合法依据的市场价格提出变更工程项目的单价，报发包人确认后调整。

复核以上条款的执行过程是否正确：组价是否正确；合同外材料是否正确执行认价结果，如无认价程序的约定，是否采用合理的市场单价；人工、机械、辅材价格是否执行合同内单价，如合同内缺项，是否采用合理的市场单价。

（6）人工、材料调差复核

①复核合同中是否存在关于人工单价调整的条款，是否正确执行。

A. 是否依据人工费相关指导文件正确划分施工进度节点。

B. 人工调差是否正确。

C. 人工调差取费是否正确。

②复核合同中是否存在关于材料单价调整的条款，是否正确执行。

A. 材料调差涉及的基期价格、施工当期信息价、基准价格是否正确。

B. 材料价格调整的过程中材料的风险范围比例是否考虑。

C. 是否正确划分施工月进度。

D. 材料调差计算方法是否正确。

E. 材料暂估价、设备暂估价涉及的招标暂估价、材料、设备认价是否正确。

F. 材料调差取费是否正确。

（7）实施项目费审核

审核是否符合承包合同的相关条款约定，如签约合同价中措施项目费固定不变，或在合同措施项目费的基础上，与分部分项工程费同比例增减，或按合同措施费率计算。如合同约定按合同措施费率按实结算，可按单价措施和总价措施两类分别审核。

①单价措施项目费的审核。审查与分部分项实体消耗相关的措施项目，应随该分部分项工程的实体工程量的变化是否依据双方确定的工程量、合同约定的综合单价进行结算。

②总价措施项目费的审核。

审查独立性的措施项目是否按合同价中相应的措施项目费用进行结算。

审查与整个建设项目相关的综合取定的措施项目费用是否参照投标报价的取费基数及费率进行结算。

投标工程量清单的漏项、设计变更、工程洽商等费用应依据施工图以及发承包双方签证资料确认的数量和合同约定的计价方式进行结算，其费用列入相应的分部分项工程费或措施项目费中。

工程结算审查中涉及索赔费用的计算时，应依据发承包双方确认的索赔事项和合同约定的计价方式进行结算，其费用列入相应的分部分项工程费或措施项目费中。

（8）其他项目费审核

①暂列金的审核。

A. 明确合同当事人关于暂列金额使用的约定。

B. 明确签约合同价中暂列金额名目、数额。

C. 明确暂列金额的使用情况。

②暂估价的审核。

A. 审查暂估价中的材料单价是否按发承包双方最终确认价在分部分项工程费中对相应综合单价进行调整，计入相应分部分项工程费用；

B. 审查专业工程暂估价应按中标价或发包人、承包人与分包人最终确定的分包工程价进行结算。

③计日工的审核。

核实计日工是否按发包人实际签证的数量、投标时的计日工单价以及确认的事项进行结算。

④总承包服务费的审核。

A. 核实总承包服务费的范畴。

B. 核实总承包服务费是否有现场资料支撑。

C. 核实总承包服务费是否依据合同约定的结算方式进行结算。以总价形式的固定的总承包服务费不予调整；以费率形式确定的总承包服务费，应按专业分包工程中标价或发包人、承包人与分包人最终确定的分包工程价为基数和总承包单位的投标费率计算总承包服务费。

（9）规费、税金的审核

①规费、税金的费率是否正确，是否按国家、省级或行业建设主管部门的规定计算并调整。

②在阶段性调整规费、税金的过程中，是否正确按照形象进度或工程量确认单划分工程量及采用该阶段的费率。

（10）工程变更、工程签证、索赔的审核

工程变更和工程签证。审核工程变更和工程签证的必要性、合理性、合法性、合规性、有效性、可行性和经济性。

费用索赔、工期索赔、综合索赔。审核索赔事项的时效性、程序的有效性和相关手续的完整性；索赔理由的真实性和正当性；索赔资料的全面性和完整性；审核索赔依据的关联性；审核索赔工期和索赔费用计算的准确性。

（11）其他

①罚款是否执行，如现场管理涉及的罚款。

②是否有违约金，如没有达到合同约定奖项的违约金。

③是否有甩项，依据招标范围、合同范围、竣工验收单中标注范围，确认是否有未完成部分。

④是否有未缴纳费用，如未缴清的水电费等。

（12）现场踏勘

①结算审核过程中，需对现场进行踏勘，针对现场进行抽查。

②核实工程施工情况，是否有未完工部分或未完成工序。

③核实材料设备品牌。

④核实现场与图纸的一致性。

⑤核实工程做法。

⑥求证结算审核过程中的争议问题。

第二节 竣工决算

一、竣工决算的概念及作用

（一）概念

《建设项目工程竣工决算编制规程》（CECA/GC 9—2013）中对于竣工决算的定义如下。

工程竣工决算是以实物数量和货币指标为计量单位，综合反映竣工建设项目全部建设费用、建设成果和财务状况的总结性文件。

工程竣工决算的费用支出范围包括从工程筹建开始到建设项目竣工验收的全部建设费用。即建筑工程费、安装工程费、设备购置费、待摊投资及其他费用（含建设工程前期费）。

相关术语如下。

1. 其他投资支出

建设单位按建设项目概算内容发生的构成基本建设实际支出的房屋购置和基本畜禽、林木等购置、饲养、培育支出以及取得各种无形资产和递延资产发生的支出。

2. 待核销投资支出

非经营性建设项目发生的江河清障、航道清淤、飞播造林、补助群众造林、退耕还林（草）、封山（沙）育林（草）、水土保持、城市绿化、取消建设项目可行性研究费、建设项目报废及其他经财政部门认可的不能形成资产部分的投资，作待核销投资处理。形成资产部分的投资，应计入交付使用资产价值。

3. 转出投资支出

非经营性建设项目为建设项目配套的专用设施投资，包括专用道路、专用通讯设施、送变电站、地下管道等，产权不归属本单位的，作转出投资处理。产权归属本单位的，计入交付使用资产价值。经营性项目为建设项目配套的专用设施投资，由本单位负责投资但产权不归属本单位的，作无形资产处理。

4. 建设单位管理费

建设单位从建设项目筹建之日起至办理工程竣工决算之日止发生的管理性质的开支。包括不在原单位发工资的工作人员工资、保险、公积金、办公费、差旅交通费、劳动保护费、工具用具使用费、零星购置费、招募生产工人费、技术图书资料费、印花税、业务招待费、施工现场津贴、竣工验收费和其他管理性质开支。

5. 基建收入

在基本建设过程中形成的各项工程建设副产品变价净收入、负荷试车和试运行收入以及其他收入。

6. 报废工程

由于自然灾害等原因造成的单项工程或单位工程报废或毁损，减去残料价值和过失人或保险公司等赔款后的净损失，报经批准后可计入工程成本。

7. 尾工工程

建设项目在进行工程竣工决算时，尚未完工的概算内工程或尚未购置的概算内设备，其投资支出可依据合同或概算金额进行预计。

8. 交付资产

建设单位按照概算批复内容已经完成购置、建造过程，并已交付或转给使用单位的各项资产。包括建筑工程和设备等固定资产、工具和器具及家具等流动资产、无形资产、递延资产等。

9. 结余资金

反映建设项目结余的资金，是建设项目到位资金与项目所有投资支出（包括尾工工程投资支出）的差额。

（二）作用

工程竣工决算是综合反映竣工项目建设全貌和投资效果的总结性文件，是正确核定新增固定资产价值，考核分析投资效果，是反映建设项目实际造价和投资效果的文件，建立健全经济责任制的依据，是办理固定资产交付使用手续的依据。

工程竣工决算在工程建设中具有重要作用，主要包括：反映了竣工项目建设的全貌，包括建设过程、投资效果等，是综合评价项目建设的重要依据，为今后的投资决策提供参考；为建设单位和使用单位移交财产提供了依据；是竣工验收报告的重要组成部分；为建设单位和使用单位提供完整的资产清单，为资产管理提供依据。

二、竣工决算的内容

工程竣工决算编制成果文件宜根据建设项目的实际情况，以单项工程或建设项目为对象进行编制，包括咨询报告、基本建设项目竣工决算报表及附表、工程竣工决算说明书、相关附件等。

（一）建设项目工程竣工决算编制咨询报告

建设项目工程竣工决算编制咨询报告包括以下主要内容。

①报告名称。×× 单位（公司）×× 建设项目工程竣工决算编制咨询报告。

②引言段。描述造价咨询企业的任务、建设单位（或委托单位）的责任、造价咨询企业的责任、编制依据、主要编制程序。

③基本情况。包括单位的基本情况和建设项目的基本情况。单位的基本情况可包含单位成立时间、组织机构、股东组成、股权比例、营业执照号码、注册资本、法定代表人、注册地址、经营范围等基本内容。建设项目的基本情况可包含建设项目立项、可行性研究报告、初步设计及其批复情况；建设项目批复的建设内容、建设地点、建设规模及支出的概算金额、投资总额及资金来源；建设项目的规划许可、施工许可、竣工、检验验收等情况；建设项目实施单位情况；建设项目的批复（计划）及实际起止时间等基本情况。

④编制范围。可包括时间范围和资料范围。

⑤编制原则及方法。

⑥建设资金情况。应包括资金到位情况和应付账款情况。

⑦项目投资支出情况。可按照建安投资、设备投资、待摊投资、外汇支出情况分别说明其批复概算、实际完成投资情况、超概算（比概算减少）情况等。

⑧交付使用资产及结余资金情况。

⑨尾工情况。可说明尾工工程的名称、内容、数量、投资额、预计完工的时间、占概算总投资的比例等。

⑩存在问题与建议。

⑪ 重大事项说明。

⑫ 报告声明。

⑬ 签署页。

（二）基本建设项目竣工决算报表及附表

基本建设项目竣工决算报表及附表主要内容包括如下。

①封面。

②基本建设项目概况表（建竣决 01 表）。

③基本建设项目竣工财务决算表（建竣决 02 表）。

④基本建设项目交付使用资产总表（建竣决 03 表）。

⑤基本建设项目交付使用资产明细表（建竣决 04 表）。

⑥应付款明细表（建竣决 05 表）。

⑦基本建设工程决算审核情况汇总表（建竣决 06 表）。

⑧待摊投资明细表（建竣决 07 表）。

⑨待摊投资分配明细表（建竣决 08 表）。

⑩转出投资明细表（建竣决 09 表）。

⑪ 待核销基建支出明细表（建竣决 10 表）。

（三）工程竣工财务决算说明书

工程竣工财务决算说明书主要包括以下内容。

①基本建设项目概况。

②会计账务处理、财产物资清理及债权债务的清偿情况。包括主要会计科目的设置情况、会计账务处理的具体方法等，财产清理的时间、人员组成、结果、会计处理情况等，债权债务的清理和偿还情况及结果。

③基本建设支出预算、投资计划和资金到位情况。应编写资金到位时间、到位金额、到位资金的性质等情况，还可编写预算或投资计划的批复时间、批复文件名称、各类性质资金的批复金额。

④基建结余资金形成及分配情况。

⑤概算、项目预算执行情况及分析。分析决算与概算的差异及原因。

⑥尾工及预留费用情况。

⑦历次审查、核查、稽查及整改情况。

⑧主要技术经济指标的分析、计算情况。

⑨基本建设项目管理经验、问题和建议，预备费动用情况。

⑩招投标情况、政府采购情况、合同（协议）履行情况。

⑪ 征地拆迁补偿情况、移民安置情况。

⑫ 需说明的其他事项。

⑬ 编表说明。

相关附件包括建设项目立项、可行性研究报告及初步设计的批复文件、建设项目历年投资计划及中央财政预算文件、决（结）算审计或审查报告、其他与项目决算相关的资料。

对有特殊要求的行业，除编制上述报告内容外，还应按照相应行业工程竣工决算报告的格式编制行业工程竣工决算报告。

三、竣工决算的计算

依据建设项目各项投资支出的合同或结算金额、各项投资支出的账面金额、资产清理情况来确定各项投资支出。同时提请建设单位财务部门依据确定的各项投资支出金额进行相关账务处理，使账面金额与确定的各项投资支出一致。

（一）建设资金情况

依据批复概算及投资规模、投资计划或年度预算、资金到位凭证、建设项目资本金验资报告、贷款协议等，核实资金来源及到位情况。

（二）项目投资支出情况

实际完成支出与概算的差异，注册造价师应对其形成的原因进行分析，依据初步设计概算明细和工程结算资料，对单价变化的差异、工程量变化的差异、设计变更的差异等进行分析，形成相关意见，并与建设单位进行沟通。

（三）交付使用资产情况

1. 交付使用资产

（1）基础整理

依据合同中的资产明细表、发票或附属于发票的资产清单、工程结算资料中公用设备清单，确定交付资产的名称、规格型号、数量、购置金额等内容。

①如果多种资产合并购置，没有资产明细价格的，可要求供货方提供相关资产明细价格，也可按照概算金额对合同总价进行分摊。

②合同金额中除资产价值外的安装材料、安装费用及培训费等，可依据从属关系，直接计入相关资产的价值。如果不能区分从属关系的，可按照各项资产合同金额的比例，分摊计入相关资产的价值。

③资产价值应含合同价值以外的运杂费、保险费、仓储费、保管费等费用。进口资产价值除包含上述费用外，还应包含进口代理费、报关费、进口关税、进口增值税、换汇手续费等相关费用。

依据相关明细资料，现场盘点及观察资料，与相关人员讨论确定最终的资产明细结果。

（2）交付使用资产的划分

按照行业及企业固定资产目录、固定资产标准、无形资产和递延资产的定义，正确进行资产划分。划分方法注意事项如下。

①不符合固定资产标准的办公和生产家具、工器具等不得列为固定资产。

②未随设备一起购置（单独购置）的软件、专利技术、专有技术等无形资产不应列为固定资产。

（3）交付使用资产的确定

在确定交付资产时，应关注如下事项。

①不得把应直接交付使用的工艺管道工程和厂区输配电电缆工程作为安装费分摊到设备资产中。

②严禁将多项室外工程作为整项交付资产，应按照具体工程的名称（例如道路、围墙大门、挡土墙、停车场及各种管线工程）、建筑和结构特征、面积等确认多项交付资产。

③建筑工程投资支出中的公用设备应作为设备交付。严禁将多项公用设备作为整项交付资产，应按照具体设备名称（例如电梯、空调、采暖通风设备、变压器和高低压配电柜等）、规格型号和数量等确认多项交付资产。

④安装工程支出（含设备基础工程）应按照合理方法分摊到交付设备资产价值中，而不应单独作为建筑资产交付。

⑤待摊投资和其他投资中能够形成资产的部分，应作为资产交付。建设单位管理费中的办公设备、其他投资中的车辆、办公和生活家具购置等应按照固定资产标准分别列入固定资产或流动资产；其他投资中的引进技术费用、经营单位的土地成本（包括出让金、补偿款等）应计入无形资产。

⑥拆迁工程、土石方工程不应作为资产单独交付，其费用应合理分摊到相关单项工程中。

2. 设备安装费

依据安装工程结算资料，确定安装费用支出，包括设备基础费用、安装装配费用、安装装设工程费用、附设管线敷设工程费用、防腐绝缘保温费用、无负荷安装调试费等。安装费用支出应分摊计入交付资产的安装费中。分摊原则如下。

①直接与单项交付资产相关的安装费用，应直接计入交付资产的安装费。

②与多项交付资产相关的安装费用，应按照多项交付资产的价值比例分摊计入交付资产的安装费。

③金额较小且与建筑工程紧密相关的设备安装费用支出，或与建筑工程紧密相关无法准确把设备安装费用支出单独划分出来的，依据“重要性原则”可不确认相关设备的安装费。

④与建筑工程紧密相关，确定设备安装费用支出需要很高成本的，依据“成本效益原则”可不再确认相关设备的安装费。

3. 待摊投资

（1）待摊投资的分摊对象

待摊投资的分摊对象应包括以下内容。

①房屋、建筑物。

②水、电、暖、气、电梯等建筑公用设备。

③需要安装的工艺通用设备。

④其他分摊对象。

（2）合理确定应分摊的待摊投资额

应分摊的待摊投资额需扣除如下。

①应计入固定资产和流动资产的车辆购置费、办公与生活家具购置费、工器具购置费等。

②应计入无形资产的技术引进费、经营单位的土地成本等。

③应计入递延资产—开办费的生产职工培训及提前进厂费。

④应计入资产和转出投资的其他费用。

待摊投资应由受益的各项交付使用资产共同负担，宜按照建筑资产、需安装设备等需要分摊待摊费用的资产的实际价值（含安装费）进行分配。能够确定由某项资产负担的待摊投资，应直接计入该资产成本；不能确定负担对象的待摊投资，应分摊计入收益的各项资产成本。

（3）待摊投资的分配方法

待摊费用宜采用一次分配和二次分配的方法进行分配。

一次分配法是不加区分地把待摊投资均匀地分配到各项分摊对象上，适用待摊费用金额较小的建设项目、建设项目中无征地费用且无建筑资产的建设项目、无征地费用且建筑资产金额较小的建设项目。

二次分配法是首先把与部分交付资产相关的待摊费用进行第一次分配，而后把与所有分配对象相关的建设单位管理费、贷款利息、前期费用等进行第二次分配。

待摊投资应根据建设项目特点采用合理的方法进行分摊。如有特殊情况可采用其他合理的分摊方法。

（四）结余资金情况

计算基建结余资金，结余资金 = 基建拨款 + 项目资本 + 项目资本公积 + 基建投资借款 + 企业债券资金 + 待冲基建支出 − 基本建设支出。

（五）尾工情况

若存在尾工工程和尚需发生的费用，应估算其相关费用。尾工工程中，已经签订合同的可按合同金额确认，未签订合同的可按批复的概算金额确认。尚需发生的费用中，已经签订合同的可按合同金额确认，未签订合同的可按相关费用标准确认。

四、竣工决算文件的编制及审核

（一）编制

1. 编制依据

①财政部《基本建设财务规则》（财政部令第 81 号）、《基本建设项目竣工财务决算管理暂行办法》（财建〔2016〕503 号）等相关法律法规及制度。

②经批准的可行性研究报告、初步设计、概算及调整文件，相关部门的批复文件。

③主管部门下达的年度投资计划、各年度基本建设支出预算。

④经批复的年度财务决算。

⑤会计核算及财务管理资料。

⑥相关合同（协议）、工程结算等有关资料。

⑦建设单位管理费支出明细表，购置固定资产明细表。

⑧尾工工程方案及工程数量、预留费用、预计完成时间等（附费用清单）。

⑨政府有关土地、青苗等补偿及安置补偿标准或文件。

⑩征地批复（国有土地使用证）、建设工程规划许可证、建设用地规划许可证、建设工程开工证、竣工验收单或验收报告，质量鉴定、检验等有关文件。

⑪ 其他有关资料等。

编制工程竣工决算的概算金额，如有主管机关最终批复的，应以批复的概算金额为准。

编制工程竣工决算的实际支出，应以会计账面金额为基础，以合同金额、结算金额为依据。

2. 编制要求

编制工程竣工决算应具备下列条件。

①经批准的初步设计所确定的内容已完成。

②工程结算已完成。

③尾工工程不超过规定的比例（总概算的 5%）。

④涉及法律诉讼、工程质量、移民安置的事项已处理完毕。

⑤其他影响工程竣工决算编制的重大问题已解决。

编制工程竣工决算的基本原则：指标口径一致、报表格式统一、依据充分完整、评价客观深入、程序合规合理。

编制工程竣工决算的基本要求：数字准确，内容完整，数据勾稽关系正确，附表及附件齐全。

必须按照财政部规定的内容和格式填制工程竣工决算报表，概算明细项目名称及金额应按照批准的可行性研究报告、设计概算等文件进行填写。工程竣工决算的编制应以权责发生制为基础，已经发生或应当负担的费用，不论款项是否支付，均应列入该项目的工程支出。

确定建设项目各项投资实际支出的标准如下。

①总价合同、固定金额合同，未发生合同内容变更的实际支出应以合同价为准，发生合同内容变更的实际支出应以结算价为准。

②单价合同、成本加酬金合同或费率合同的实际支出应以结算价为准。

③零星采购的材料、设备和零星费用应以账面金额为准。

④需分摊的设备安装支出和待摊投资支出，应按“最大合理”“谁受益、谁承担”的原则分摊。

确认交付固定资产应以可分离性、功能性、宜管理性为原则，同时力求与最终初步设计（或可行性研究报告）及批复相一致。在确定交付资产时，应充分考虑行业及企业的固定资产目录。

3. 编制程序

编制程序分为前期准备、实施、完成和资料归档四个阶段。

（1）前期准备阶段主要程序

①了解编制工程竣工决算建设项目的基本情况，收集和整理基本的编制资料。

②确定项目负责人，配置相应的编制人员。

③制订切实可行、符合建设项目情况的编制计划。

④由项目负责人对成员进行培训。

（2）实施阶段主要程序

①收集完整的编制依据资料。

②协助建设单位做好各项清理工作。

③编制完成规范的工作底稿。

④对过程中发现的问题应与建设单位进行充分沟通，达成一致意见。

⑤与建设单位相关部门一起做好实际支出与批复概算的对比分析工作。

（3）完成阶段主要程序

①完成工程竣工决算编制咨询报告、基本建设项目竣工决算报表及附表、工程竣工决算说明书、相关附件等。

②与建设单位沟通工程竣工决算的所有事项。

③经工程造价咨询企业内部复核后，出具正式工程竣工决算编制成果文件。

（4）资料归档阶段主要程序

①工程竣工决算编制过程中形成的工作底稿应进行分类整理，与工程竣工决算编制成果文件一并形成归档纸质资料。

②对工作底稿、编制数据、工程竣工决算报告进行电子化处理，形成电子档案。

（二）审核

为推动各部门、各地区进一步加强基本建设项目竣工财务决算管理，提高资金使用效益，针对基本建设项目竣工财务决算管理中反映出的主要问题，进一步规范中央基本建设项目竣工财务决算审核批复管理工作，先后颁布了财建〔2016〕503 号文件关于印发《基本建设项目竣工财务决算管理暂行办法》的通知、财办建〔2018〕2 号文件关于印发《中央基本建设项目竣工财务决算审核批复操作规程》的通知，作为决算审核工作的指导性文件。

1. 审核依据

①项目建设和管理的相关法律法规、文件规定。

②国家、地方以及行业工程造价管理的有关规定。

③财政部颁布的基本建设财务管理及会计核算制度。

④本项目相关资料。项目初步设计及概算批复和调整批复文件、历年财政资金预算下达文件；项目决算报表及说明书；历年监督检查、审计意见及整改报告。必要时，还可审核项目施工和采购合同、招投标文件、工程结算资料，以及其他影响项目决算结果的相关资料。

2. 审查方法与内容

财政部门和项目主管部门审核批复项目竣工财务决算时，审核的主要内容包括工程价款结算、项目核算管理、项目建设资金管理、项目基本建设程序执行及建设管理、概（预）算执行、交付使用资产及尾工工程等。

（1）工程价款结算审核

主要包括评审机构对工程价款是否按有关规定和合同协议进行全面评审；评审机构对于多算和重复计算工程量、高估冒算建筑材料价格等问题是否予以审减；单位、单项工程造价是否在合理或国家标准范围，是否存在严重偏离当地同期同类单位工程、单项工程造价水平问题。

（2）项目核算管理情况审核

主要包括执行《基本建设财务规则》及相关会计制度情况，具体包括如下。

①建设成本核算是否准确。对于超过批准建设内容发生的支出、不符合合同协议的支出、非法收费和摊派，以及无发票或者发票项目不全、无审批手续、无责任人员签字的支出和因设计单位、施工单位、供货单位等原因，造成的工程报废损失等不属于本项目应当负担的支出，是否按规定予以审减。

②待摊费用支出及其分摊是否合理合规。

③待核销基建支出有无依据、是否合理合规。

④转出投资有无依据、是否已落实接收单位。

⑤决算报表所填列的数据是否完整，表内和表间勾稽关系是否清晰、正确。

⑥决算的内容和格式是否符合国家有关规定。

⑦决算资料报送是否完整、决算数据之间是否存在错误。

⑧与财务管理和会计核算有关的其他事项。

（3）项目建设资金管理情况审核

①资金筹集情况。

A. 项目建设资金筹集，是否符合国家有关规定。

B. 项目建设资金筹资成本控制是否合理。

②资金到位情况。

A. 财政资金是否按批复的概算、预算及时足额拨付项目建设单位。

B. 自筹资金是否按批复的概算、计划及时筹集到位，是否有效控制筹资成本。

③项目资金使用情况。

A. 财政资金情况。是否按规定专款专用，是否符合政府采购和国库集中支付等管理规定。

B. 结余资金情况。结余资金在各投资者间的计算是否准确，应上缴财政的结余资金是否按规定在项目竣工后 3 个月内及时交回，是否存在擅自使用结余资金情况。

（4）项目基本建设程序执行及建设管理情况审核

项目基本建设程序执行情况。审核项目决策程序是否科学规范，项目立项、可研、初步设计及概算和调整是否符合国家规定的审批权限等。

项目建设管理情况。审核决算报告及评审或审计报告是否反映了建设管理情况：建设管理是否符合国家有关建设管理制度要求，是否建立和执行法人责任制、工程监理制、招投标制、合同制；是否制定相应的内控制度，内控制度是否健全、完善、有效；招投标执行情况和项目建设工期是否按批复要求有效控制。

（5）概（预）算执行情况审核

主要包括是否按照批准的概（预）算内容实施，有无超标准、超规模、超概（预）算建设现象，有无概算外项目和擅自提高建设标准、扩大建设规模、未完成建设内容等问题；项目在建设过程中历次检查和审计所提出的重大问题是否已经整改落实；尾工工程及预留费用是否控制在概算确定的范围内，预留的金额和比例是否合理。

（6）交付使用资产情况审核

主要包括项目形成资产是否真实、准确、全面反映，计价是否准确，资产接收单位是否落实；是否正确按资产类别划分固定资产、流动资产、无形资产；交付使用资产实际成本是否完整，是否符合交付条件，移交手续是否齐全。

（7）尾工工程及预留费用审核

尾工工程及预留费用是否控制在概算确定的范围内，预留的金额和比例是否合理。

◎ 本章小结

竣工阶段造价管理是全过程工程造价管理的最后一环，竣工结算确定了工程价款，是建设工程施工合同签约合同价格的落地，是竣工决算基建支出中建设安装工程费的来源，竣工决算核定项目资产价值，反映了竣工项目建设成果，为办理资产移交和产权登记提供依据，是全过程工程造价管理的终点。在竣工结算的计算过程中，要以结算编制的各项依据为纲领，对于施工阶段造价管理的结果进行整理和沿用。在竣工结算的审核过程中，要严格遵循各项审查依据，根据不同的合同类型，采用不同的审查方法，逐项完成全部审查内容。在竣工决算的计算过程中，要以决算编制的各项依据为纲领，对于建筑工程费、安装工程费、设备购置费、待摊投资及其他费用（含建设工程前期费）进行归集整理，完成建设项目投资至交付使用资产、结余资金、尾工工程等的转化。在竣工决算的审核过程中，要严格遵循各项审查依据，完成竣工决算文件各组成部分的审核，使竣工决算能够真实地反映竣工建设项目全部建设费用、建设成果和财务状况，以期在未来的建设项目中提高资金使用效益。

◎ 课后习题

简答题

1. 简述竣工结算与竣工决算的异同。
2. 简述工程结算成果文件的形式。
3. 简述工程量清单单价法在结算编制过程中的具体应用。
4. 简述工程结算的编制依据。
5. 简述竣工决算文件的编制程序。

◎ 思考与讨论

完成本章的学习，从以下四个方面进行思考与讨论。

（1）竣工验收与造价审核：在竣工阶段，如何通过严格的竣工验收程序确保工程造价的准确性和合理性？验收过程中应注意哪些问题以避免造价纠纷？

（2）竣工结算与造价调整：竣工结算是工程造价管理的最后环节。请谈谈如何在这一环节实现工程造价的有效控制？有哪些策略可以用于优化竣工结算过程？

（3）造价后评估与经验总结：在项目完成后，如何进行造价后评估以总结经验教训并提升未来项目的造价管理水平？请分享一些有效的造价后评估方法和经验。

（4）合同履约与造价风险：在竣工阶段，如何确保合同双方严格履约，避免因合同争议导致的造价风险？在处理合同争议时，应注意哪些问题？

同时，思考并讨论在实际工程项目中，如何协调竣工阶段各方利益，确保工程造价的公正性和合理性。并结合“工匠精神”，谈谈在竣工阶段如何坚守职业道德，确保工程造价管理的准确性和公正性。

此外，围绕实际工程案例，如某大型公共设施、某交通枢纽等，深入讨论竣工阶段的造价管理实践。通过具体案例的分析和讨论，加深对竣工阶段造价管理的理解和认识。

第七章 全过程工程造价信息化管理

DI-QI ZHANG QUANGUOCHENG GONGCHENG ZAOJIA XINXIHUA GUANLI

本章导学

知识目标

◆了解工程造价信息化管理的发展历程、现状和趋势，包括信息技术在造价管理中的应用和发展。

◆熟悉全面造价管理和数字造价的内涵，特别是BIM技术的特点及其在全过程管理中的应用。

◆掌握工程造价信息的概念、分类、主要内容及其分析方法。

能力目标

◆理解数字造价的基本概念和特点，以及如何在实际工程项目中应用这些知识。

◆能够计算和分析常见的工程造价信息，评估已完成工程项目的造价信息。

◆掌握BIM技术在全过程管理中的应用，理解其在造价管理中的优势。

◆培养关注政策文件和行业规范的习惯，注重将理论知识应用于项目实践。

育人目标

◆增强国家自信，让学生了解并骄傲于本国在工程造价信息化管理领域的进步和成就。

◆培养管理者思维，激发学生的创新精神和批判性思考，准备他们成为未来行业的领导者。

◆强调持续学习和适应行业发展的重要性，鼓励学生关注最新的政策文件和行业规范，不断提升自身的专业素养和实践能力。

内容概述

本章主要介绍工程造价信息化发展历程、现状及趋势，以及工程造价信息的内涵、分类及主要内容，以及BIM技术内涵、特点及其在全过程管理中的应用，以及现有全过程工程造价管理平台及其应用。旨在全面提升学生在全过程工程造价信息化管理方面的知识、实际操作能力和社会责任感，为他们在未来的职业生涯中奠定坚实的基础。

课程导入

我们正处于一个数字化的新时代，信息技术的迅猛发展正在以前所未有的速度改变着世界的每一个角落。在这样一个时代，全过程工程造价管理也迎来了它的信息化革命。信息化管理不仅为工程造价提供了更高效、更准确的工具，还为我们打开了一个全新的视角，让我们能够更深入地理解和管理工程的每一个细节。

在本章中，我们将一同走进这个数字化的世界，探索全过程工程造价信息化管理的发展历程、现状和未来趋势。我们将深入了解数字造价和全面造价管理的内涵，感受建筑信息模型（BIM）技术给传统造价管理方式带来的革新。BIM技术不仅提高了项目的效率，降低了成本，还在决策过程中提供了更多的优化可能性。

同时，本章将介绍当前流行的全过程工程造价管理平台，让学生能够掌握如何利用这些平台处理和分析工程造价信息。通过学习和实践，将能够熟练掌握工程造价信息的概念、分类、主要内容和分析方法。

此外，本章将强调培养关注政策文件和行业规范的重要性，鼓励大家将理论知识与实际项目相结合，不断提升自己的专业素养和实践能力。

通过本章的学习，深刻理解全过程工程造价信息化管理的重要性和价值，增强学生在工程造价领域的专业素养和实践能力。同时，也希望学生能够在学习的过程中，不断提升自己的思维能力，增强国家自信，为我国的工程建设事业贡献更多的智慧和力量。

第一节 全过程工程造价信息化管理

一、工程造价管理信息化概述

信息化是当前各国的发展趋势之一，是推动经济社会变革的重要力量。信息化是充分利用信息技术，开发利用信息资源，促进信息交流和知识共享，提高经济增长质量，推动经济社会发展转型的历史进程。

随着现代化建设的快速发展，我国在固定资产投资、基础设施建设领域投入巨大，PPP模式（Public-Private-Partnership，公共私营合作制）、EPC总承包模式（Engineering Procurement Construction）、大标段发包、全过程工程咨询等主流建设管理模式得到大规模推广应用，工程造价作为我国建筑领域发展中的一项重要的基础性工作，造价全过程活动所产生的信息已经成为非常有价值的社会公众资源，而这些具有潜在价值的数据仅仅依靠人工来准确分析和处理，是有一定的局限性的。

工程造价管理信息化是在传统建筑工程造价管理的基础上，应用计算机和网络通讯技术，促进工程造价管理科学化、标准化和信息化，便于工程造价信息在建设工程领域的搜集、加工、传递与商用，从而提高工程造价管理的绩效，最终促进建设项目管理的科学化。通过借助大数据、云计算等信息技术，可动态掌握建设市场动态，预测和控制工程造价的发展，了解建设工程招投标动态，承发包价格波动，材料价格市场行情，便于相关人员开展建筑全生命周期内的工程活动及其经济控制要点，完成造价咨询工作。因此，投资造价信息化与大数据共享成为造价管理工作的主要发展趋势，智能化则成为造价管理工作提质增效的主要途径。

二、工程造价管理信息化发展历程

20 世纪 90 年代前，工程造价管理主要借助人工的力量开展工程量计算、定额匹配、工料机分析、价差调整等工作，出现了以单一功能的工具性软件为代表的初步信息化，表现为预算软件的出现和应用，只注重施工阶段的造价管理，对前期阶段的造价管理考虑不多。20 世纪 90 年代中期，实现了以“工具软件 + 互联网”为依托的造价信息化，是以互联网技术初步应用为主要特征的发展阶段，开始出现社会化的造价信息数据。21 世纪初，形成以“工具软件 + 互联网 + 造价管理软件”为主的造价信息化，是以管理性软件系统初步应用为主要特征的阶段，一些企业开始尝试利用计算机和网络技术提高业务管理水平，出现了定额管理软件以及服务于工程建设参与各方的全过程工程造价管理软件。我国工程造价信息化发展阶段见表 7-1。

表 7-1 我国工程造价信息化发展阶段

	20 世纪 90 年代前	20 世纪 90 年代中期	21 世纪初
计量计价技术发展	人工计算或借助简单工具	专用计价软件	图形算量
定额管理信息化	建设主管部门授权，收集、分类、分析、整理建材价格资料，发布建设工程价格调整系数等文件形式	《工程造价管理》期刊，每季度发布建设工程市场指导价、建筑安装工程造价指数和三材价格指数	定额管理软件
信息获取方式	翻阅纸质工程计价信息	查阅电子期刊或网上查阅	自动计价（计价软件挂载信息系统）
全过程造价管理	只注重施工阶段的造价管理，对前期阶段的造价管理考虑不多		服务于工程建设参与各方的全过程工程造价管理软件不断出现

三、工程造价管理信息化发展现状

（一）工程造价管理信息化发展建设

1. 工程造价信息化政策支持

随着信息技术的迅猛发展，我国政府越来越重视信息化发展问题。2011 年中华人民共和国住房和城乡建设部（以下简称“住建部”）标准定额司发布了《关于做好建设工程造价信息化管理工作的若干意见》（建标造函〔2011〕46号），明确了工程造价管理信息化的总体目标，要求加快信息化建设，推动工程造价数据的标准化、数字化和智能化，提出要建立全国统一的工程造价信息平台，促进数据共享和业务协同，提升工程造价管理的效率和透明度。住建部于2016发布《2016—2020年建筑业信息化发展纲要》，要求进一步提高工程造价业信息化水平，初步建成一体化行业监管和服务平台，提升数据资源利用水平和信息服务能力，完善建筑行业与企业信息化标准体系和相关信息化标准，为信息资源共享和深度挖掘奠定基础。2020年住建部《关于印发工程造价改革工作方案的通知》（建办标〔2020〕38号），指出要加强工程造价数据积累，加快建立工程造价数据库，按地区、工程类型、建筑结构等分类发布人工、材料、项目等造价指标指数，利用大数据、人工智能等信息化技术为概预算编制提供依据。2024年住建部发布《“数字住建”建设整体布局规划》（建办〔2024〕12号），提出要优化全国工程造价咨询管理系统，探索建立政府投资工程造价数据库，推动工程造价咨询服务和工程建设模式转型升级。

2. 工程造价信息化标准建设

住建部发布并于2018年7月实施《建设工程造价指标指数分类与测算标准》（GB/T 51290—2018），规范了建设工程造价指标指数的分类、测算方法，以加强建设工程造价指标指数在宏观决策、行业管理中的指导作用。2023年住建部标准定额司起草了《建设工程造价数据交换标准》征求意见稿，来加快工程造价信息标准化体系建设、规范工程造价数据交换格式、促进数据共享利用。2025年住建部组织修订《建设工程人工材料设备机械数据标准（征求意见稿）》，以推进工程造价改革，加强数据积累，提高造价管理和造价信息服务水平，促进行业高质量发展。在国家层面出台标准的基础上，我国各地区相应也制定了地区数据标准，用于规范建设工程计价成果文件的数据输出格式，统一数据交换规则，实现数据共享。

3. 工程造价信息化平台建设

按照建设部关于建设工程信息网络建设规划，在中国工程建设信息网的基础上，初步建立了建设工程造价信息网，并完成了有关工程造价管理信息的建库工作，工程造价信息化平台建设取得了实质性进展。目前，建设工程造价信息网的主要内容包括造价数据监测平台、人工成本信息、住宅造价信息、砂石料价格信息系统、人材机动态数据系统、建设工程定额共享平台等。之后，全国绝大多数省份也纷纷建立了工程造价信息网站，但是这些网站的命名方式不统一，除了大部分省份将之命名为“某某省建设工程造价信息网”，也有少数省份用建设行政主管部门工程造价管理机构的单位名称命名。目前，在造价信息网栏目设置上，以政务信息、价格信息、计价依据、造价交流为主，在指数、指标和典型工程案例栏目建设方面较为薄弱。

4. 工程造价管理软件与信息系统建设

随着计算机技术、信息技术不断发展，计量、计价软件悄然问世，工程造价计算条件得到明显提升。广联达、斯维尔、鲁班、神机妙算等工程造价软件竞相发展，推陈出新，针对不同的目标人群、业务流程提出整体解决方案。目前，我国工程造价信息化软件种类丰富，工程造价软件开发企业已经注重对 BIM 技术、云技术、项目寿命周期的整体管理以及工程项目相关配套软件的研发。

综上所述，目前在宏观层面上，通过信息化发展规划、数据标准等方案的制定，为我国造价信息化指引了方向。在微观层面上，充分激活地方政府、企业和协会的活力，在信息平台的建设及信息搜集上均取得了一定的成绩。随着产业环境的巨变和信息技术的日新月异，信息化必将在工程造价行业里发挥着越来越重要的作用。

（二）工程造价管理信息化存在的问题

目前我国工程造价信息的提供仍以政府主管部门为主导，且在信息发布、数据共享、分类标准方面仍存在需要改进的地方。

1. 工程造价信息存在的问题

（1）信息发布、更新不及时，信息准确度不高

由于我国工程计价信息采集技术相对落后，各地区工程计价信息的收集、加工整理、发布等诸多工作还需要人工完成，采样点少，信息量不足，花费时间长，更新滞后，不能真实反映计价信息的实际变化，削弱了信息的时效性，甚至造成信息失实。

（2）信息缺乏有效的信息共享机制

项目各参建单位造价从业人员掌握着大量的第一手计价数据信息，由于市场瞬息万变， 从业人员忙于应对工作任务，加之计价信息的敏感性或出于个人原因或出于保密的需要，导致这些计价数据信息不能实时共享。很多单位特别是造价咨询单位出于工作制度或工作流程的需要，建立了相关岗位责任制和造价成果上报审核制，一般能做到单位内部数据成果文件共享，但不能实现更大范围内共享，造成了信息资源的浪费。缺少对这些实时数据或工作成果的分类整理与分析，导致大量的计价信息得不到加工和整理，一般只在单位内部对类似工程起到指导和借鉴作用，使计价信息的价值不能得到有效利用。各岗位之间、各部门之间、各单位之间、各项目之间计价信息的共享和利用尚不能充分实现。

（3）造价信息口径和分类标准仍不够统一

工程造价信息化的发展需要全面的技术标准体系支撑，建设项目各参与方之间尚且不能保证信息标准的统一性，而工程造价信息收集和处理、交流和共享需要相关配套技术标准。目前由于缺乏信息标准的系统分类以及统一规划，造成信息资源的远程传递和加工处理比较困难，无法发挥信息共享的优势，不利于对全国的工程计价信息进行整体全面的分析和研究。工程造价指标指数的分类与测算标准在实践中的成熟使用还需要一段比较长的时间。

2. 工程造价软件问题

（1）全过程工程造价管理软件未得到普及

虽然计量计价软件已有了良好的发展，但从工程造价咨询企业信息化建设现状调查显示，大部分企业信息化建设水平较低，工程造价软件系统功能较为单一，大多针对某一个阶段或某一参与方，

有明显的局限性，不能满足各阶段的工程造价管理信息化的需要；工具性软件仍停留在计量、计价阶段，还有很大的发展空间；与发达国家相比，全过程、全方位造价管理软件系统应用至今尚未普及，满足不了工程建设参与各方的全过程工程造价管理的需求。

（2）管理软件缺乏信息管理系统

随着全过程咨询的大力推进，造价咨询企业转型升级、统筹管理，目前已开始应用管理型软件来提高企业工作和管理效率。目前，管理软件大多局限在办公自动化、财务管理等，缺乏成熟的、专业的工程造价管理软件，且未建立企业信息管理系统，对于知识管理、BIM、云技术等技术的运用仍然不足，不能最大限度地提高企业管理水平。

（3）软件重复开发，形成恶性循环

当前建筑市场中存在大量功能类似的工程造价软件，且软件生成的成果性文件只能在有限的品牌软件中使用，造成数据不能互通共享，使得各类工程造价软件通用性较差，较难适应企业管理模式的变动，不能为企业提供一个集成通用的环境，导致软件重复开发。随着近年来数据接口开放，软件通用性较差的情况已经得到改善，但软件的可维护性、扩展性及容错能力仍需进一步改善。

3. 信息化专业人才问题

目前，我国大部分工程造价从业人员的知识面普遍较窄，技术能力和创新能力不足，知识结构很难达到复合型人才的要求。严重缺乏熟悉信息技术且懂造价和管理的复合型人才，整个行业又没有信息化专业人才培养计划和专业的行业信息化培训机构，导致我国工程造价信息化专业人才的来源减少。工程造价咨询企业也没有信息化专业人才的培养计划，对信息化的重视程度不够，直接导致从事信息化工作的人员减少。总之，信息化人才不管是质还是量都远远不足。

四、工程造价管理信息化发展趋势

（一）建设工程全面造价管理

按照国际造价工程联合会（ICEC）给出的定义，全面造价管理（TCM）是指有效地利用专业知识与技术，对资源、成本、盈利和风险进行筹划和控制。建设工程全面造价管理包括全寿命期造价管理、全过程工程造价管理、全要素造价管理和全方位造价管理。

1. 全寿命期造价管理

建设工程全寿命期造价是指建设工程初始建造成本和建成后的日常使用及拆除成本之和，包括策划决策、建设实施、运行维护及拆除回收等各阶段费用。由于在建设工程全寿命期的不同阶段，工程造价存在诸多不确定性，因此，全寿命期造价管理主要是作为一种实现建设工程全寿命期造价最小化的指导思想，指导建设工程投资决策及实施方案的选择。

2. 全过程工程造价管理

全过程工程造价管理是指覆盖建设工程策划决策及建设实施各阶段的造价管理。包括策划决策阶段的项目策划、投资估算、项目经济评价、项目融资方案分析；设计阶段的限额设计、方案比选、概预算编制；招投标阶段的标段划分、发承包模式及合同形式的选择、最高投标限价或标底编制；施工阶段的工程计量与结算、工程变更控制、索赔管理；竣工验收阶段的结算与决算等。

3. 全要素造价管理

影响建设工程造价的因素有很多。为此，控制建设工程造价不仅是控制建设工程本身的建造成本，还应同时考虑工期成本、质量成本、安全与环保成本的控制，从而实现工程成本、工期、质量、安全、环保的集成管理。全要素造价管理的核心是按照优先性原则，协调和平衡工期、质量、安全、环保与成本之间的对立统一关系。

4. 全方位造价管理

建设工程造价管理不仅是建设单位或承包单位的任务，还应是政府建设主管部门、行业协会、建设单位、设计单位、施工单位以及有关咨询机构的共同任务。尽管各方的地位、利益、角度等有所不同，但必须建立完善的协同工作机制，才能实现对建设工程造价的有效控制。

（二）工程造价指标体系

规范性、标准性与统一性是开展建设工程造价信息化建设的前提条件。只有建立起具备整体性的标准化工程造价咨询指标体系，方可促使所有企业将造价咨询指标传输至工程造价信息平台当中。例如，依照工程所属种类制定相应的工程造价数据信息标准条例、技术应用规范条文、信息资料采集与整合标准，信息交互与共享标准等等。在工程造价软件应用的过程中，要对工程造价接口标准进行统一化处理，明确工程造价数据整理与上传格式的规范性，将信息化建设基本工作落实到位，对信息内容类别进行条理清晰的划分。数据指标体系是数据分析中的重要元素，数据分析离不开对关键指标的跟踪，而指标是衡量事物好坏的一个指数。工程造价数据指标系统是运用已建立的工程造价指标管理系统工具，对已完成典型建设项目的设计概算、招标控制价、竣工结算书等成果资料进行信息化处理，录入（或导入）系统进行数据收集、分析比较，得到一系列能反映工程特点的经济技术指标，并按一定构架规则层次划分建立起的指标体系集合。它可辅助项目决策，合理确定和控制工程项目的建设投资，满足项目投资匡算、投资估算、设计概算、招标控制价等成果文件的编审需求。

工程造价的指标体系大致由投资匡算指标、投资估算指标、设计概算指标以及典型项目的招标控制价指标组成，如图 7-1 所示。

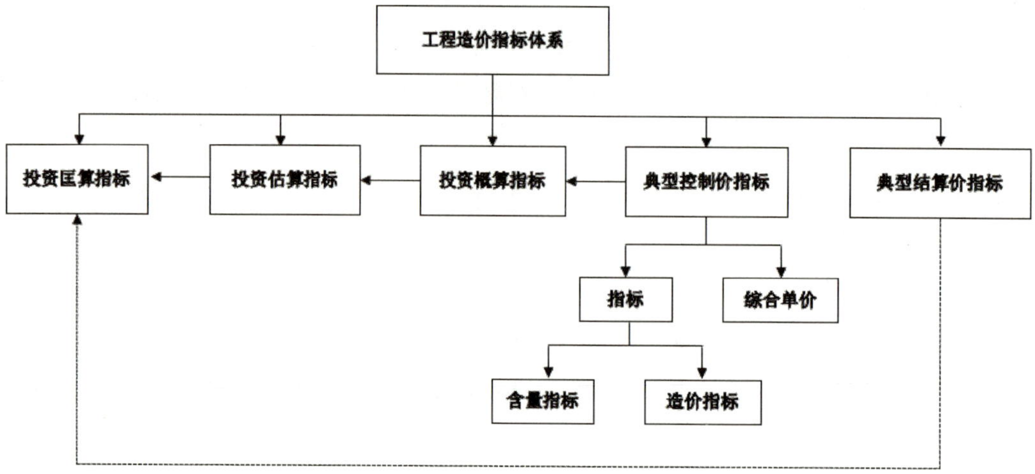

图 7-1 工程造价指标体系图

（三）数字造价管理

随着数字化、智能化技术飞速发展，工程项目管理数智化应运而生。所谓工程项目管理数智化，指在工程建设各参与主体及全过程中广泛应用数字化、智能化技术，不断开发和利用信息资源，促进工程项目管理水平不断提高的过程。工程项目管理数智化是新一代信息技术与工程项目管理科学深度融合的产物，是工程项目管理信息化的升级和发展。通过将数字化、智能化技术深入应用于工程项目管理，可创新项目管理理念，突破传统项目管理瓶颈，充分发挥技术要素、数据要素的使能作用和乘数效应，实现工程项目管理可视化、精细化和智能化，不仅有利于提升工程建设管理水平，而且能为建设工程运营管理精益化、智能化提供有力支撑。工程项目管理数智化管理模式的变化，使得数字造价管理应运而生。

1. 数字造价管理概念

数字造价管理是指利用 BIM、云计算、大数据、物联网、移动互联网、人工智能、区块链等数字技术方面的知识与技能，对工程造价进行预测、计划、控制、核算、分析和评价。数字造价管理结合全面造价管理的理论和方法，集成人员、流程、数据、技术和业务系统，实现工程造价管理的全过程、全要素、全参与方的结构化、在线化、智能化，构建项目、企业和行业的平台生态圈，从而建立新计价、新管理、新服务为代表的理想工作场景，推动造价专业领域转型升级，实现让每一个工程项目综合价值更优的目标。

“数字造价管理”理念在 2018 年第九届中国数字建筑峰会上首次被提出，该理念阐述了工程造价行业数字化转型路径，推动了造价管理技术与业务的融合。2019 年，在打造“中国建造”品牌目标引领下，数字技术在工程造价产业升级过程中发挥了关键作用。

2020 年，新技术推动建筑业高质量发展的重要作用被全行业认可。与此同时，《工程造价改革工作方案》也顺应了数字化时代变革趋势，工程造价行业朝着数字化方向发展成了必然，工程造价行业因此进入“数字造价管理”时代。

2. 数字造价管理的主要特征

数字造价管理通过数据驱动推动行业变革，结构化、在线化、智能化是“数字造价管理”的三大典型特征。其中结构化是基础，通过对工程造价管理过程及成果进行结构化描述，保证工程造价管理过程中数据的有效性。在线化是关键，通过实时在线实现数据分享、数据成果应用、优势互补。智能化是目标，通过数据分析、数据应用实现智能计价、快速决策。

数字造价管理时代，工程造价专业人员在智能终端的协助下，可随时随地开展工作，让工作变得智能高效。产生“新计价”“新管理”“新服务”的三新理想场景。

新计价即智能化计价，利用“云 + 大数据”技术积累工程造价基础数据，通过历史数据与价格信息形成自有市场定价方法，以 BIM 模型为基础，集成造价组成的各要素，通过造价大数据及人工智能技术，实现智能开项、智能算量、智能组价、智能选材定价，有效提升计价工作效率及成果质量。

新管理即数字化管理，是指利用数字技术和数字资源，在全面造价管理理念的牵引下，融合多方信息，通过数字化技术智能分析、快速决策，实现工程造价管理的愿景；其次是在云端平台的作用下通过业务互补、技能互补、资源互补、信息互补的生态合作方式整合生态的优势资源服务于项目，有效保障项目成功的管理过程。

新服务即精细化服务，首先是通过物联网智能设备、交易平台实时采集施工现场及交易数据，借助大数据分析技术形成准确动态的消耗量、人材机价格、指数、指标等市场化计价参考，服务于市场主体；其次是通过云端技术打造线上服务平台，打通发布、提问、答疑、修改的流程，在线化互动反馈修正，促进市场适用性，最后通过云端大数据库为投资决策、项目预警、诚信监督提供有效的数据依据。精准化服务也是数字造价管理的目标，即驱动行业变革与创新发展，使全面造价管理工作落地，让每一个工程项目综合价值更优。

3. 数字造价对各方的影响

（1）造价从业人员角度

数字技术可以在市场定价机制的引领下，收集行业市场价格数据信息，形成市场计价依据体系，保障市场定价的合理性；助力项目建模与计价工作的完成；驱动项目数据互通，实现线上协同、数据智能应用；让造价编制工作在提质增效的前提下，促使造价人员将更多的精力投入造价控制工作之中，实现从造价编制向造价控制的转变。

（2）项目各参与方角度

数字技术可以为业主方、施工方、咨询方以投资控制为核心的全过程工程造价管理和以成本数据为导向的施工成本管理等提供解决方案。参建各方利用数字化平台不仅可以助力实现工程造价全业务流程电子化、数字化，而且可以积累企业运营的相关数据，实现造价咨询成果数字化共享，提升企业运营效率、经营质量、造价业务效率和质量。数字技术对施工单位而言，还可以利用智能化现场管理技术对人工、材料和机械消耗进行跟踪和测定，从而掌握施工生产效率，提高成本管理水平。

（3）行业管理角度

数字技术可以助力行业管理部门以网络平台为基础，集成各个业务子系统，整合各方资源和数据，搭建数据采集加工中心，确保数据来源符合市场行情，形成最新数据信息，以更好地服务于各方市场主体。

（4）项目管理角度

利用数字技术可以根据工程实施情况的变化实时更新、实时生成最新造价成果，实现全过程动态数字化造价管理，为工程造价动态管理提供有力支撑。数字技术可以实现从专业服务到集成管理综合服务的转变，并且在深化专业服务的同时，还可以扩展以造价为核心的项目管理。借助数字化平台可以实现由专业到系统的组织集成、过程集成、要素集成和信息集成。

组织集成是将项目各参与方用同一个平台集合起来，实现多方协同管理；

过程集成是指项目全过程的造价管理，包括决策阶段、设计阶段、施工阶段以及运维阶段；

要素集成包括质量、安全、工期、成本、环境等要素对工程造价的影响；

信息集成即政策信息、决策信息、勘察设计信息、施工信息等都可在平台上集成。

第二节 工程造价信息

信息是现代社会使用最多、最广、最频繁的一个词语，逐步被人们重视，其内涵越来越丰富，外延越来越广阔。信息是指经过加工处理的、对人有用的、能够影响人们行为的数据，或者说信息是提供决策的有效数据、是数据处理的结果。信息不仅仅是数字，还可以是文字、图形、图像、标记、声音。在工程造价管理领域，信息也有它自己的定义。

一、工程造价信息概念及特点

（一）工程造价信息概念

工程造价信息是一切有关工程造价的特征、状态及其变动的信息的组合，包括建设工程人工、材料、工程设备、施工机械台班的价格信息，以及各类工程的造价指数、指标等。在工程承发包市场和工程建设过程中，工程造价总是在不停地运动着、变化着，并呈现出不同特点：区域性、多样性、专业性、系统性、动态性、季节性。

（二）工程造价信息特点

1. 区域性

建筑材料大多重量大、体积大、产地远离消费地点，因而运输量大，费用也较高。尤其不少建筑材料本身的价值或生产价格并不高，但所需要的运输费用却很高，这都在客观上要求尽可能就近使用建筑材料。因此，这类建筑信息的交换和流通往往限制在一定的区域内。

2. 多样性

建设工程具有多样性的特点，要使工程造价管理的信息资料满足不同特点项目的需求， 在信息的内容和形式上应具有多样性的特点。

3. 专业性

工程计价信息的专业性集中反映在建设工程的专业化上，例如水利、电力、铁道、公路等工程，所需的信息有它的专业特殊性。

4. 系统性

工程计价信息是由若干具有特定内容和同类性质的、在一定时间和空间内形成的一连串信息。一切工程造价的管理活动和变化总是在一定条件下受各种因素的制约和影响。工程造价管理工作也同样是多种因素相互作用的结果，并且从多方面被反映出来，因而从工程计价信息源发出来的信息都不是孤立、紊乱的，而是大量的、有系统的。

5. 动态性

工程计价信息需要经常不断地收集和补充新的内容，进行信息更新，真实反映工程造价的动态变化。

6. 季节性

由于建筑生产受自然条件影响大，施工内容的安排必须充分考虑季节因素，使得工程计价信息也不能完全避免季节性的影响。

工程造价信息作为一种社会资源在工程建设中的地位日趋明显，工程造价主管部门和工程发承包双方都越来越重视工程造价信息的接收、加工、传递和利用。通过造价信息资源的开发，能够帮助人们了解和掌握工程承包市场和工程建设过程中造价运动的变化，是工程承包商和政府工程造价主管部门了解市场动态、预测工程造价发展、制定政府工程造价政策和工程承包价格的重要依据。

【案例解析 8.1】

某类建筑材料本身的价格不高，但所需的运输费用却很高，该类建筑材料的价格信息一般具有较明显的（　　）。

A. 专业性　　B. 季节性

C. 区域性　　D. 动态性

解析：C。

区域性指价格因地理位置、运输距离或区域供需条件不同而变化。运输费用高时，材料在偏远地区或远离产地的区域，总价会明显上升，在产地附近，总价较低。这种价格差异主要由区域因素（如距离、交通基础设施）驱动，而非材料本身属性。

二、工程造价信息分类

（一）工程造价信息分类的原则

为了便于对造价信息的管理和高效利用，非常有必要将众多信息按照一定的规则和方法进行区分和归集，对工程造价信息分类必须遵循以下原则。

1. 稳定性

信息分类应选择分类对象最稳定的基本属性或特征作为信息分类的基础和标准。信息分类系统应基于对基本概念和对象的彻底理解和准确把握。

2. 兼容性

信息分类系统必须考虑项目参与者应用的编码系统，项目信息分类系统应满足不同项目参与者高效信息交换的需要。同时，兼容性也应考虑与相关国际和国内标准的一致性。

3. 可扩展性

信息分类系统应具有较强的灵活性，在使用过程中可以方便地扩展，以确保在添加新的信息类型时不会破坏已建立的分类系统。

4. 综合实用性

信息和分类应从系统工程角度出发，放在具体的应用环境中进行整体考虑。这体现在信息分类的标准与方法的选择上，应综合考虑项目的实施环境和信息技术工具。

【案例解析 8.2】

工程造价信息分类必须遵循的基本原则有（　　）。

A. 稳定性　　B. 可扩展性

C. 兼容性　　D. 动态性

E. 及时性

解析：ABC。

动态性属于工程造价信息的特点。E 没有此分类。

【案例解析 8.3】

工程造价信息分类应从系统工程角度出发，放在具体的应用环境中进行整体考虑，应综合考虑项目的实施环境和信息技术工具，这体现了工程造价信息分类的（　　）。

A. 综合实用性　　B. 稳定性

C. 兼容性　　D. 可扩展性

解析：A。

工程造价信息分类应综合考虑项目的实施环境和信息技术工具，这体现了工程造价信息分类的综合实用性。

（二）工程造价信息的具体分类

所有对工程造价的确定和控制起作用的信息都可以称为工程造价信息。工程造价信息具体分类如下。

①按信息是否承载经济信息，可以分为经济信息和非经济信息。这些信息既包括大量的反映项目建造成本、资源价格的经济信息，也包括大量的反映项目建筑特征、结构特征、功能特征、交易信息等在内的非经济信息。

②从形式划分，可以分为文件式工程造价信息和非文件式工程造价信息。这些信息既包括正式的文件式工程造价信息，如清单计价规范、各种定额以及市场价格指导文件等，也包括大量的非文件式造价信息，如各种指数、指标等。

③按反映经济层面划分，分为宏观工程造价信息和微观工程造价信息。这些信息既包括反映国家行业整体建造水平、资源价格的宏观工程造价信息，也包括反映具体项目的微观工程造价信息。

④按动态性划分，可分为过去的工程造价信息、现在的工程造价信息和未来工程造价信息。

三、工程造价信息的主要内容

从广义上说，所有对工程造价的计价过程起作用的资料都可以称为工程造价信息，具体详见如下。

①市场信息。主要包括人、材、机械、设备等要素价格信息，生产商、供应商信息等。

②计价依据。主要包括预算定额、概算定额、概算指标、投资估算指标、劳动定额、施工定额、费用定额、工期定额、企业定额等各类定额；消耗量指标、造价（费用）及其占比指标、技术经济指标等各类型造价指标。

③造价指数。单项价格指数，主要包括人工费价格指数、主要材料价格指数、施工机械台班价格指数等；综合价格指数，主要包括建筑安装工程造价指数、建设项目或单项工程造价指数等。

④工程（案例）信息。包括单方造价、总造价、分部分项工程单方造价、各类消耗量信息；包括已建和在建工程功能信息、建筑特征、结构特征、交易信息等；包括建设单位、交易中心发布的各种招标工程信息。

⑤法规标准信息。建设管理法规、计价管理法规、清单计量计价规范、造价技术标准。

⑥技术发展信息。新技术、新工艺、新材料、新产品的开发利用信息。

但最能体现信息动态性变化特征，并且在工程价格的市场机制中起重要作用的工程计价信息主要包括价格信息、工程造价指数和工程造价指标三类。

（一）价格信息

价格信息包括各种建筑材料、装修材料、安装材料、人工工资、施工机具等的最新市场价格。这些信息是比较初级的，一般没有经过系统的加工处理，也可以称其为数据。

1. 人工价格信息

根据《关于开展建筑工程实物工程量与建筑工种人工成本信息测算和发布工作的通知》（建办标函〔2006〕765 号），我国自 2007 年起开展建筑工程实物工程量与建筑工种人工成本信息（即人工价格信息）的测算和发布工作。其成果是引导建筑劳务合同双方合理确定建筑工人工资水平的基础，是建筑业企业合理支付工人劳动报酬和调解、处理建筑工人劳动工资纠纷的依据，也是工程招标投标中评定成本的依据。

（1）建筑工程实物工程量人工价格信息

建筑工程实物工程量人工价格信息是按照建筑工程的不同划分标准为对象，所反映的单位实物工程量人工价格信息。根据工程不同部位，体现作业的难易、结合不同工种作业情况将建筑工程划分为：土石方工程、架子工程、砌筑工程、模板工程、钢筋工程、混凝土工程、防水工程、抹灰工程、木作与木装饰工程、油漆工程、玻璃工程、金属制品制作及安装、其他工程共 13 项，其表现形式见表 7-2。每一个工程量清单的综合单价中包含人工、材料、机械、管理费、利润和一定的风险，随着人工工日单价的上涨，人工单价占综合单价比例也越来越大，比如，在西安平整场地综合单价大致在 25 ~ 30 元 / 平方米，其中人工成本 8.1 元 / 平方米。

表 7-2　×× 市建筑工程实物工程量人工单价

单位：元

项目编码	项目名称	工程量计算规则	计量单位	人工单价
1. 土石方工程				
01001	平整场地	按实际平整面积计算	m^2	5.74
01003	人工挖土方	按实际挖方的天然密实体积计算	m^3	31.00
01004	人工挖沟槽、坑土方（深 2 m 以内）		m^3	36.00
01006	人工回填土	按实际填方的天然实体积计算	m^3	39.00
2. 砌筑工程				
03001	砖基础砌筑	按实际砌筑体积计算	m^3	172.00
03002	砖墙砌筑		m^3	184.00
03004	多孔、空心砖砌筑		m^3	186.00
03006	空心砌块墙砌筑		m^3	184.00

在建设项目过程中不同地区完成单位工程量项目所消耗的人工工日不同，人工成本信息也不同，详见表 7-3。

表 7-3　2017 年二季度部分地区建筑实物工程量人工成本信息

单位：元

1. 土石方工程					
地区名称		01001	01003	01004	01006
		平整场地	人工挖土方	人工挖沟槽、坑土方（深 2 m 以内）	人工回填土
	项目名称	按实际平整面积计算	按实际挖方的天然密实体积计算		按实际填方的天然实体积计算
		m^2	m^3		
1	天津市	9.12	50.16	59.28	25.08
2	石家庄市	4.00	30.00	30.00	15.00
3	太原市	4.18	21.03	23.81	14.30
4	呼和浩特市	3.48	26.08	50.46	27.52
5	长春市	3.26	27.65	37.25	28.35
6	哈尔滨市	5.00	30.00	40.00	22.00
7	上海市	5.78	34.84	37.99	26.65
8	杭州市	6.62	36.38	47.45	23.90
9	合肥市	4.13	28.38	28.45	19.84
10	福州市	7.00	50.00	55.00	30.00
11	南昌市	6.59	28.13	32.10	24.37
12	济南市	5.00	32.00	40.00	28.00
13	郑州市	5.34	23.17	24.57	19.02
14	长沙市	7.00	21.20	31.00	12.60
15	广州市	3.50	22.00	38.00	14.50
16	南宁市	8.50	35.00	41.50	30.00
17	海口市	5.50	18.00	18.00	16.00
18	重庆市	9.50	48.60	60.50	28.30
19	贵阳市	7.53	38.80	39.97	23.46
20	昆明市	5.80	25.00	33.00	21.00
21	西安市	5.74	31.00	36.00	39.00
22	兰州市	5.01	38.00	38.00	25.00
23	西宁市	4.50	24.00	26.00	15.00
24	银川市	5.20	24.00	28.00	19.00
25	乌鲁木齐市	6.50	25.00	25.00	25.00

（2）建筑工种人工成本信息

建筑工种人工成本信息是按照建筑工人的工种分类，反映不同工种的单位人工日工资单价。建筑工种是根据《中华人民共和国劳动法》和《中华人民共和国职业教育法》的有关规定，对从事技术复杂、通用性广、涉及国家财产、人民生命安全和消费者利益的职业（工种）的劳动者施行就业准入的规定，结合建筑行业实际情况确定的，其表现形式表 7–4。

表 7–4 ×× 市建筑工种人工成本价格

单位：元

序号	工种	单位	日工资	说明
1	建筑杂工	工日	256.00	
2	砖瓦工	工日	356.00	
3	砌石工	工日	359.00	
4	混凝土工	工日	349.00	
5	钢筋工	工日	368.00	
6	模板工	工日	399.00	
7	架子工	工日	401.00	
8	玻璃工	工日	349.00	
9	防水工	工日	330.00	
10	抹灰工	工日	351.00	
11	油漆工（一般乳胶漆）	工日	353.00	
12	一般焊工	工日	363.00	
13	高级焊工	工日	457.00	
14	结构钢架工	工日	392.00	
15	管工	工日	372.00	
16	电工	工日	346.00	
17	电调工	工日	343.00	
18	仪表工	工日	344.00	
19	机械工	工日	336.00	
20	运输车司机	工日	303.00	
21	绿化工	工日	294.00	

注：①本劳务价格是收集市场价格，经分析、整理完成的，反映 ×× 市建设工程劳务市场价格行情。

②本劳务价格包含了基本工资、工资性补贴、生产工人辅助工资、职工福利费、生产工人劳动保护费，以及应缴纳的住房公积金与社会保险费等内容。

2. 材料价格信息

在材料价格信息的发布中，应披露材料规格型号、单位、单价等信息。表 7–5 为 ×× 市预拌凝土材料价格信息的示例。表 7–6 为 ×× 市周转材料价格租赁价格信息的示例。

表 7-5 ×× 市预拌混凝土材料价格信息

序号	材料设备名称	规格型号	单位	含税价 / 元
1	普通预拌混凝土	C10，骨料最大粒径 31.5	m^3	473.64
2	普通预拌混凝土	C15，骨料最大粒径 31.5	m^3	492.63
3	普通预拌混凝土	C20，骨料最大粒径 31.5	m^3	510.30
4	普通预拌混凝土	C25，骨料最大粒径 31.5	m^3	534.23
5	普通预拌混凝土	C30，骨料最大粒径 31.5	m^3	554.07
6	普通预拌混凝土	C35，骨料最大粒径 31.5	m^3	584.69
7	普通预拌混凝土	C40，骨料最大粒径 31.5	m^3	597.49
8	普通预拌混凝土	C45，骨料最大粒径 31.5	m^3	614.00
9	普通预拌混凝土	C50，骨料最大粒径 31.5	m^3	639.46
10	普通预拌混凝土	C55，骨料最大粒径 31.5	m^3	660.64
11	普通预拌混凝土	C60，骨料最大粒径 31.5	m^3	690.39
12	泵送预拌混凝土	C10，骨料最大粒径 31.5	m^3	480.33
13	泵送预拌混凝土	C15，骨料最大粒径 31.5	m^3	515.51
14	泵送预拌混凝土	C20，骨料最大粒径 31.5	m^3	533.36
15	泵送预拌混凝土	C25，骨料最大粒径 31.5	m^3	551.13
16	泵送预拌混凝土	C30，骨料最大粒径 31.5	m^3	565.79
17	泵送预拌混凝土	C35，骨料最大粒径 31.5	m^3	595.58
18	泵送预拌混凝土	C40，骨料最大粒径 31.5	m^3	611.91
19	泵送预拌混凝土	C45，骨料最大粒径 31.5	m^3	620.13
20	泵送预拌混凝土	C50，骨料最大粒径 31.5	m^3	665.79
21	泵送预拌混凝土	C55，骨料最大粒径 31.5	m^3	682.13
22	泵送预拌混凝土	C60，骨料最大粒径 31.5	m^3	707.30

注：①本泵送预拌混凝土价格不包括泵送费，泵送费另按《××市建筑工程消耗量定额》中的有关子目计算；

②本预拌混凝土价格是按国家现行施工规范规定混凝土浇筑时的坍落度标准制定的，若实际混凝土浇筑时坍落度与规范要求不同时，为保证质量所发生的费用由买卖双方协商。

表 7-6 ×× 市周转材料租赁价格信息

序号	材料设备名称	规格型号	单位	含税价 / 元
1	脚手架钢管	综合	t·月	154.15
2	脚手架扣件	综合	个·月	0.31
3	顶托	70 cm	根·月	1.07
4	钢笆子（钢架板）	综合	t·月	181.90
5	承插型盘扣式钢管脚手架（成套、包顶托、底托等配件）	综合	t·月	179.49
6	铝合金模板	层高≤ 3.2 m，标准层 30 层	m^2	15.82

注：除铝合金模板外，周转材料为三个月起租的月租含税价格。

3. 施工机具价格信息

施工机具价格信息可分为机具市场价格信息和机具租赁市场价格信息两部分。相对而言，后者对于工程计价更为重要，发布的机具价格信息应包括机具种类、规格型号、租赁单价等内容。表 7-7 为 × × 市施工机具租赁价格的示例。

表 7-7　×× 市施工机具租赁价格

设备名称	机具类型	租赁价格 / （元 / 月）
塔式起重机	QTZ80 臂长 60 m、安装高度为标准高度	28 328.00
	QTZ80 臂长 60 m、安装高度为标准高度 -100 m（含 100 m）	29 705.00
	QTZ80 臂长 60 m、安装高度为 100 ~ 150 m（含 150 m）	32 789.00
	QTZ80 臂长 65 m、安装高度为标准高度	32 182.00
	QTZ80 臂长 65 m、安装高度为标准高度 -100 m（含 100 m）	33 405.00
施工电梯	SC200/200 普通低速、安装高度为 100 m 以内（含 100 m）	15 873.00
	SC200/200 普通低速、安装高度为 100 ~ 150 m（含 150 m）	17 010.00
	SC200/200 变频低速、安装高度为 100 m 以内（含 100 m）	15 749.00
	SC200/200 变频低速、安装高度为 100 ~ 150 m（含 150 m）	17 104.00
	SC200/200 变频中速、安装高度为 150 m 以内（含 150 m）	25 328.00
	SC200/200 变频中速、安装高度为 150 ~ 200 m（含 200 m）	30 313.00

注：施工机械为半年起租的月租含税价格，不包括燃料、动力、机械进退场、安拆、基础预埋件以及机上人工等费用。

（二）工程造价指数

1. 指数的概念

指数是用来统计研究社会经济现象数量变化幅度和趋势的一种特有的分析方法和手段。指数有广义和狭义之分。广义的指数指反映社会经济现象变动与差异程度的相对数，如产值指数、产量指数等。而从狭义上说，统计指数是用来综合反映社会经济现象复杂总体数量变动状况的相对数。

2. 工程造价指数的概念

工程造价指数是一定时期的建设工程造价相对于某一固定时期工程造价的比值，以某一设定值为参照得出的同比例数值，用来反映一定时期由于价格变化对工程造价的影响程度，它是调整工程造价价差的依据。工程造价指数可以用来分析价格变动趋势及其原因，预计宏观经济变化对工程造价的影响，也是工程发承包双方进行工程估价和结算的重要依据。

3. 工程造价指数的分类和编制

工程造价指数包括人材机市场价格指数、单项工程造价指数、建设工程造价综合指数。

(1)人材机市场价格指数

人材机市场价格指数包括了反映各类工程的人工费、材料费、施工机具使用费及报告期价格对基期价格的变化程度的指标。可利用它研究主要单项价格变化的情况及其发展变化的趋势。其计算过程可以简单表示为报告期价格与基期价格之比。

人材机市场价格指数的编制可以直接用报告期价格与基期价格相比后得到。其计算公式为

$$人工费(材料费、施工机具使用费)价格指数 = \frac{P_1}{P_0} \tag{7-1}$$

式中 P_0——基期人工日工资单价(材料价格、施工机具台班单价);

P_1——报告期人工日工资单价(材料价格、施工机具台班单价)。

(2)单项工程造价指数

单项工程造价指数主要是指按照不同专业类型划分的各类单项工程造价指数,与单项工程造价指标的分类类似,单项工程造价指数也可划分为房屋建筑与装饰工程、仿古建筑工程、通用安装工程、市政工程、园林绿化工程、矿山工程、构筑物工程、城市轨道交通工程和爆破工程等。

单项工程造价指数可使用已有的各类单项工程造价指标进行编制。通过报告期与基期相应的工程造价指标的比值计算,其计算公式为:

$$单项工程造价指数 = \frac{P_1'}{P_0'} \tag{7-2}$$

式中 P_0'——基期单项工程造价指标;

P_1'——报告期单项工程造价指标。

(3)建设工程造价综合指数

建设工程造价综合指数通常按照地区进行编制,即将不同专业的单项工程造价指数进行加权汇总后,反映出该地区某一时期内工程造价的综合变动情况。

建设工程造价综合指数的编制是在单项工程造价指数编制结果的基础上,将不同专业类型的单项工程造价指数以投资额为权重加权汇总后编制完成的,其计算公式为

$$建设工程造价综合指数 = \left(A_1 \times X_1 + A_2 \times X_2 + \cdots + A_n \times X_n\right) / \left(X_1 + X_2 + \cdots + X_n\right) \tag{7-3}$$

式中 A_n——同期各类单项工程造价指数;

X_n——同期各类单项工程总投资额。

工程造价指数的表现形式有多种,表 7-8 ~ 表 7-11 分别为工程造价指数几种常见表现形式的示例。

表 7-8 ××市当期建设工程材料价格指数

序号	材料类别	价格指数	序号	材料类别	价格指数
1	水泥	111.59	10	保温材料	127.64
2	木材	106.23	11	电气材料	109.59
3	钢材	97.77	12	水暖材料	97.36
4	砖瓦	100.13	13	零星材料	98.02

表 7-8（续）

序号	材料类别	价格指数	序号	材料类别	价格指数
5	白灰	116.94	14	脚手架周转费	100.00
6	砂石	115.49	15	钢模板周转费	100.00
7	玻璃	118.53	16	胶合板模板周转费	100.00
8	燃油	123.81	17	木模板周转费	100.00
9	防水材料	97.01			

注：本指数以 2020××市各专业工程预算基价的材料基期价格为 100。

表 7-9　××市当期施工机械台班价格指数

序号	施工机械类别	价格指数	序号	材料类别	价格指数
1	土石方及筑路机械	118.76	7	加工机械	108.49
2	桩工机械	114.74	8	泵类机械	101.82
3	起重机械	112.93	9	焊接机械	102.22
4	水平运输机械	117.39	10	动力机械	111.78
5	垂直运输机械	115.88	11	地下工程机械	101.91
6	混凝土及砂浆机械	116.77	12	其他机械保温材料	101.82

注：本指数以 2020××市各专业工程预算基价的施工机械台班基期价格为 100。

表 7-10　××市当期建筑工程造价指数及变动幅度

工程类别		本月造价指数	造价变动幅度		
			自年初各月平均与上年同期比（±%）	与上年同期比（±%）	与上月比（±%）
多层建筑	混结构（页岩砖）	106.68	−3.12	−0.75	0.29
	框架结构（满堂基础）	104.54	−4.92	−1.61	0.27
	框架结构（承台基础）	107.48	−2.86	−0.53	0.41
高层建筑	框架结构	105.73	−3.42	−1.04	0.12
	滑模	105.14	−4.35	−1.48	0.28
单层工业建筑	框架结构	104.57	−3.49	−1.41	0.09
	钢结构	103.45	−2.68	−0.71	0.26
多层工业建筑	框架结构	105.85	−4.43	−1.39	0.23
	钢结构	104.08	−2.64	−0.72	0.14
构筑物	砖石结构	109.32	−1.44	0.39	0.58
	混凝土结构	103.54	−8.19	−3.27	−0.05
桩基础		105.06	−6.80	−2.94	−0.01
总平均		105.90	−3.78	−1.12	0.25

注：①造价指数以 2020×× 市建筑工程预算基价为基数的计算结果为 100。

②造价指数以本月建材市场信息中准价及主要材料综合规格市场价格为依据。

③造价指数中已包括市住建委发布的各项调整规定。

表 7-11　×× 市当期安装工程造价指数及变动幅度

工程类别		本月造价指数	造价变动幅度		
			自年初各月平均与上年同期比 /%	与上年同期比 /%	与上月比 /%
多层建筑	给排水工程	103.99	0.26	0.45	0.06
	采暖工程	103.43	−1.71	−0.19	0.17
	电气工程	108.87	−1.12	0.85	0.23
高层建筑	通风工程	105.97	−4.43	−0.60	0.51
	总平均	105.57	−1.78	0.13	0.24

注：①造价指数以 2020×× 市建筑工程预算基价为基数的计算结果为 100。

②造价指数以本月建材市场信息中准价及主要材料综合规格市场价格为依据。

③造价指数中已包括市住建委发布的各项调整规定。

【案例解析 8.4】

图 7-2～图 7-4 为陕西省建设工程材料价格监测平台及相关数据展示，展现的是 2023 年 8 月的螺纹钢（HRB400，直径 12～14，下称螺纹钢）的材料价格指数 997.48，2023 年 7 月的价格指数 1 022.67，查阅相关资料知，螺纹钢 2023 年 8 月含税价是 3 960 元 / 吨，2023 年 7 月含税价是 4 060 元 / 吨。较 2023 年 7 月下降 2.46%，其中，（3 960−4 060）/4 060 =−2.46%，2022 年 7 月含税价是 4 470 元 / 吨，较 2022 年 7 月下降 11.41%，其中（3 960−4 470）/4 470=−11.41%。

图 7-2　陕西省建设工程材料价格检测平台

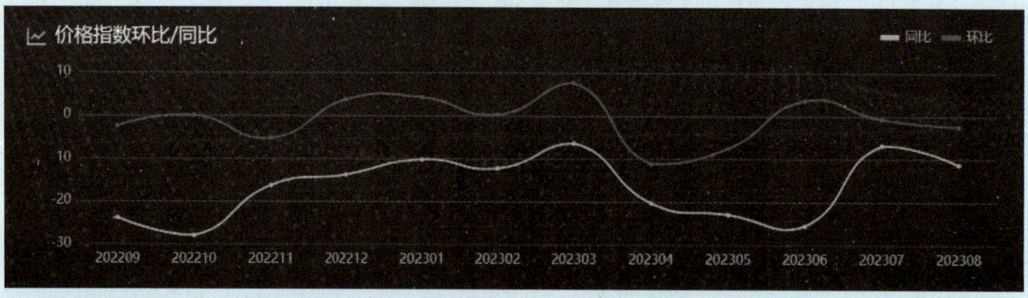

图 7-3 价格指数图

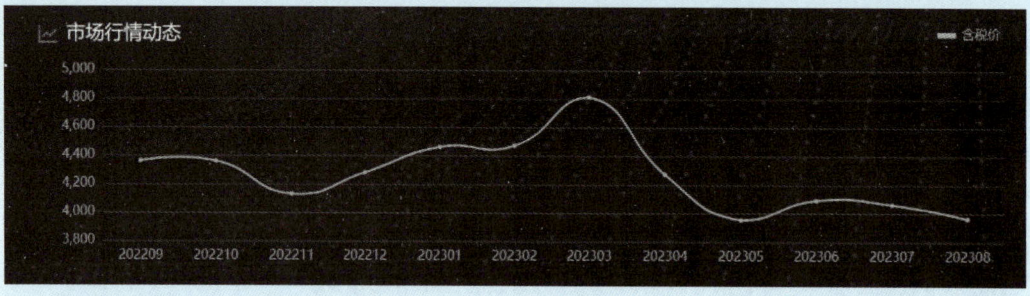

图 7-4 市场行情动态图

（三）工程造价指标

根据已完或在建工程的各种造价信息，经过统一格式及标准化处理后的造价数值，可用于对已完或在建工程的造价分析以及拟建工程的计价依据。

常见的是建安成本指标，建筑安装工程费按照费用构成要素划分：由人工费、材料费、施工机具使用费、企业管理费、利润、规费和税金组成。建筑安装工程费按照工程造价形成由分部分项工程费、措施项目费、其他项目费、规费、税金组成。分部分项工程费、措施项目费、其他项目费包含人工费、材料费、施工机具使用费、企业管理费和利润。一个住宅项目的建安成本包含建筑工程费和安装工程费，其中安装工程费包含供水、供暖、卫生、通风、煤气等设备费用及其装饰、油饰工程的费用，列入建筑工程的各种管道、电力、电信和电缆导线敷设工程的费用。全国住宅建安成本走势图如图 7-5 所示。

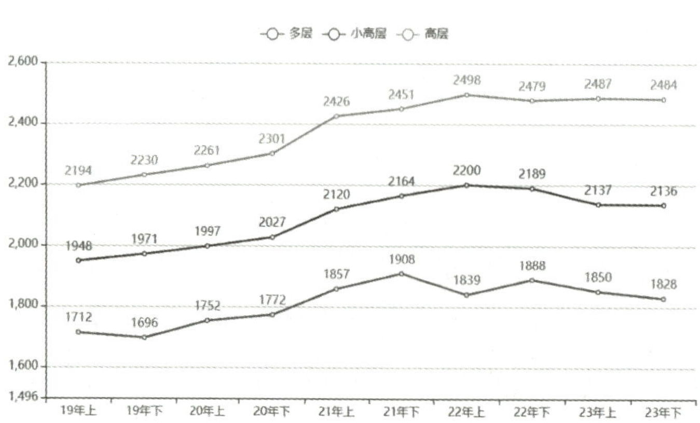

图 7-5 全国住宅建安成本走势图

在建设项目过程中，由于项目具有地域性，不同地区的建安成本也不同，见表 7-12，为了使得造价指标具有可比性，需要详细表述项目概况，横向对比，只有层数、结构类型、建筑用途、工程范围具有一定可比性时，造价指标的参考价值越高，具体详见表 7-13 。

表 7-12 2022 年下半年部分地区住宅建安工程造价指标

单位：元 /m²

地区	建筑型式			说明
	多层	小高层	高层	
上海	3 119	3 990	3 917	1. 本数据采用 2022 年 12 月上海市建设工程造价信息进行测算。 2. 根据大数据分析，同时考虑上海造价水平的平衡性。材料：主材按 2022 年 11 月总站信息价格，材料价格较 2021 年 11 月有较大降低，人工价格有较大幅度提高。 3. 与 2022 年上半年相比上调 3.26%，主要原因是人工价格提高
天津	2 626	3 146	3 454	1. 计价方式说明。以上价格采用营改增后一般计税法计价。 2. 价格要素说明。工程材料价格依据 2022 年《天津工程造价信息》11 月份综合价格计算。其中，AC30 混凝土价格为 473.00 元 /m³。钢筋 D10 以内价格 4 615.50 元 /t，钢筋 D10 以外价格 4 032.89 元 /t。 人工价格：一类工 201.35 元 / 工日，二类工 177.66 元 / 工日，三类工 148.71 元 / 工日。 3. 工程概况。 （1）多层建筑选用的工程：建筑面积 3 357 m²，檐高 18.50 m，砖混结构，层数 6 层，砌体采用页岩多孔砖。地面为水泥砂浆地面，内墙面抹混合砂浆、刮腻子，外墙面贴 50 厚挤塑保温板，局部贴 70 厚挤塑保温板。门窗采用断桥铝合金中空玻璃门窗。 （2）小高层建筑选用的工程：建筑面积 4 785 m²，檐高 36.90 m，剪力墙结构，地下 1 层，地上 11 层。地面为水泥砂浆地面，内墙面抹混合砂浆、刷涂料。外墙面采用聚苯乙烯泡沫板墙体保温、FTC 保温砂浆、刷涂料。门窗采用断桥铝合金中空玻璃门窗。 （3）高层建筑选用的工程：建筑面积 13 860 m²，檐高 79.80 m，框架剪力墙结构，地下 1 层，地上 26 层。地面为水泥砂浆地面，内墙面抹保温砂浆，刷涂料，外墙聚苯保温板保温，抹胶粉颗粒保温灰，外墙面分别采用刷涂料、干挂大理石做法。门窗采用断桥铝合金中空玻璃门窗

表 7-13 ×× 市 ×× 高层住宅工程概况及造价指标汇总

1	项目概况	项目名称	高层住宅楼	工程地区	西安
		建筑性质	商品	建筑面积	
		结构类型	剪力墙	建筑层数	地上 12 层，地下 2 层
		设防烈度	8.00	地上建筑层高	3.00

表 7-13（续）

<table>
<tr><td rowspan="5">2</td><td rowspan="5">建筑与装饰工程</td><td colspan="4">交房标准</td><td colspan="4">公共走廊地砖，其余公共部分水泥砂浆楼地面，墙面顶面刷乳胶漆；户内毛墙毛地</td></tr>
<tr><td colspan="4">填充墙施工标准</td><td colspan="4">加气混凝土砌块、页岩多孔砖</td></tr>
<tr><td colspan="4">外墙保温施工标准</td><td colspan="4">70 厚岩棉保温板</td></tr>
<tr><td colspan="4">外装饰施工标准</td><td colspan="4">只计基层抹灰和保温，不计面层</td></tr>
<tr><td colspan="4">楼梯间、电梯厅等公共装修标准</td><td colspan="4">楼梯间水泥砂浆楼地面，墙和顶为乳胶漆；电梯厅装修不在总包范围</td></tr>
<tr><td rowspan="5">3</td><td rowspan="5">安装工程</td><td colspan="4">电气设备安装工程</td><td colspan="4">公灯、电梯双电源切换箱、动力照明配电箱、公共部位感应吸顶灯、应急照明灯、荧光灯，低烟无卤电缆、铜芯线，钢管及塑料管敷设、普通开门插座、防雷接地装置</td></tr>
<tr><td colspan="4">给排水、采暖、燃气工程</td><td colspan="4">给水：水箱、潜水泵、总管钢塑复合管、支管 PPR 管、UPVC 排水管、普通卫生清具（坐便器、洗脸盆、洗涤盆）、螺纹水表</td></tr>
<tr><td colspan="4">消防工程</td><td colspan="4">喷淋系统及火灾报警系统</td></tr>
<tr><td colspan="4">建筑智能化系统工程</td><td colspan="4">弱电工程：户内多媒体配电箱、钢管敷设、部分管架、穿电话线及网线</td></tr>
<tr><td colspan="4">电梯工程</td><td colspan="4">2.00 个，国产、合资品牌</td></tr>
<tr><td rowspan="4">4</td><td rowspan="4">价格说明</td><td colspan="4">计价方式</td><td colspan="4">清单计价</td></tr>
<tr><td colspan="4">地基处理桩</td><td colspan="4">不在总包范围</td></tr>
<tr><td colspan="4">窗类型</td><td colspan="4">不在总包范围</td></tr>
<tr><td colspan="4">商品混凝土价格信息价 C25-45</td><td colspan="4">商品混凝土 C15 580 元 /m³
商品混凝土 C20 600 元 /m³
商品混凝土 C25 600 元 /m³
商品混凝土 C30 625 元 /m³</td></tr>
<tr><td rowspan="9">5</td><td rowspan="9">单方造价及占比</td><td colspan="4">地方部分及占比</td><td colspan="4">地下部分及占比</td></tr>
<tr><td>1</td><td>地上单方造价</td><td>1 758.00</td><td>100%</td><td>1</td><td>地库单方造价</td><td>3 230.00</td><td>100%</td></tr>
<tr><td>1.1</td><td>土建单方造价</td><td>1 485.00</td><td>84.47%</td><td>1.1</td><td>土建单方造价</td><td>2 795.00</td><td>86.53%</td></tr>
<tr><td>1.2</td><td>安装单方造价</td><td>273.00</td><td>15.53%</td><td>1.2</td><td>安装单方造价</td><td>435.00</td><td>13.47%</td></tr>
<tr><td>1.2.1</td><td>给排水单方造价</td><td>65.00</td><td>3.70%</td><td>1.2.1</td><td>给排水单方造价</td><td>40.00</td><td>1.24%</td></tr>
<tr><td>1.2.2</td><td>电气单方造价</td><td>124.00</td><td>7.05%</td><td>1.2.2</td><td>电气单方造价</td><td>304.00</td><td>9.41%</td></tr>
<tr><td>1.2.3</td><td>采暖单方造价</td><td>38.00</td><td>2.16%</td><td>1.2.3</td><td>采暖单方造价</td><td>31.00</td><td>0.96%</td></tr>
<tr><td>1.2.4</td><td>地辐热单方造价</td><td>34.00</td><td>1.93%</td><td>1.2.4</td><td>通风单方造价</td><td>60.00</td><td>1.86%</td></tr>
<tr><td>1.2.5</td><td>通风单方造价</td><td>12.00</td><td>0.68%</td><td></td><td></td><td></td><td></td></tr>
</table>

四、全过程工程造价信息分析案例

（一）工程概况

工程名称：×× 市公立小学 1# 教学楼土建工程。

工程地点：×× 省 ×× 市。

工程规模：项目占地面积约 49.92 亩，项目总建筑面积 49 960.00 m^2，其中地上建筑面积 32 154.00 m^2，其中 1# 教学楼总建筑面积 8 629.18 m^2，基底面积 2 498.09 m^2。工程承包范围：1# 教学楼土建工程施工，以图纸范围为准。发、承包双方于 2023 年 9 月签订施工合同，工程计划开工日期：2023 年 09 月 10 日，计划竣工日期：2024 年 05 月 01 日。工程实际开工日期是 2023 年 09 月 10 日，竣工日期 2014 年 5 月 5 日，合同形式为固定单价，合同价款 22 675 489.55 元。

（二）建筑设计标准

本工程采用商品混凝土；填充墙采用加气混凝土砌块；楼地面为瓷砖地面；内墙面为瓷砖墙面，外墙为真石漆；天棚有原顶乳胶漆、铝扣板和纸面石膏吊顶，屋面分为上人和不上人保温隔热屋面。

（三）计价依据

①根据招标文件的规定及施工合同的约定，本工程为固定单价合同，单价确定方法：有合同单价的子目，采用合同单价；无合同单价的子目，首先按照招标控制价的编制方法计算出该子目的综合单价，然后按中标下浮率对该综合单价进行下浮调整，确定子目单价。

②计价标准：采用《建设工程工程量清单计价规范》《×× 市建筑工程消耗量标准》《×× 市建筑装饰工程消耗量标准》《×× 市安装工程消耗量标准》及有关规定。

③工料机价格：采用设计变更及现场签证发生当月发布的《×× 市建设工程价格信息》，价格信息中没有的材料、设备价格采用市场询价。

④取费标准：措施费（变更增减部分的模板及支架按实结算）按施工合同的约定包干计入，其它费率按照《×× 市建设工程计价费率标准》的推荐费率计取。

（四）工程竣工结算造价

本工程竣工结算造价 21 535 682.24 元，各分部工程占总造价的百分比见表 7–14。

表 7–14　各分部工程占总造价的百分比

序号	项目名称	工程造价 / 元	占总造价占比 /%
	结算造价	21 535 682.24	100%
1	分部分项工程费	11 970 015.34	55.58%
1.1	楼地面工程	825 288.1	6.89
1.2	墙柱面工程	358 430.1	2.99
1.3	天棚工程	10 717.63	0.09

表 7-14（续）

序号	项目名称	工程造价 / 元	占总造价占比 /%
1.4	门窗工程	872 612.46	7.29
1.5	油漆、涂料、裱糊工程	278 215.29	2.32
1.6	土石方工程	538 769.79	4.5
1.7	砌筑工程	803 253.3	6.71
1.8	混凝土及钢筋混凝土工程	5 627 351.23	47.01
1.9	金属结构工程	1 150 799.23	9.61
1.10	屋面及防水工程	654 530.71	5.47
1.11	防腐、隔热、保温工程	850 047.5	7.1
2	措施项目费	2 883 571.83	13.39%
3	其他项目费	0	0
4	规费	936 382.91	4.35%
5	增值税销项税额	1 769 991.49	8.22%
6	附加税费	99 118.59	0.46%

（五）工程造价各项费用及工料指标

工程造价各项费用及工料指标见表 7-15、表 7-16。

表 7-15　工程造价各项费用占比

项目	总造价土建工程	其中				
		人工费	材料费	机械费用	规费	税金
金额	21 535 682.24	6 437 015.42	10 621 080.79	1 670 556.89	936 382.91	1 869 110
%	100%	29.89%	49.32%	7.76%	4.35%	8.68%

表 7-16　工程各工料指标

名称	总用量	单位	每平方米用量
工日	38 790.4117	工日	4.50
地砖	212.4142	m^2	0.03
钢筋	593 289	kg	68.754
混凝土	3 401.23	m^3	0.39
加气混凝土砌块	1 456.37	m^3	0.17

（六）工程造价分析

本工程合同价款 22 675 489.55 元，竣工结算造价 21 535 682.24 元，减少造价 1 139 807.31 元，竣工结算造价低于合同价款 5.03%，其原因如下：

①设计变更减少造价 673 401.87 元，占合同价款的 2.97%。

②现场签证增加造价 159 169.4 元，占合同价款的 0.7%。

③索赔增加造价 569 903.65 元，占合同价款的 2.51%。

（七）案例评述

本工程的工程造价各项费用及工料指标基本合理，竣工结算造价低于合同价款 5.03%。

第三节　BIM 在全过程工程造价管理中的应用

一、BIM 技术概述

（一）BIM 技术的内涵

建筑信息模型（BIM）是在目前已经广泛应用的 CAD 等计算机技术的基础上发展起来的多维模型信息集成技术，可实现对建筑及基础设施物理特性和功能特性的数字化表达，通过三维建筑模型的建立，仿真模拟建筑物所具有的真实信息。BIM 技术的应用可贯穿规划、立项、勘察、设计、发承包、采购、施工、竣工到运维的建设项目全生命周期，实现建设全过程的可视化、数字化生产协作，使建设单位、设计单位、施工单位、监理单位等项目参与方在同一平台上共享同一建筑信息模型。

（二）BIM 技术的特点

BIM 技术具有可视化、协调性、模拟性、互用性和优化性五大特点。

1. 可视化

在 BIM 建筑信息模型中，整个实施过程都是可视化的。所以，可视化的结果不仅可以用于效果图的展示及报表的生成，更重要的是，项目设计、建造、运营过程中的沟通、讨论、决策都在可视化的状态下进行，极大地提升了项目管控的科学化水平。

2. 协调性

BIM 的协调性服务可以帮助解决项目从勘探设计到环境适应再到具体施工的全过程协调问题，也就是说，BIM 建筑信息模型可在建筑物建造前期对各专业的碰撞问题进行协调，生成协调数据，并在模型中生成解决方案，为提升管理效率提供了极大的便利。

3. 模拟性

模拟性并不是只能模拟设计出建筑物模型，还可以模拟不能够在真实世界中进行操作的事物。在设计阶段，BIM 可以对一些设计上需要进行模拟的东西进行模拟实验，例如节能模拟、紧急疏散模拟、日照模拟、热能传导模拟等；在招标投标和施工阶段可以进行 4D 模拟（三维模型加项目的发展时间），也就是根据施工的组织设计模拟实际施工，从而确定合理的施工方案来指导施工。同时还可以进行 5D 模拟（基于 4D 模型的造价控制），从而实现成本控制等。最终，BIM 模型内的所有信息均以数字化形式保存在数据库中，可以及时更新和共享。

4. 互用性

应用 BIM 可以实现信息的互用性，充分保证了信息经过传输与交换以后前后的一致性。具体来说，实现互用性就是 BIM 模型中所有数据只需要一次性采集或输入，就可以在整个建筑物的全生命周期中实现信息的共享、交换与流动，使 BIM 模型能够自动演化，避免了信息不一致的错误。在建设项目不同阶段免除对数据的重复输入，大幅降低成本、节省时间、减少错误、提高效率。

5. 优化性

整个设计、施工、运营的过程就是一个不断优化的过程，在 BIM 的基础上可以进一步更好地优化，包括项目方案优化、特殊项目的设计优化等。

（三）BIM 给造价行业带来的优势

1.BIM 有助于建设项目全过程的造价控制

建设工程全过程工程造价管理作为建设工程项目管理的一部分，其能否顺利开展和实施与建设工程项目采购模式（承发包模式）密切相关。传统 DBB 模式（即设计—招标—施工模式）下，由于分工较细，建设工程全过程工程造价管理以业主为主导，由一家造价咨询单位承担阶段性的造价管理工作，项目参建各方无法有效融入造价管理全过程，使得造价管理碎片化。随着 PPP、EPC 等新型承包模式的大力推广，在我国目前的建设工程市场环境下，总承包商从项目开始到项目结束都承担着总的管理及协调工作，有利于 BIM 在全过程工程造价管理中的实施。基于 BIM 的全过程工程造价管理体系下，全过程工程造价管理工作不再只是造价咨询单位的职责，甚至不是由其承担主要职责，项目参与各方借助 BIM 信息共享平台在早期便介入项目中，改变了以往“点对点”的交流，造价咨询单位、各个项目参与方与 BIM 平台之间的“点对面”的形式，使得信息传递更为及时、准确，造价管理的工作效率也更高。

2.BIM 有助于工程造价管理水平的提升

目前利用 BIM 技术可采用三维图形算量软件中的建模法和数据导入法，快速虚拟出仿真建筑从而计算工程量，不仅可以减少造价人员对经验的依赖，同时还可以使工程量计算更加准确真实。同时，一次建模多次使用，承包商将模型导入 BIM5D 管理平台，可以为整个项目各个时期的造价管理提供精确的数据支撑，同时可以通过模型获得施工各个时期甚至任意时间段的工程量，这就意味着承包商在提交竣工模型的同时也提交了工程量，设计单位在审核模型的同时就已经审核了工程量，将造价人员从繁重、重复的算量工作中解放出来，大大提高效率，有更多的精力投身在软件很难取代的知识中，比如精通清单、定额、项目管理等，上升到对整个项目的全面管控，例如全过程工程造价管理、项目管理、精通合同、施工技术、法律法规等，显著提高造价人员核心竞争力的专业能力，将会为造价人员职业发展向价值管理和创新管理中迈进。

3.BIM 技术有助于造价数据积累，为可持续发展奠定基础

我国现有的工程造价管理在决策阶段、设计阶段、交易阶段、施工阶段和竣工阶段，多是采用阶段性造价管理，并非连续的全过程工程造价管理，致使各阶段的数据不够连续，各阶段、各专业、环节之间的协同共享存在障碍。BIM 的价值主要体现在可实现建筑全生命期的信息共享和建筑全生命期的可预测性和可控制性，同时基于统一的信息模型，BIM 技术可以支持各式各样的分析，便于造价信息的搜集和整理，同时借助平台全生命周期及参建各方的集成管理环境，连接全生命期不同阶段的数据、过程和资源，可以使各阶段数据流通，方便实现多方协同工作，为行业产业链的贯通和可持续发展奠定基础。

二、BIM 技术在全过程管理中的应用

工程建设项目的参与方主要包括建设单位、勘察单位、设计单位、施工单位、项目管理单位、咨询单位、材料供应商、设备供应商等。BIM 作为一个建筑信息的集成体，可以很好地在项目各方之间传递信息、降低成本。同样，分布在工程建设全过程的造价管理也可以基于这样的模型完成协同、交互和精细化管理工作。

（一）BIM 在投资决策阶段的应用

BIM 技术投资管控不同阶段的工程成本控制会产生不同的效果，据有关资料统计，投资决策阶段对项目工程造价的影响高达 70% ~ 90%，该阶段方案设计是一个投入少见效大的阶段。因此优先将决策设计阶段应该作为工程造价控制的重点阶段。

决策阶段一般会出满足业主功能需求的多种方案，不同的设计方案对工程费用影响巨大。BIM 通过协同工作、建造模拟、自动统计工程量、监控设施运行等各方面所需的技术和管理手段，可在决策阶段为业主方提供可视化、数据化、全方位的多方案比选和展示服务，提前规避一些由于不同专业之间的冲突矛盾、图纸错误等问题造成的施工返工、停工现象，以及各种设计变更造成施工阶段费用增加与资源浪费，较精确地预估不可预见费用，减少风险，同时通过 BIM 技术进行方案的造价对比，从而选择更合理的方案，从而更加准确地确定投资估算。

（二）BIM 在设计阶段的应用

设计阶段对整个项目工程造价管理有着十分重要的影响。在设计阶段使用的主要措施是限额设计，通过它可以对工程变更进行合理控制，确保总投资可控。运用 BIM 进行正向设计是设计阶段发

展的方向。目前BIM技术在设计阶段的优势比较显著，第一是可实现参数化设计，在设计的同时，模型就承载了项目的建材信息、进度和成本信息等信息；第二是建筑、结构、机电管道各专业在一个平台工作，项目信息修改，与此相关的所有变动都体现在模型中，平、立、剖面图也将实时更新，减少了核对的重复工作，提高了设计工作的效率、减少错误；BIM在设计阶段的应用可有效改善传统的设计工作工作量大、设计效率低、设计协同沟通成本高、设计图纸质量得不到保证、设计存在矛盾之处、设计与施工脱离等问题，从而减少后期由于图纸问题引发的工程变更、工程费用上升的现象，如图7-6、图7-7所示。而BIM技术的使用让建筑设计从平面转向立体，并走向信息化建造，使设计师们不再需要用简单的二维图纸去表达建筑空间的三维复杂形态，可以将工程项目的预期结果在数字环境下提前实现，借助可视化模拟功能进行建造模拟、碰撞检查，可以减少设计失误，降低因设计错误或设计冲突导致的返工费用，实现设计方案在经济和技术上的最优。

图7-6　基于BIM的机电深化

图7-7　基于BIM的节点深化

（三）BIM 在招投标阶段的应用

招投标阶段是合同订立阶段，BIM 技术的推广与应用，极大地提高了招投标管理的精细化程度和管理水平。通过 BIM 模型，招标单位可以精准计算出招标所需的工程量，编制招标文件，最大限度地减少施工阶段因工程量问题产生的纠纷；投标单位的商务标是基于较为准确的模型工程量清单编制，同时可以利用 BIM 模型进一步完善施工组织设计，进行重大施工方案预演，做出较为优质的技术标，从而综合有效地确定本单位的投标策略，提高中标率。

（四）BIM 在施工阶段的应用

施工阶段 BIM 的应用主要在施工模拟、进度控制、质量检测、安全控制，涉及建设各相关主体，含建设方、总咨询方、施工方。本阶段 BIM 应用主要利用可视化特点，可视化交底将传统的二维图纸、文字交底的形式转换成三维效果、动画展示的方式进行交底，更直观、更清晰易懂，减少返工，提高管理效率，节省建造成本。

借助 BIM 技术对方案中的重点难点进行模拟、深化，确定合理的施工流程、顺序，在满足工艺先进性、合理性、提高施工效率、保障安全的前提下达到降本增效的效益；对工程中复杂节点、异型结构、工艺操作等方面，同时实现工艺模拟和可视化交底。

借助 BIM 平台的信息集成优势，对构件和材料进行全流程追踪（进场、验收、加工、安装等环节），实现对工期的计划性及合理的控制，物质的统筹调配和有序进场。运用 BIM 场布软件，进行更合理的场地布置，方便施工。

借助 BIM5D，将实际建造进度与 BIM 模型、工程量清单相挂接，直观地反映不同建设时间点的工程量完成情况，并及时进行调整，完成提量、成本测算等内容，便于成本测算和工程款的支付，将统计实际消耗数据与物资实际进场数量进行对比，分析物资消耗实际情况，根据损耗情况进行分析及总结，起到造价管控的目的。

（五）BIM 在竣工验收阶段的应用

传统模式下的竣工验收阶段，造价人员需要重新整理资料核对工程量，计算细化到柱、梁，由于造价人员的经验水平和计算逻辑不尽相同，在对量过程中经常产生争议。借助 BIM 技术，在竣工验收阶段会形成完整的、有数据支撑的、可视化的模型，可与现场实际建成的建筑进行对比和校核，可以为各专业协同工作进行质量把关，为后期检修提供支持，可将前几个阶段的量价信息进行汇总，真实完整地记录建设全过程发生的各项数据，提高工程结算效率并更好地控制建造成本。

（六）BIM 在运维阶段的应用

在运维阶段，进行物业信息管理、机电信息管理、流程管理、库存管理、报修与维护管理。施工阶段建立的 BIM 模型可以提供给运维信息平台，将 BIM 模型中的物业、机电、库存、维修、维护等信息在运维阶段使用。

三、全过程工程造价管理平台

《建设工程工程量清单计价标准》（GB/T 50500—2024）的实施是工程造价管理领域的一次重大改革，其核心目标是推动市场化定价机制、优化风险分配、强化全过程管控，并对行业主体行为提出更高要求，从而推动造价行业从依赖政府定额向市场化、精细化转型。从业人员和企业单位加强工程造价数据积累，建立个人和企业造价数据库，利用大数据、人工智能等信息化技术为概预算编制提供依据。工程造价信息化将对整个造价咨询行业的商业模式、劳动力结构和劳动人员专业素养带来巨大改变。近年来众多企业积极探索云计算、BIM 等技术，研发全过程、全方位、多元化的咨询管理平台，比如广联达、晨曦、斯维尔、鲁班等，为企业转型升级提供了思路，他们的服务和产品大大提高了工作效率和管理水平，节约成本。

（一）广联达工程造价管理平台

1. 云计价平台

广联达云计价平台覆盖了民建工程造价全专业、全岗位、全过程的计价业务场景，基于大数据、云计算等信息技术，开展数据挖掘、机器学习、应用统计等数据分析及云资源的积累，为客户群提供概算、预算、结算阶段的数据编制、审核、积累、分析和挖掘再利用等，有效解决造价作业效率低、企业数据应用难等问题，助力企业实现作业高效化、数据标准化、应用智能化，达成造价数字化管理的目标，为企业转型升级和 BIM 全过程造价人才培养提供了解决思路，对现实生产有着重要意义，如图 7-8 所示。

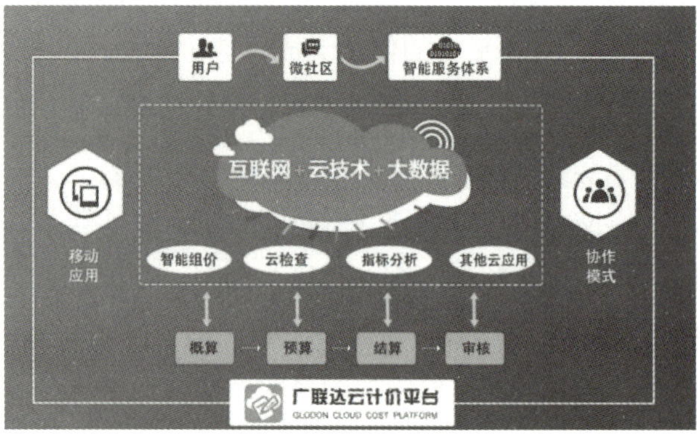

图 7-8 广联达云计价平台

（1）基于云计价平台的工程概算

设计概算是以初步设计文件为依据，按照规定的程序、方法和依据，对建设项目总投资及其构成进行的概略计算。经审核批准后的设计概算是控制投资的限额依据。云计价平台嵌入了各地概算定额和概算编制方法，采用计算编制方法中相对精准的“概算定额法”，来编制建设工程项目的设计概算，具体流程如图 7-9 所示。

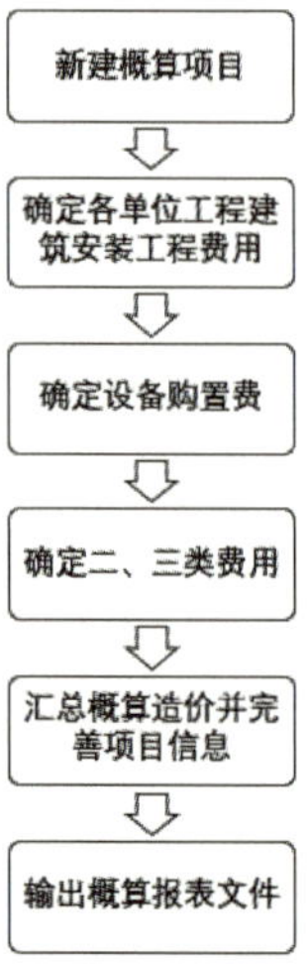

图 7-9 云计价平台编制设计概算文件的流程

①第一步：新建概算项目。

云计价平台遵循建设工程自单位工程，到单项工程，到建设项目的三级概算项目管理体制，充分反映建设工程项目概算造价层次性和组合性，如图 7-10 所示。单项工程是具有独立的设计文件、独立概算、在竣工后能独立发挥设计规定的生产能力和效益的工程。单位工程是单项工程的组成部分，它具有单独的施工图设计，具有独立施工条件，并可单独作为成本计算的对象。一个单项工程一般由几个单位工程所组成，也可能只由一个单位工程组成，如图 7-11 所示。

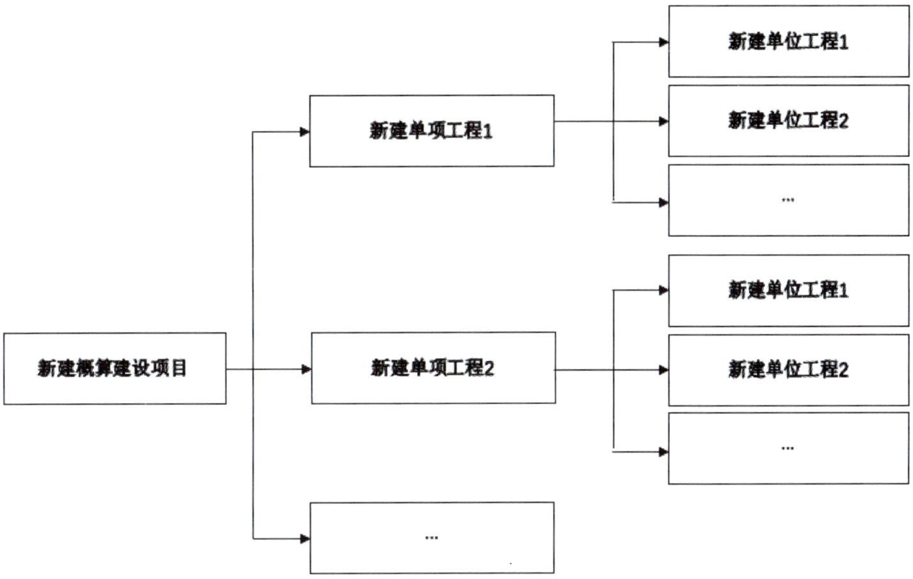

图 7-10 新建建设工程概算项目的流程

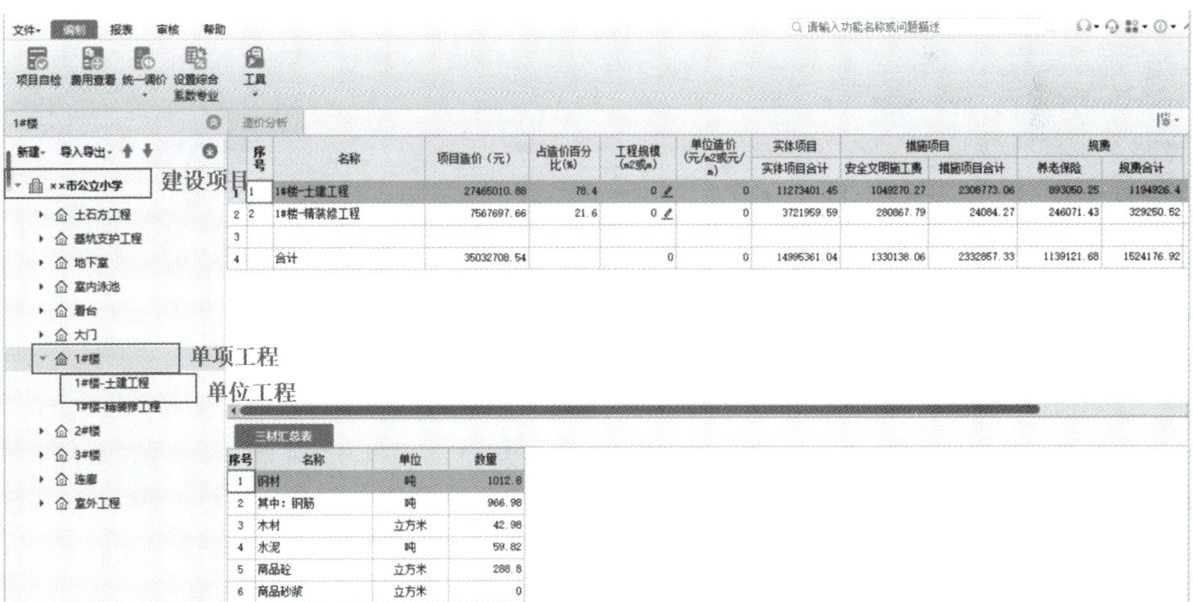

图 7-11 云计价平台新建建设工程概算项目的流程

②第二步：确定各单位工程建筑安装工程费用。

在单位工程界面下完成相应单位工程项目的建筑安装工程费用的计算，在单项工程界面下，软件自动汇总所包含的相应单位工程的建筑安装工程费，并分析该单项工程的相关造价指标，如图 7-12 所示。

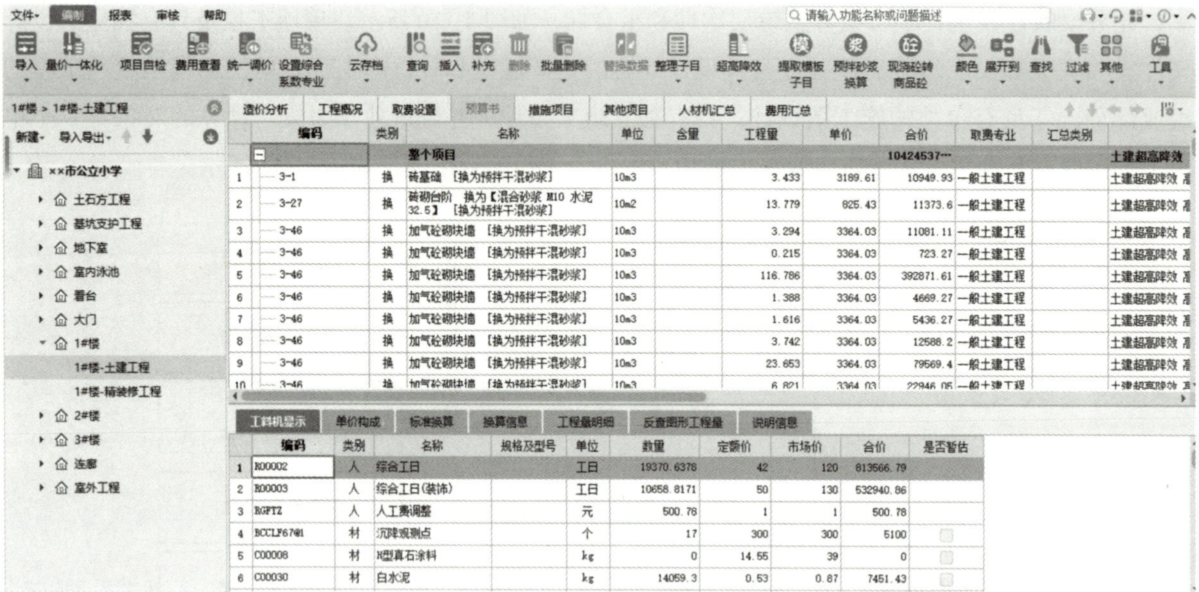

图 7-12　确定各单位工程建筑安装工程费用

③第三步：确定设备购置费。

按照国家发展改革委和建设部发布的《建设项目经济评价方法与参数（第三版）》（发改投资〔2006〕1325 号）的规定，建设投资中的工程费用除了建设项目中的各单项工程的建筑安装工程费外，还需要计算设备及工器具购置费，包括生产性设备购置费、工器具购置费、交通运输设备购置费及生产家具购置费，如图 7-13 所示。

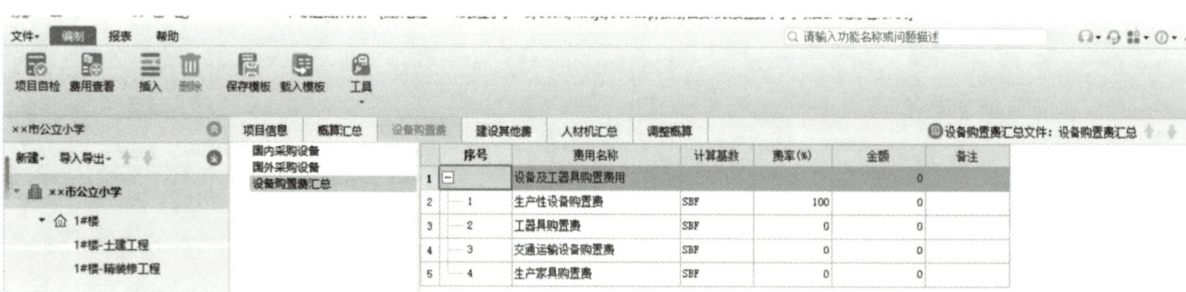

图 7-13　确定设备购置费

④第四步：确定二、三类费用。

建设项目的二类费用是指构成建设工程固定资产总投资的工程建设其他费用，该费用包括建设用地费、与建设有关的其他费用和与未来生产经营有关的其他费用。《建设项目经济评价方法与参数（第三版）》将除工程费用、预备费和建设期利息外的所有发包人需要为工程顺利实施而支出的各项费用全部列支在工程建设其他费用。该部分费用多用“计算基数 × 费率”“数量 × 单价”或“总价”三种取费方式，如图 7-14 所示。

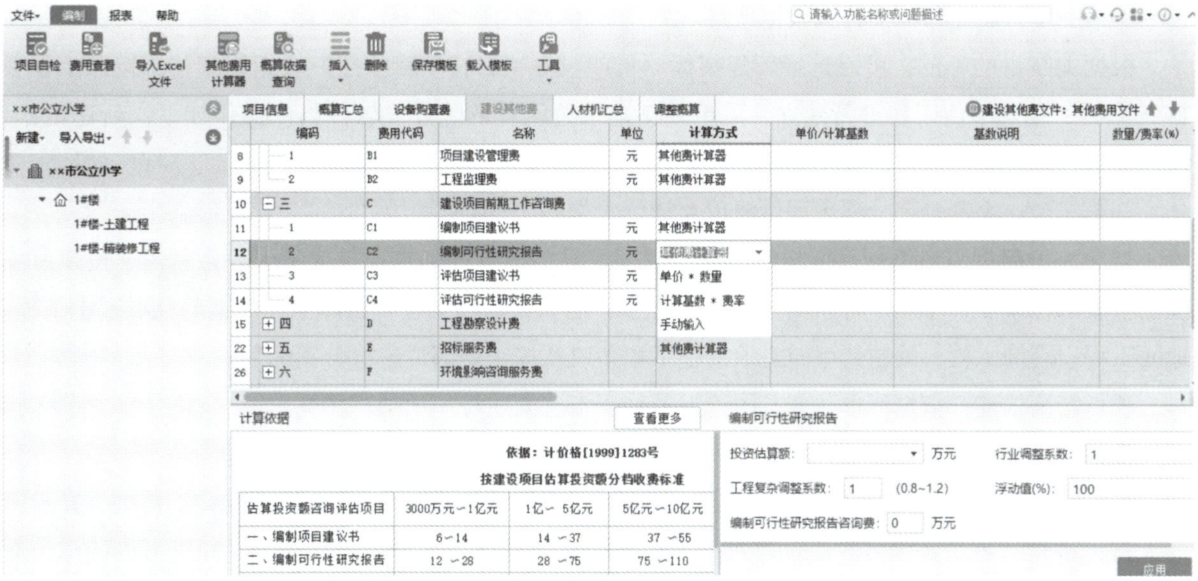

图 7-14　确定二、三类费用

建设项目的三类费用是指完成建设项目中各单项单位工程的建筑安装工程费、设备及工器具购置费和工程建设其他费用之后，按照（发改投资〔2006〕1325 号）文件要求，建设项目概算总投资还需要计算建设项目的预备费和建设期利息；如果是生产型项目，还需要计算项目的铺底流动资金。

⑤第五步：汇总概算造价并完善项目信息，如图 7-15 所示。

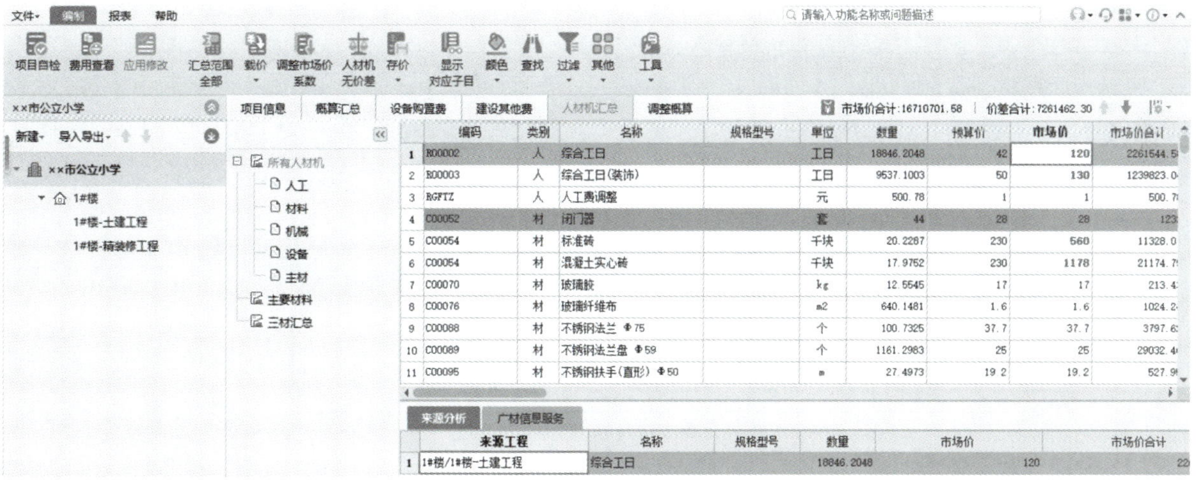

图 7-15　汇总概算造价并完善项目信息

（2）基于云计价平台的工程预算

招标控制价和投标报价是承发包阶段发承包双方在签订合同前非常重要的环节。招标控制价是招标人根据国家或省级、行业建设主管部门颁发的有关计价依据和办法，以及拟定的招标文件和招标工程量清单，结合工程具体情况编制的招标工程的最高投标限价。投标报价是指承包商采取投标方式承揽工程项目时，计算和确定承包该工程的投标总价格。云计价平台编制招标控制价 / 投标报价的流程如下。

①第一步：新建招标项目或投标项目。

根据编制目的不同，可以选择新建招标项目或投标项目，项目按照三级组织架构，按照工程项目—单项工程—单位工程进行建立，需单独新建单位工程的除外。软件具体操作如下：新建招标/投标项目—新建招标/投标项目—新建工程项目—新建单项工程—新建单位工程。

②第二步：编制分部分项工程量清单及计价，如图 7-16 所示。

列项：工程量清单编制一般按施工顺序罗列，且招标方在确定项目成本时，常常需要按建筑工程的主要部位或工种工程统计价格。如土方工程、地基与基础工程、砌体工程、钢筋及混凝土工程、地面工程、装饰工程，编制清单时要求按施工顺序以及按主要部位进行分类编制。

项目特征描述：依据清单注释、图纸以及施工工艺描述每一项项目特征。

工程量：依据项目特征从 BIM 土建计量平台中提取对应工程量。

计价：每个清单项结合项目特征，插入子目—查询定额—录入信息。通过查看工料机，显示所有人材机含量、数量及价格。通过查看单价构成，明确清单综合单价计算来源，同时可以调整企业管理费及利润的费率。当定额子目涉及换算时，可以进行标准换算及系数换算。在换算信息中可以删除。

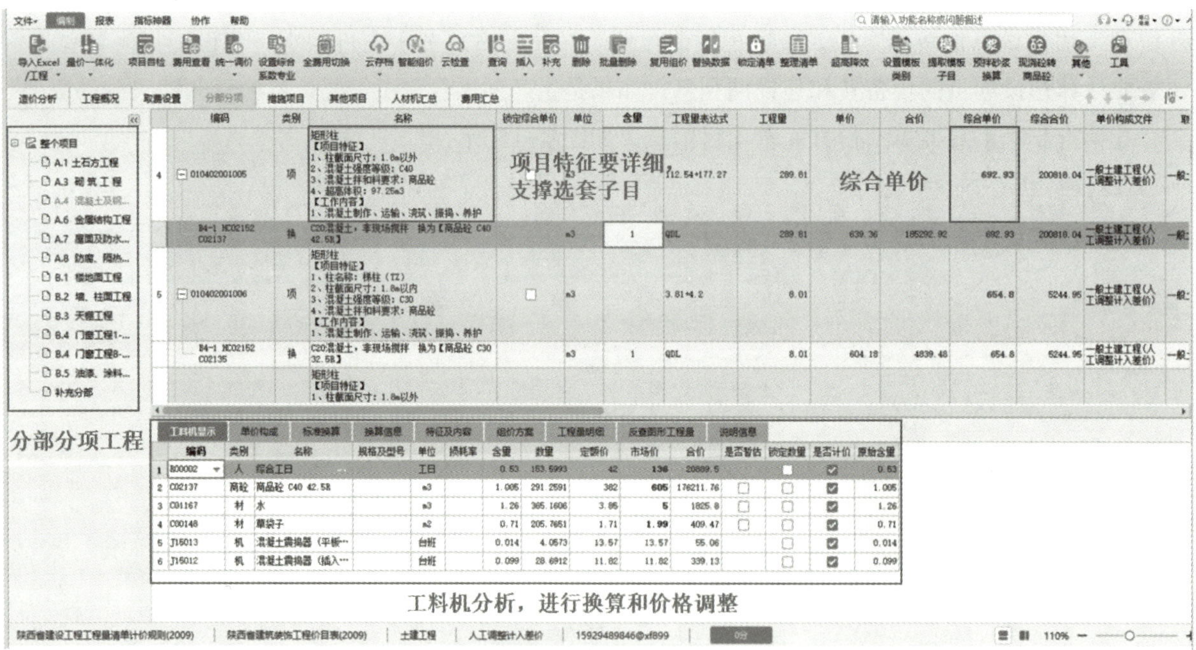

图 7-16 编制分部分项工程量清单及计价

③第三步：编制措施项目清单及计价，如图 7-17 所示。

措施项目包括总价措施项目和单价措施项目两类。

单价措施项目为国家计量规范规定应予计量的措施项目，如脚手架工程费、混凝土模板及支架等。对可以计算工程量的措施项目，应按分部分项工程量清单的方式采用综合单价计价。其计算公式为

$$\text{单价措施项目费} = \sum(\text{单价措施项目工程量} \times \text{综合单价}) \tag{7-4}$$

总价措施项目为国家计量规范规定不宜计量的措施项目，可以以“项”为单位的方式计价，应包括除规费、税金外的全部费用。如安全文明施工费、夜间施工增加费、二次搬运费等。其计算公式为

$$总价措施项目费 = \sum（计算基数 \times 总价措施项目费率） \tag{7-5}$$

软件操作：进入措施项目—设定总价措施项目（安全文明施工费为不可竞争费）—单价措施项目列项（同分部分项工程量清单）—录入信息。

总价措施项目编制根据招标人自行提供的项目，可以在此基础上编制及补充对应内容，根据地区标准，自主确定计算基数及费率。

单价措施项目根据招标人提供的清单项，自主确定综合单价，进行清单计价，相关软件功能运用同分部分项部分。

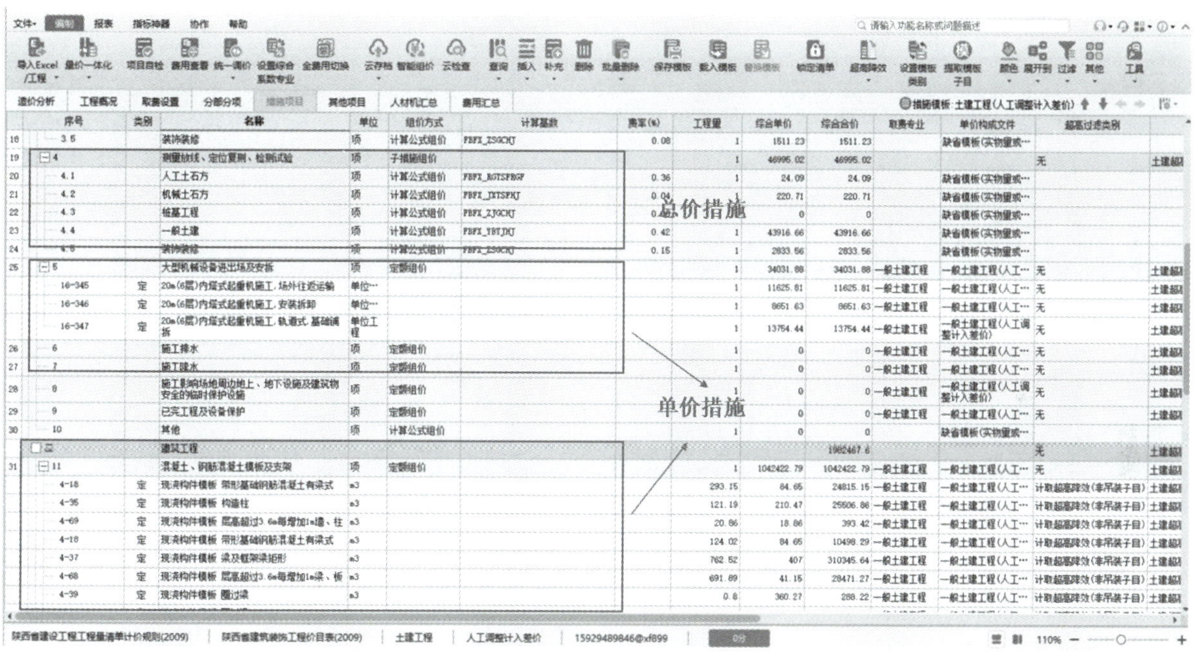

图 7-17　编制措施项目清单及计价

④第四步：编制其他项目清单及计价，如图 7-18 所示。

其他项目清单包括暂列金额、暂估价、计日工、总承包服务费等项目。

暂列金额由建设单位根据工程特点，按有关计价规定估算，施工过程中由建设单位掌握使用、扣除合同价款调整后如有余额，归建设单位。暂列金额和专业工程暂估价按照招标人设定为准。

暂估价包括材料暂估价和专业工程暂估价，均由建设单位按估算金额确定。其中材料暂估价的录入在人材机汇总界面进行，需要关联分部分项中对应子目的材料，以暂估价格进行计价。

计日工列出的项目，自主确定综合单价。

约定总承包服务费的计取，确定费率。

具体软件操作流程如下：进入其他项目—暂列金额、专业工程暂估价等列项。

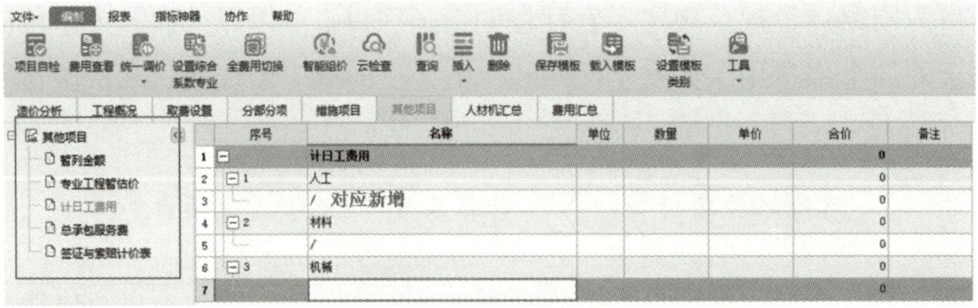

图 7-18 编制其他项目清单及计价

⑤第五步：查看费用汇总和造价分析，如图 7-19、图 7-20 所示。

规费包括社会保险费和住房公积金。建设单位和施工企业均应按照省、自治区、直辖市或行业建设主管部门发布的标准计算规费和税金，不得作为竞争性费用。

在费用汇总界面可以看到规费及税金的设定，默认按照不同地区相应标准，一般不得修改。

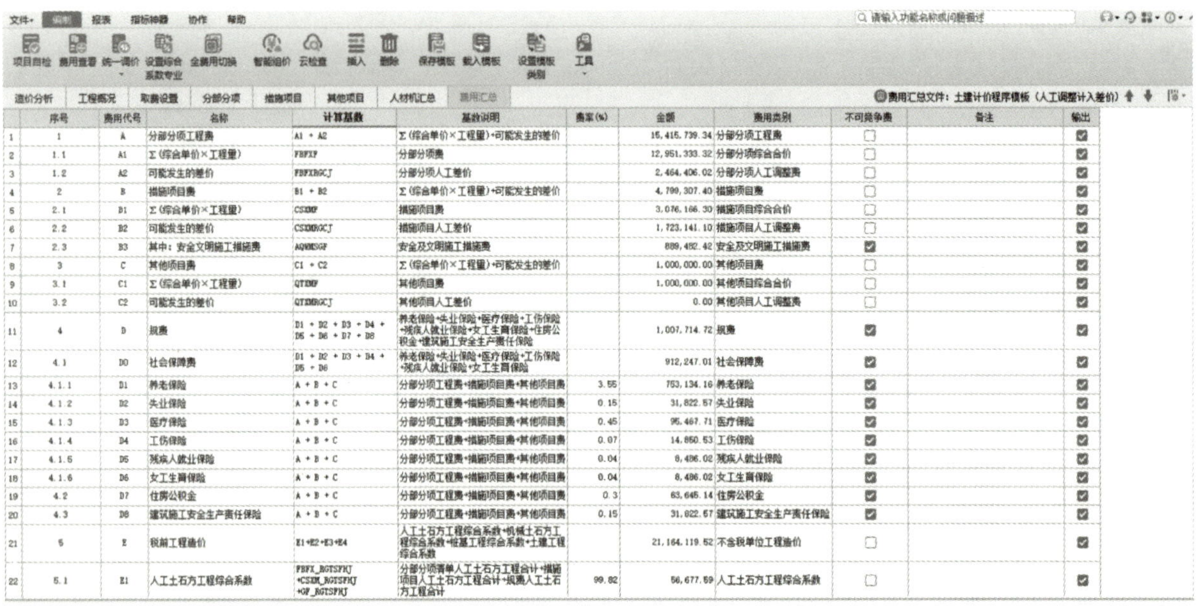

图 7-19 查看费用汇总

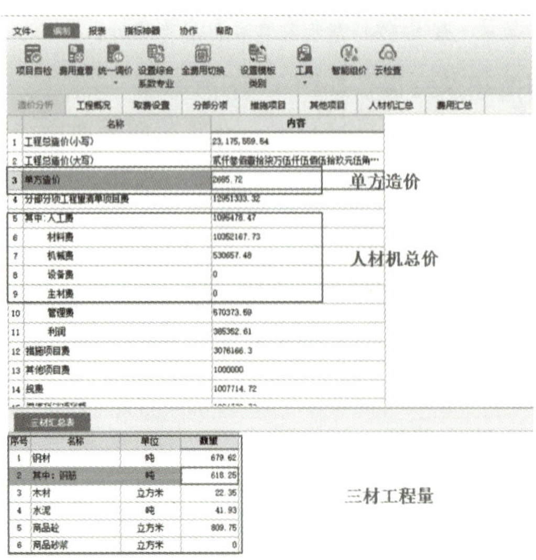

图 7-20 查看造价分析

⑥第六步：查看并导出报表，如图 7-21 所示。

在软件中，点击报表，可以选择不同报表分类进行导出。选择工程量清单 / 招标控制价 / 投标报价内容，进行查看或批量导出及打印，可以选择 Excel 或 PDF 格式。

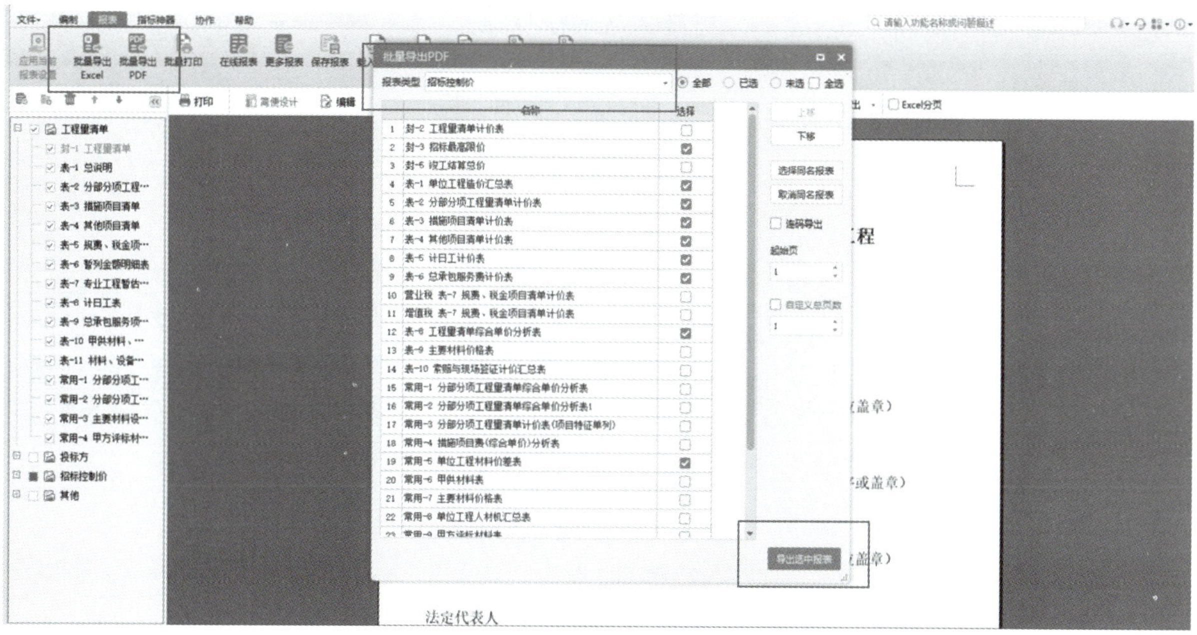

图 7-21　查看并导出报表

（3）基于云计价平台的验工计价

验工计价是指对合同中已完成的合格工程数量或工作进行验收、计量并进行计价的活动，是建设单位对施工单位支付进度款的依据，是工程合同价款结算的依据，实际工程结算流程见表 7-17。期中结算进度报量工作要根据合同文件及现场实际进度情况统计出当期完成的清单工程量，以及累计完成工程量和未完成工程量，同时审核截止计算时间点前累计完成的工程量是否超出合同约定范围，然后再对材料进行认价和人材机价差调整，验工计价的流程如图 7-22 所示。依据合同规定每一期都需要执行上述流程，也就意味着工程项目越大、工期越长，需要进行的进度报量工作就越多，需要统计的数据量就越复杂，期中结算的准确性和可信度就难以保证。而云计价平台的验工计价部分，恰好可以帮助我们解决上述问题。云计价平台中，验工计价以合同文件为基础，将合同文件转换为验工计价文件，显示每期工程量及累计费用，自动统计价差合计，计取税金；实现了以合同数据为依据，准确快速地进行进度报量工作。云计价平台验工计价展示如图 7-23 所示。

表 7-17　结算流程

参与者	分包单位	工程 / 安全 / 质量部	商务合约部	项目班子及其他需审核人员
时间要求	每月 5 日	分包上报后 5 日内	每月 10 日	每月 12 日
流程图	上报本单位上月完成工作量 →	工程部：相应的施工员审核 ↓ 生产经理：审核 ↓ 安全部：审核分包安措费发票提供明细，提供本月需扣除的相关费用复印件 ↓ 技术质量部：审核分包技术资料是否齐全，提供本月需扣除的相关费用复印件 ↓ 综合部：提供本月水电抄表记录及临设使用情况 →	根据工程部、安全部、质量部提供的文件以及合同相关条款编制分包中期计量书；（物资管理部提供相应的甲供材台账，结合工程部确认的工程量，核销甲供材）→	项目各部门复核、签字、盖章
形成文件	封面、分部分项清单、签证月清确认单、工程量计算书、安措费发票	审核清单、工程量计算书，质量 / 安全 / 进度罚款复印件等	月度中期计量书	月度中期计量书
备注	（1）封面：分包负责人签字并加盖公章； （2）分部分项清单：按合同清单子目编制，数量按照本月实际完成工程量填写上报，每页加盖公章； （3）若本月发生签证，按照格式上报并填写签证单。若本月无签证，则签证单需按照空白表格样式打印，签字盖章上报。	（1）质量 / 安全 / 进度罚款单复印件（项目部及分包单位签字盖章）； （2）安全帽等劳动防护用品费用统计表复印件；分包安措费发票提供明细； （3）分包单位的水电费需提供水表、电表的本期读数与上期读数拍照； （4）分包单位的临时使用情况统计表（编号、件数等）	（1）超计量的清单子目，要作说明； （2）若分包合同中有甲供材，需提供甲供材料台账，甲供材料台账及核销单除项目部签字盖章外，还需分包单位签字盖章，若有超供情况，需作说明	每月 10 日 -17 日之间报分公司商务法务部审核

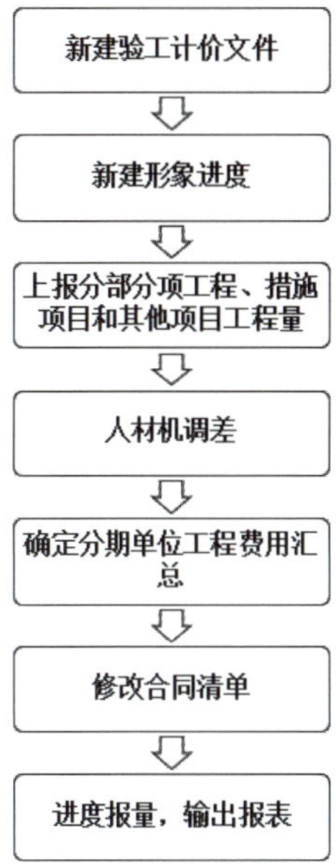

图 7-22 云计价平台验工计价软件操作流程

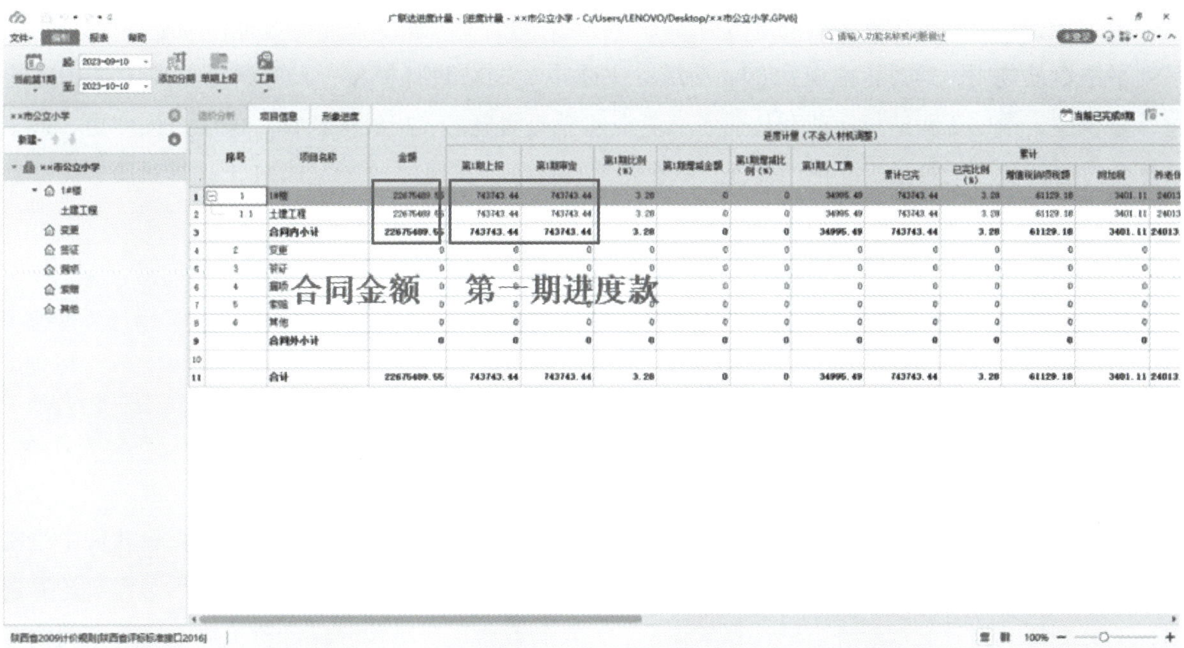

图 7-23 基于云计价平台的工程验工计价

（4）基于云计价平台的工程结算计价

建设工程竣工结算是指某单项工程、单位工程或分部分项工程完工，经验收质量合格，并符合合同要求后，承包单位向发包单位进行最终工程价款结算的过程。结算内容包括合同内结算和合同外结算，合同外结算包括变更、签证、索赔，如图 7-24 所示。在工程结算阶段，首先要分析清单工程量是否超出合同范围，对超出部分的综合单价计算，依据合同规定把每一份清单的合同工程量和结算工程量进行对比，再找出偏差大于 15% 的清单项，重新计算这些清单项的综合单价，除此之外还要考虑人材机价差的调整；其次，要将一个项目的变更、签证等梳理统计出来，也是一项非常庞大而繁重的工作。而云计价平台的结算计价部分，可以直接将验工计价文件转换为结算文件，可以自动进行量差对比和价差调整，也支持合同外相关费用的输入和计算。

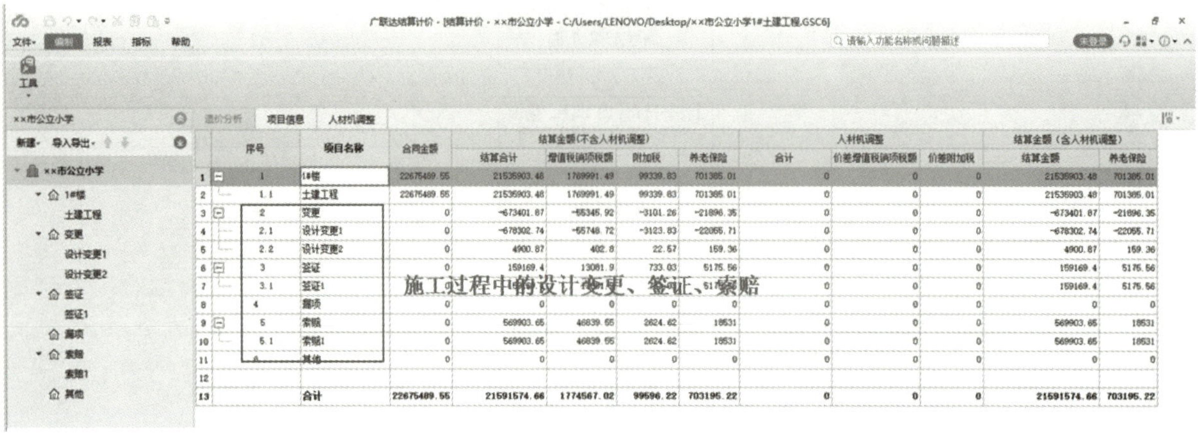

图 7-24　基于云计价平台的工程结算计价

2.BIM 土建计量平台

BIM 土建计量平台内置《房屋建筑与装饰工程工程量计算规范》及全国各地清单定额计算规则、系列平法钢筋规则，通过智能识别 dwg 图纸、一键导入 BIM 设计模型、云协同等方式建立 BIM 土建计量模型，帮助工程造价企业和从业者解决土建专业估概算、招投标预算、施工进度变更、竣工结算全过程各阶段的算量、提量、检查、审核全流程业务，实现一站式的 BIM 土建计量服务（数据 & 应用），如图 7-25 所示。

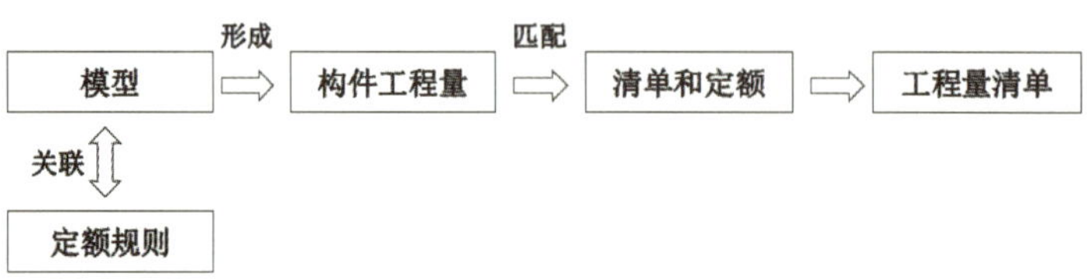

图 7-25　算量软件原理

BIM 土建计量平台可通过建模法和数据导入法完成工程量计算。建模法是在计算机软件中绘制建筑物基础、墙、柱、梁、板、楼梯等构件模型图，然后软件根据设置的清单和定额工程量计算规则，充分利用几何数学的原理自动计算工程量。计算时以楼层为单位，在计算机界面输入相关构件数据，建立整栋楼层基础、墙、柱、梁、板、楼梯等的建筑模型，根据建好的模型进行工程量计算。数据导入法是指将工程图纸的 CAD 电子文档直接导入三维图形算量软件，软件会智能识别工程设计图中的各种建筑结构构件，快速虚拟出仿真建筑，结合对构件属性的定义，以及对构件进行转化就能准确计算出工程量。两种方法都大大降低了造价人员的计算量，极大地提高了工程量的准确性。GTJ 项目算量模型如图 7-26 所示。

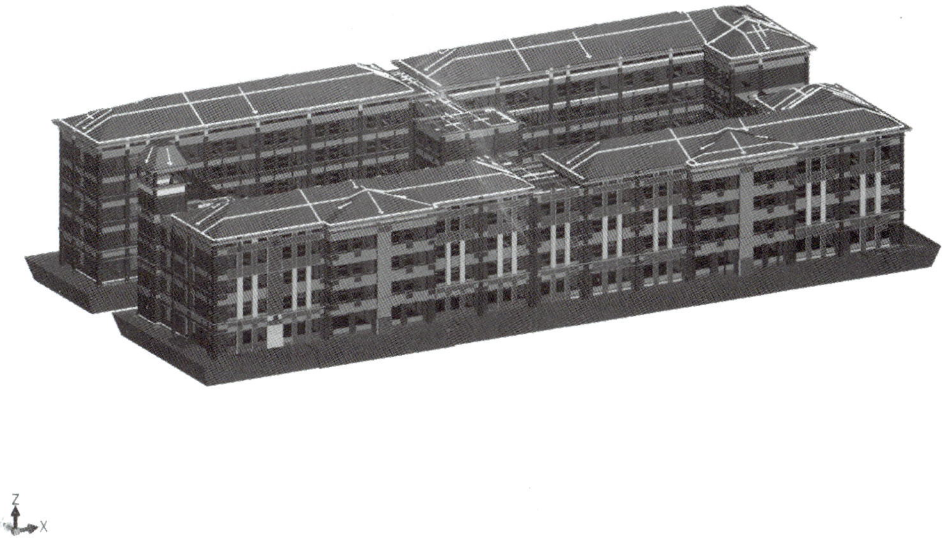

图 7-26　GTJ 项目算量模型

3. 广联达 BIM5D

BIM5D 以 BIM 平台为核心，集成土建、机电、钢构等全专业数据实体模型、同时可导入场地、机械措施模型，并以 BIM 模型为载体，实现进度、预算、物资、图纸、合同、质量、安全等业务信息关联，通过三维漫游、施工流水划分、工况模拟、复杂节点模拟、施工交底、形象进度查看、物资提量、分包审核等核心应用，帮助技术、生产、商务、管理等人员进行有效决策和精细管理，从而达到减少项目变更，缩短项目工期、控制项目成本、提升施工质量的目的。如图 7-27、图 7-28 所示。

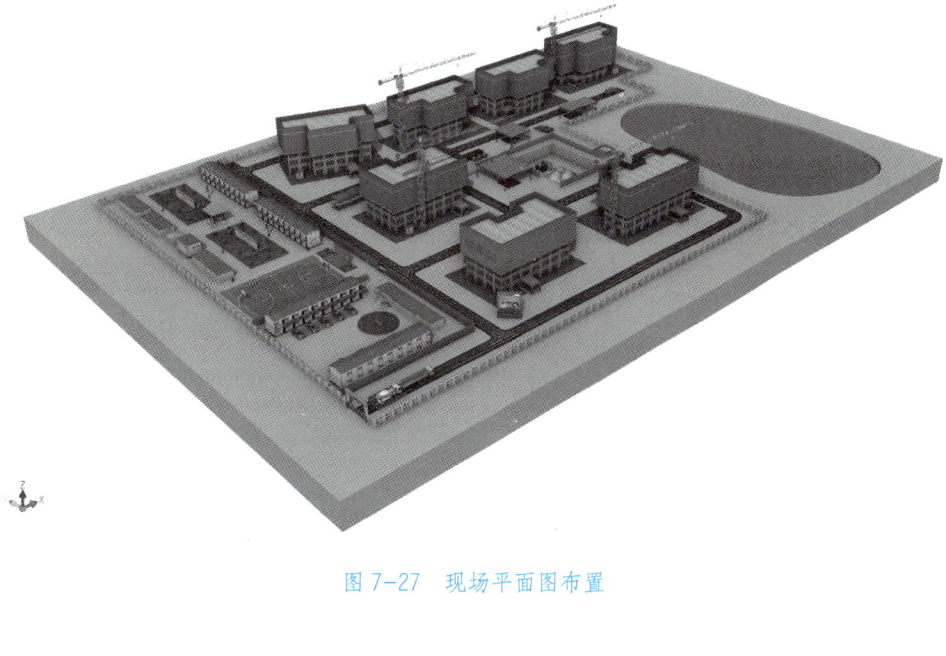

图 7-27　现场平面图布置

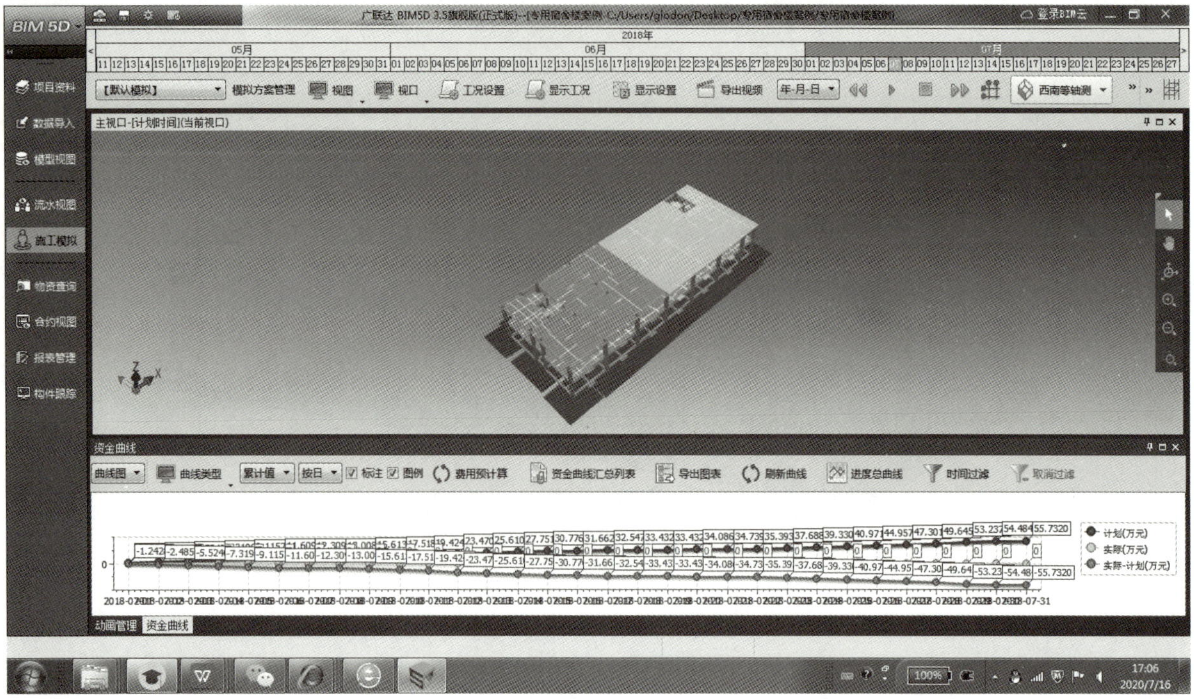

图 7-28　多视口进度模拟

（二）晨曦 BIM 全咨管控平台

1. 平台介绍

以 BIM 模型为载体、工程进度为主线、投资管理为核心，通过以进度控制、成本控制、质量控制、风险管理、合同管理以及资产管理为目标的工程项目总控管理，建立云平台+各方参与+BIM 工程项目全过程总控管理机制，从根本上解决项目全生命周期各阶段和各专业系统间信息断层问题，全面提高从策划、设计施工、技术到管理的信息化服务水平和应用效果，实现对工程项目投资的全过程精细化管理。

2. 平台整体框架

根据项目建设目标、原则、需求，规划 BIM 协同平台的总体建设框架。总体框架需要充分考虑平台的全员参与的组织管理，各部门各专业之间的工作协同，不同建模软件创建的模型集成及族文件标准化，全过程业务的信息集成，以 BIM 为核心的信息关联，以及 BIM、GIS、智慧工地的融合等。如图 7-29 所示。

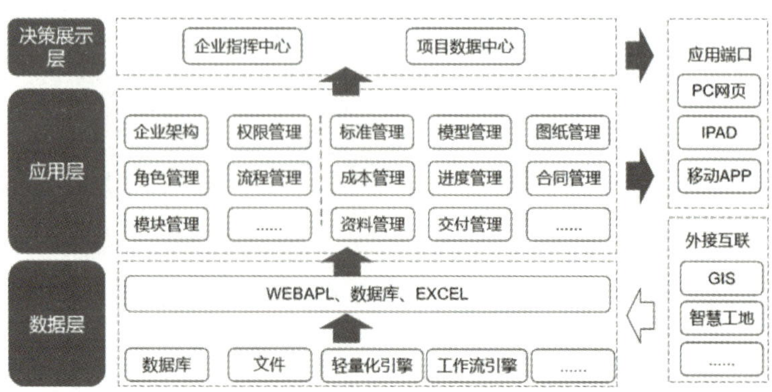

图 7-29　平台整体框架

通过项目设置模块实现项目参建方或各部门在平台内的组织与管理，包括部门 / 成员、角色权限、工作菜单、流程设置等模块，可无代码自定义配置，快速完成项目的组织管理设置。通过项目组织管理模块的设置，实现项目各参建方或各部门在同一平台按照不同的管理职能进行管理协同；实现项目全过程作业和审批的流程协同；实现在同一工作页面按照不同的权限进行作业协同。如图 7-30 所示。

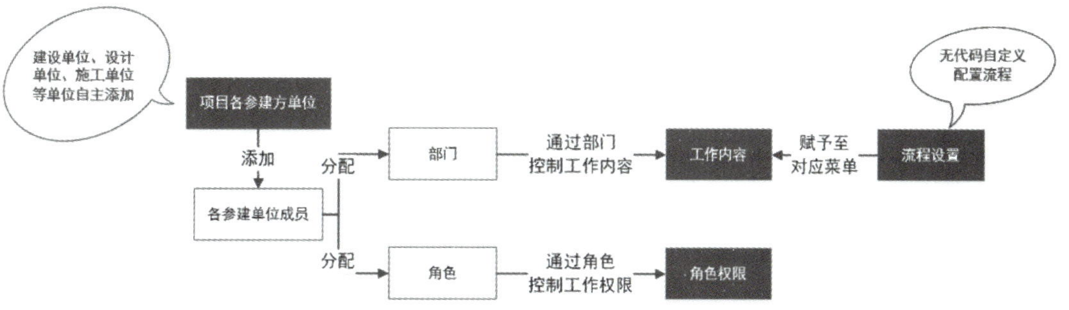

图 7-30　平台设置流程

（三）斯维尔工程造价大数据分析与应用平台

为适应造价改革，满足企事业单位对工程造价数据库建设和应用的需求，斯维尔公司自主研发了工程造价大数据分析与应用平台，可实现企业标准数字化和模板维护功能，以及工程造价数据采集、清洗、整理、分析、入库及数据库维护功能，来满足事业单位对工程造价数据库建设的需求；在此基础上，实现投资估算、造价编制、造价审核、回标分析、造价数据查询对比分析等功能，提升企事业单位工程造价编审效率和造价管理水平，助力造价改革进程的顺利推进。

1. 系统总体架构

平台以大数据和人工智能技术为技术手段，应用技术经济指标体系、材料设备分类标准等业务规则，构建数学模型，并建立技术支持平台；实现工程造价数据采集、深度挖掘和应用的业务需求；提供数据输入、输出标准接口，和其他相关业务系统实现数据互联互通。如图 7-31 所示。

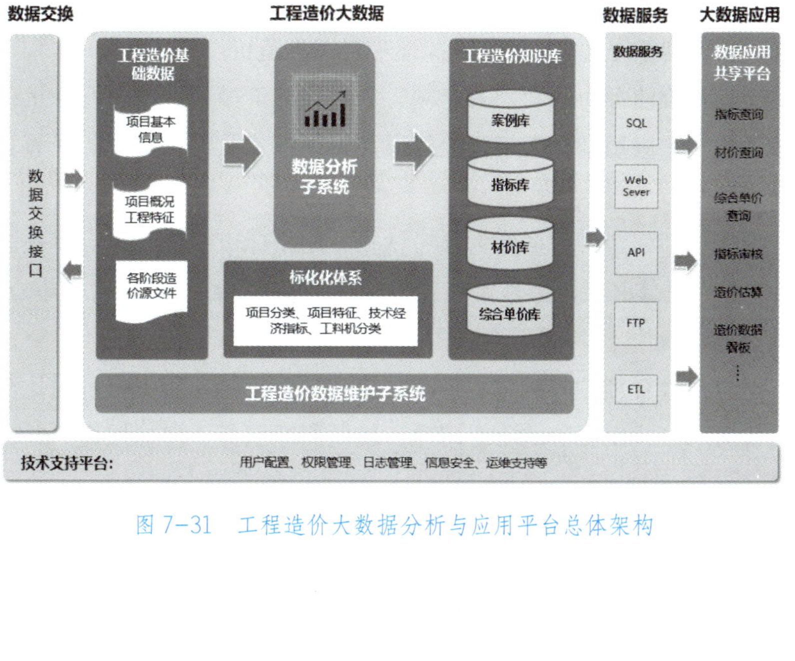

图 7-31　工程造价大数据分析与应用平台总体架构

2. 系统主要功能

（1）工程造价数据分析

采集建设项目各阶段的工程造价成果数据，提取项目概况、工程造价，建立项目全过程工程造价台账，通过对造价文件解析、指标分析、材价分析、清单分析，构建工程造价数据库。

①文件解析。读取投资估算、概算、预结算造价成果文件的工程特征信息、总造价、造价组成（包括费用、分部分项工程、清单、定额、工料机消耗和价格）等，形成案例工程结构化数据库。

②指标分析。根据指标分析模板，提取案例工程技术经济指标，建立指标库。

③材价分析。提取案例工程的工料机价、采集信息、市场询价记录，应基于人工智能的语义识别技术提取工料机分类和特征属性，实现和标准工料机分类和名称的匹配，建立工料机价格库。

④清单分析。应用大数据和基于人工智能的语义技术，实现清单项目特征标准化，建立典型清单、提取清单综合单价，建立清单综合单价库。

（2）工程造价数据库

工程造价数据库可通过系统提供对历史数据进行分析整理功能入库，也可在工程造价编审业务中建立造价数据库，具体包括：案例库、指标库、材价库、典型清单库。

①案例库。包含工程造价原始文件，解析后的结构化数据；包含项目各阶段工程造价数据，为指标分析计算、造价数据在编审业务中的复用提供数据支持。

②指标库。包括指标分析计算、技术经济指标查询功能，为投资估算、造价审核、决策分析提供数据支持。

③材价库。应用基于人工智能的语义识别技术，对材料设备进行自分类管理，提取材料设备的规格、型号、品牌等信息。材价库包含材料设备的历史工程价、人工询价记录、信息价，为造价编制、造价审核、造价估算、投资决策提供数据支持。

④典型清单库。应用基于人工智能的语义识别技术，将清单项目特征标准化，从历史工程中提取典型清单子目，及清单子目的组价定额、主材、综合单价等重要信息，为造价编制、造价审核、造价估算提供数据支持。

（3）工程造价数据库的应用

①投资估算。应用基于人工智能的算法，以历史工程技术经济指标、材价库为数据支持，根据拟建项目的工程特征、规模等信息，快速估算拟建项目工程造价。

②造价编制。支持计价业务协同和“去定额”市场化计价模式，以企业计价标准、历史工程合同价、结算价为参考依据，应用基于人工智能的语义识别技术及综合单价的计算算法，确定清单综合单价及工程造价。

③造价审核。以历史工程造价数据库为参考依据，用指标审核法、重点审核法、对比审核法等方法辅助工程造价审核，具体开展规范性审查、指标对比审查、综合单价对比审查、材价对比审查、审核报表。

④回标分析。通过报价合理性分析、不平衡报价分析、投标人历史报价对比分析、投标人之间的报价偏离度分析等方式，找出报价的不合理项，辅助判断围标、串标嫌疑，并自动输出回标分析报告。

（四）鲁班工程管理数字平台

鲁班工程管理数字平台（Luban Builder）针对项目管理现状：子公司多、项目分布广、管理层级多、信息获取难等问题，建立了“集团级、分公司级、项目级”的多级管控指挥中心，实现全集团总部、各子分公司、项目部的信息互联互通，并借助平台的大数据分析、整理能力，随时掌握项目现场信息，实现项目施工现场管理的可视化、规范化、标准化、信息化与智能化，便于现场管理者分析决策。如图 7-32、图 7-33 所示。

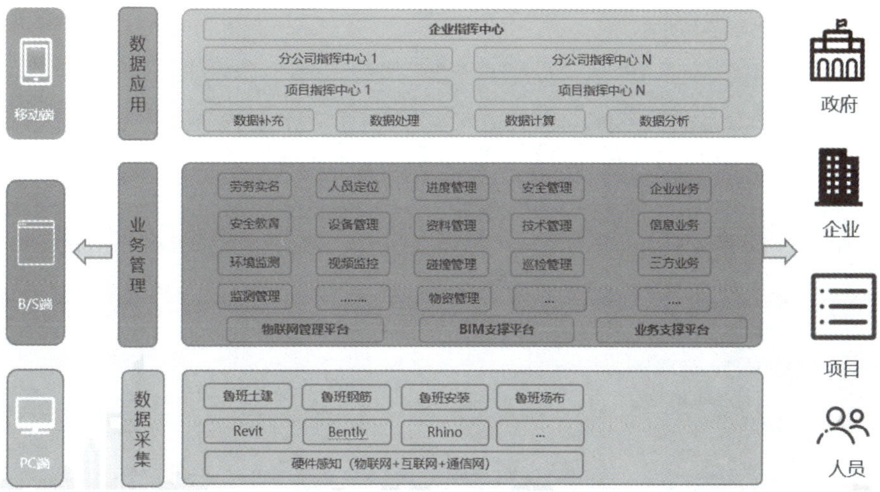

图 7-32　鲁班工程管理数字平台架构

采用 BIM+GIS+IOT+大数据的信息承载模式，以用户权限与应用端的形式实现对项目 BIM 模型数据的创建、修改与应用、分享，满足企业内各岗位人员需求，最大程度提高管理效率。以 BIM 三维模型及数据为载体，关联施工建造过程中的资料、图纸、进度、质量、安全、技术、成本等信息，形成工程项目的数字化管理解决方案，为项目提供数据支撑，实现有效决策和精细管理。

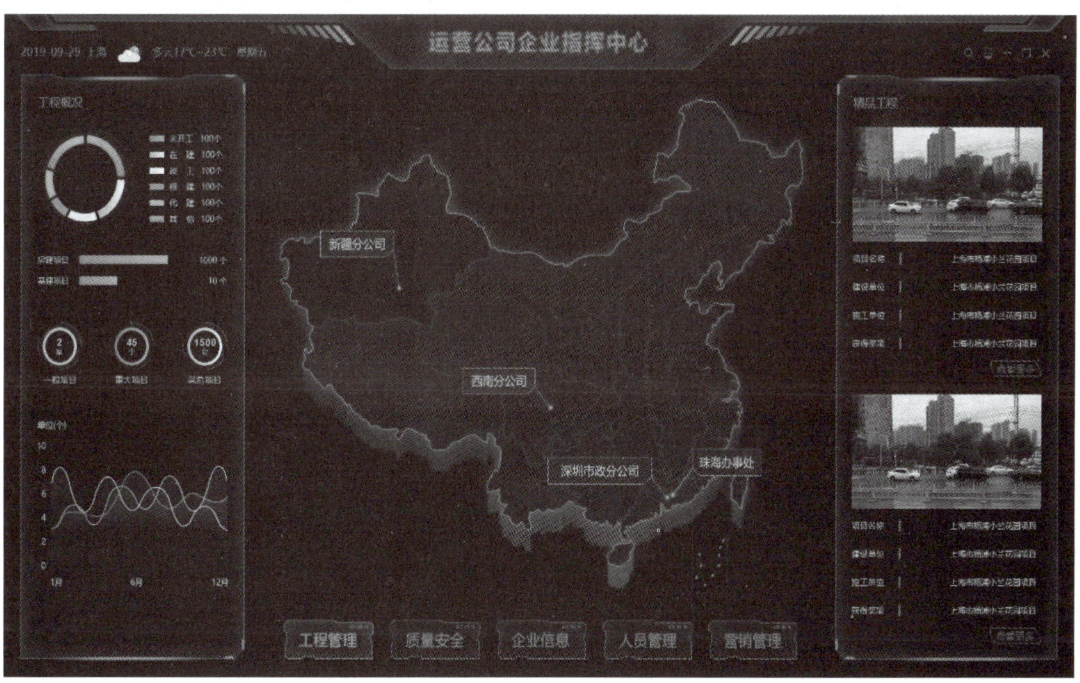

图 7-33　企业级指挥中心

四、案例应用

（一）项目概况

本项目为某医院的医技楼，总投资 173 600 万元，新建建筑总建筑面积 176 784.57 m^2；地上建筑面积 119 474.33 m^2；地下建筑面积 57 310.24 m^2；计入容积率的建筑面积 130 728.57 m^2；结构类型为框架结构，二级抗震等级，项目具有规模庞大、工期短、专业繁多、项目定位高、管理难度大等特点。项目全景图如图 7-34 所示。

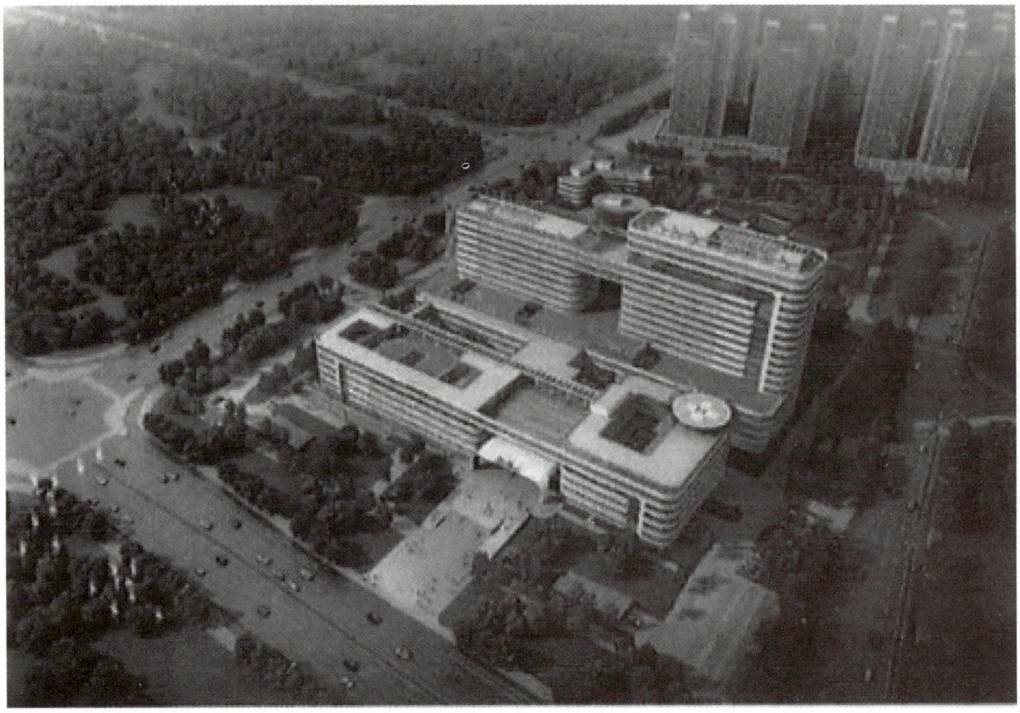

图 7-34 项目全景图

（二）BIM 技术在项目建设中的实施过程

根据 BIM 技术实施计划，集成所有项目或单个项目的全过程信息，通过数字化、信息化的检索、分类、统计，用可视化模型、图形、报表、文字、影像等形式进行展示，实时动态呈现项目的各类指标、协同工作情况、分析预警等信息，为各级决策管理人员的科学决策、动态管理提供数字化信息支持。

1. 搭建全资平台

根据项目建设目标、原则、需求，由福建晨曦信息科技集团股份有限公司为各参建方定制和安装 BIM 全资平台。通过项目设置模块实现项目参建方或各部门在平台内的组织与管理，包括部门 / 成员、角色权限、工作菜单、流程设置等模块，快速完成项目的组织管理设置。通过项目组织管理模块的设置，形成企业看板和项目看板，其中项目看板可实现全过程工程咨询，包含投资咨询、勘察咨询、设计咨询、造价咨询、招标咨询、监理咨询和 BIM 咨询，实现项目各参建方或各部门在同一平台按照不同的管理职能进行管理协同；实现项目全过程作业和审批的流程协同；实现在同一工作页面按照不同的权限进行作业协同。如图 7-35 所示。

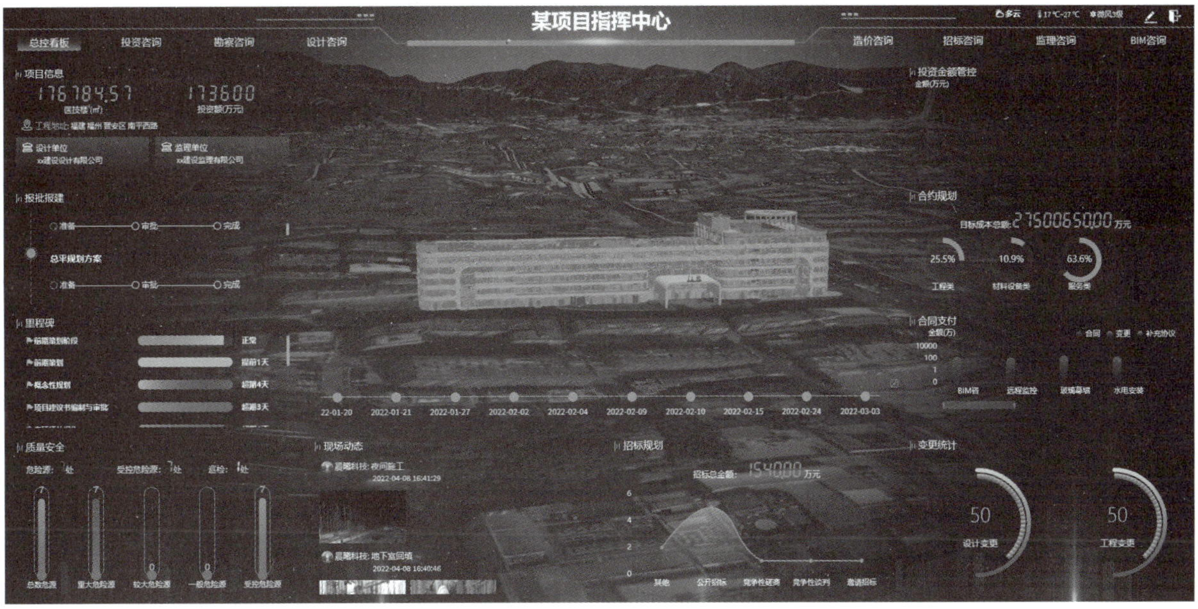

图 7-35　项目数据看板

2.BIM 模型管理

以 BIM 为载体，平台借助自主研发的轻量化引擎，支持多种格式模型上传，实现在网页端及移动端的快速浏览，通过设置默认模型，可同时打开多个模型，实现模型的合并。如图 7-36 所示。

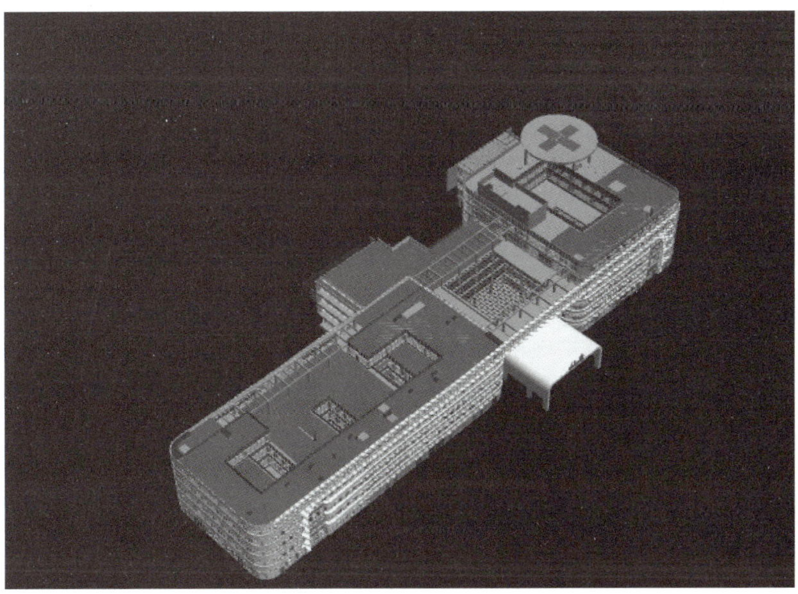

图 7-36　模型图

在模型轻量化完成之后，将模型在窗口进行展示，可对模型中所有构件进行选择查看构件属性，包括构件长度、面积、体积等信息，可实现查询 BIM 模型的构件相关信息。同时，将数据与模型进行挂接，模型构件承载数据，通过模型构件查看数据快速跳转至模型关联位置，高亮显示，通过构件即可查看相关数据信息，双向调用。比如通过晨曦 BIM 算量软件、晨曦计价软件，导出量价文件上传全资平台，模型可自动匹配量价文件，模型与清单信息关联，通过模型构件即可获取相关构件对应的编码、特征、工程量、综合单价等信息。

借助 Navisworks 专业工具，集合各专业建模软件成果，进行各专业模型的碰撞检查验证，自动形成检查报告，并生成优化建议，将碰撞结果对接到平台进行碰撞信息的共享、协同与管理，直至各专业系统模型碰撞问题全部解决，有效提高工作效率。

3. 进度管理

平台支持项目进行周、月、季度项目各施工进度计划的编制，同时无缝对接 project 文件导入，支持导出施工进度计划，有利于实现施工进度计划的快速编制并应用，与模型挂接，基于进度计划与工程构件的关联关系，计划进度与实际进度实时对比，反馈进度当前状态，实现计划进度可视化展示、分析、管理。针对进度冲突、进度明显滞后等进度情况实时预警，如图 7-37 所示，判断进度当前状态，按时完成、提前或者延后的状态进行体现，为后续进度调整提供了参考依据。

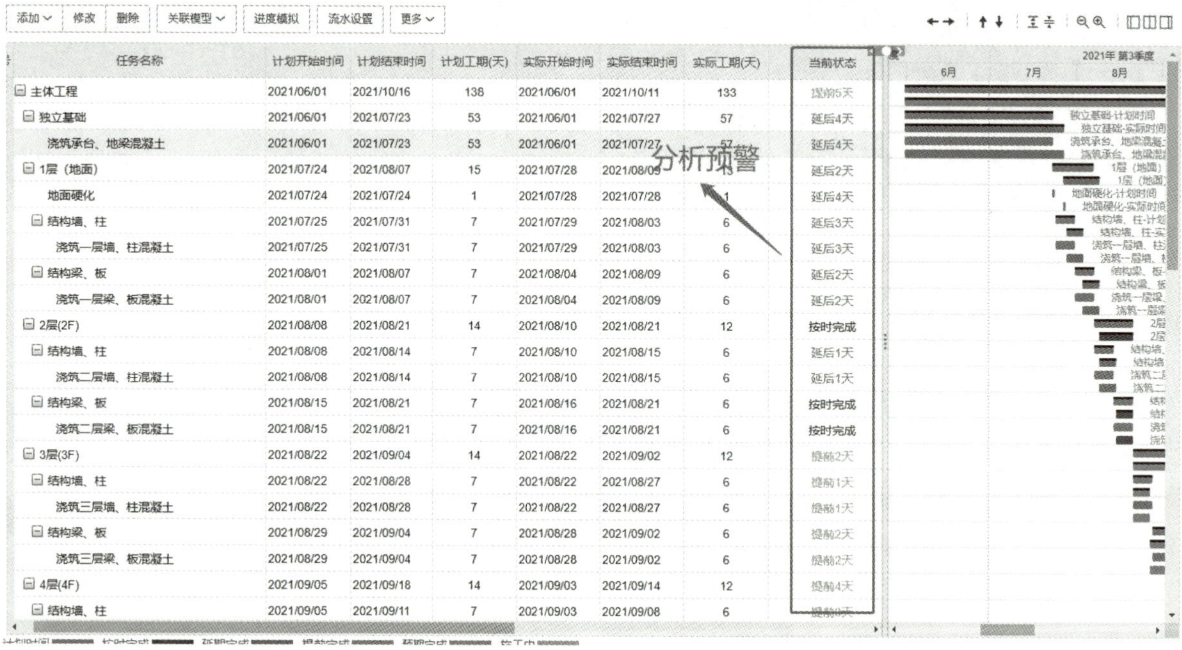

任务名称	计划开始时间	计划结束时间	计划工期(天)	实际开始时间	实际结束时间	实际工期(天)	当前状态
主体工程	2021/06/01	2021/10/16	138	2021/06/01	2021/10/11	133	提前5天
独立基础	2021/06/01	2021/07/23	53	2021/06/01	2021/07/27	57	延后4天
浇筑承台、地梁混凝土	2021/06/01	2021/07/23	53	2021/06/01	2021/07/27	57	延后4天
1层（地面）	2021/07/24	2021/08/07	15	2021/07/28	2021/08/09	13	延后2天
地面硬化	2021/07/24	2021/07/24	1	2021/07/28	2021/07/28	1	延后4天
结构墙、柱	2021/07/25	2021/07/31	7	2021/07/29	2021/08/03	6	延后3天
浇筑一层墙、柱混凝土	2021/07/25	2021/07/31	7	2021/07/29	2021/08/03	6	延后3天
结构梁、板	2021/08/01	2021/08/07	7	2021/08/04	2021/08/09	6	延后2天
浇筑一层梁、板混凝土	2021/08/01	2021/08/07	7	2021/08/04	2021/08/09	6	延后2天
2层(2F)	2021/08/08	2021/08/21	14	2021/08/10	2021/08/21	12	按时完成
结构墙、柱	2021/08/08	2021/08/14	7	2021/08/10	2021/08/15	6	延后1天
浇筑二层墙、柱混凝土	2021/08/08	2021/08/14	7	2021/08/10	2021/08/15	6	延后1天
结构梁、板	2021/08/15	2021/08/21	7	2021/08/16	2021/08/21	6	按时完成
浇筑二层梁、板混凝土	2021/08/15	2021/08/21	7	2021/08/16	2021/08/21	6	按时完成
3层(3F)	2021/08/22	2021/09/04	14	2021/08/22	2021/09/02	12	提前2天
结构墙、柱	2021/08/22	2021/08/28	7	2021/08/22	2021/08/27	6	提前1天
浇筑三层墙、柱混凝土	2021/08/22	2021/08/28	7	2021/08/22	2021/08/27	6	提前1天
结构梁、板	2021/08/29	2021/09/04	7	2021/08/28	2021/09/02	6	提前2天
浇筑三层梁、板混凝土	2021/08/29	2021/09/04	7	2021/08/28	2021/09/02	6	提前2天
4层(4F)	2021/09/05	2021/09/18	14	2021/09/03	2021/09/14	12	提前4天
结构墙、柱	2021/09/05	2021/09/11	7	2021/09/03	2021/09/08	6	[illegible]

图 7-37 进度预警

4. 质量管理

平台通过网页端与移动端相结合的方式实现工程现场情况实时记录反馈跟踪，提高工作效率。现场工作人员通过移动端，随时随地发布现场的质量问题，并选择相关责任人员进行整改。责任人员收到消息提醒后，及时进行整改，并将整改后的情况以图片或视频的方式实时进行反馈。发布人员检验无误后，完成问题整改闭环，移动端与网页端数据同步。整个质量整改过程可以进行线上审批，解决因时间因素、地域因素产生的审批不及时导致的验收时间延迟问题，实现各参建方高效协同作业，还可将过程产生的文件进行成果归档，归档的文件将在项目资料中进行统一管理，便于文件存储以及后期数据查阅。

5. 安全管理

平台通过网页端与移动端相结合的方式实现工程现场情况实时记录反馈跟踪，相关责任到人，责任人员收到消息提醒后，及时进行整改。平台内设安全标准库，提供用户查看相关施工规范信息，同时与安全模块联动，整改过程中按安全标准库进行整改，并将整改后的情况以图片或视频的方式实时进行反馈，发布人员检验无误后，完成问题整改闭环。借助平台可实现现场风险交底，例如文档、二维码等交底方式，交底内容记录留存，可通过手机端随时查看交底情况，旨在增强现场施工人员的安全意识，实现安全施工管理。

6. 成本管理

BIM 技术能够实现项目成本的动态管理，将 BIM 模型数据和量价文件导入平台，自动实现与模型构件挂接，读取模型构件的项目编码、项目名称、项目特征、工程量、综合单价等构件信息，如图 7-38 所示。平台通过集成各类关键信息，可实现合同规范化管理，易于合同的维护和查询；可根据合同签订的不同，给予多种的支付方案，可配置预警线比例，实现对合同支付超标的预警，以柱状图的形式分析统计，快速实时掌握各类合同的履约情况，完成对项目签约、项目资金支出的管理，实现项目资金流的把控，如图 7-39 所示。

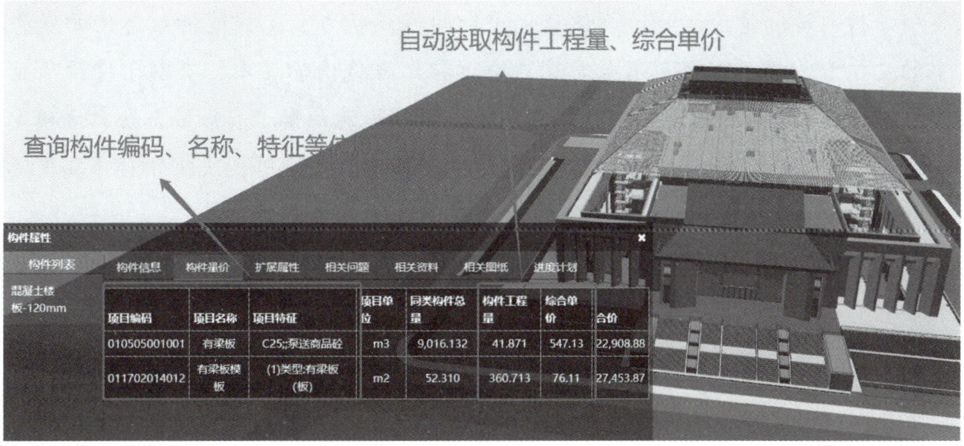

图 7-38　模型与算量工程量自动挂接

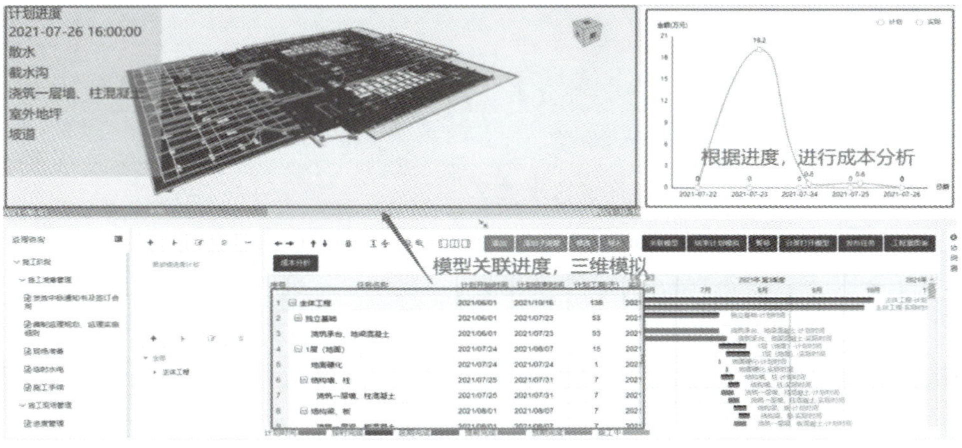

图 7-39　模型—进度—成本数据关联可视化

7. 资料管理

项目实施过程中各阶段的图纸 / 模型可根据阶段、专业进行自定义分类上传，通过网页端、移动端实时浏览查看，并通过手动归档或自动归档，归档到资料管理中进行统一管理；同时项目资料支持资料打包下载、分享、备份、排序等功能；项目资料实时上传，成果资料分类归档、共享，信息留痕、可追溯；文件管理可自定义文件夹目录进行文件归档，也可按照平台架构进行过程文件的自动归档；同时支持资料检索、预览、打印、下载。

◎ 本章小结

本章对工程造价信息化的内涵和重要性、发展历程、现状进行了梳理，并结合行业大环境和信息技术的发展，工程造价管理将朝着全面造价管理（全寿命期造价管理、全过程工程造价管理、全要素造价管理、全方位造价管理）、工程造价数据指标体系和数字造价管理发展。在未来造价管理中，工程造价信息占据举足轻重的地位，本章重点介绍了工程造价信息的概念和特点、分类及主要内容，从价格信息、工程造价指数、工程造价指标三个维度重点讲述造价信息的收集和分析，进一步为工程造价信息化平台的建设助力。工程造价信息化的发展离不开BIM 技术的支持和应用，BIM 可有效贯穿在全过程工程造价管理中，有助于建设项目全过程的造价控制、有助于造价管理水平提升、有助于造价数据的积累。有很多企业自主研发大力推进了工程造价信息化的发展，比如广联达、晨曦、斯维尔、鲁班等，及时了解市场上各平台的功能和使用，能让学生正确认识到信息化发展现状和未来发展趋势。

◎ 课后习题

简答题

1. 简述工程造价管理信息化发展历程。
2. 简述工程造价管理信息化发展趋势。
3. 简述工程造价信息的分类原则和具体分类。
4. 简述 BIM 技术对工程造价管理的价值。
5. 简述 BIM 技术在全过程工程造价管理中的应用。

◎ 思考与讨论

随着信息技术的发展，造价管理信息应用在现代工程建设中发挥着越来越重要的作用。从以下五个方面进行思考与讨论。

（1）信息化在造价管理中的应用：谈谈信息技术在工程造价管理中的应用及其优势。例如，BIM 技术在工程量计算、成本估算和进度管理等方面的应用。

（2）大数据与造价管理：大数据技术如何帮助提高工程造价管理的效率和准确性？请分享一些大数据在造价管理中的应用案例。

（3）云计算与造价管理：云计算如何为工程造价管理提供灵活、高效的解决方案？请谈谈云计算在造价管理中的应用前景和挑战。

（4）智能化造价管理系统：讨论智能化造价管理系统的设计理念、功能特点及其在实际工程中的应用。如何结合人工智能、机器学习等技术提升造价管理的智能化水平？

（5）信息安全与造价管理：在信息化背景下，如何确保工程造价管理的信息安全？请谈谈在造价管理信息应用中应注意的信息安全问题及其防范措施。

同时，思考并讨论在实际工程项目中，如何结合具体需求和实际情况，选择合适的信息技术和工具，提升工程造价管理的效率和准确性。并结合“工匠精神”，谈谈在信息化背景下如何坚守职业道德，确保工程造价管理的准确性和公正性。

此外，关注最新的信息技术发展动态，如 5G、物联网、区块链等，思考这些新技术如何与工程造价管理相结合，为未来的工程建设带来更大的便利和效益。

参考文献

[1] 全国造价工程师职业资格考试培训教材编审委员会 . 建设工程造价管理 [M]. 3 版 . 北京：中国计划出版社，2023.

[2] 全国造价工程师职业资格考试培训教材编审委员会 . 建设工程造价案例分析（土木建筑工程、安装工程）[M]. 北京：中国城市出版社，2023.

[3] 全国造价工程师职业资格考试培训教材编审委员会 . 建设工程计价 [M]. 北京：中国计划出版社，2023.

[4] 方春艳 . 工程结算与决算 [M]. 北京：中国电力出版社，2016.

[5] 李海凌，项勇 . 建设项目全过程造价管理 [M]. 北京：机械工业出版社，2021.

[6] 周慧玲，周仰东 . 建设项目全过程工程咨询实务 [M]. 北京：中国建筑工业出版社，2021.

[7] 李建峰，等 . 工程造价管理 [M]. 北京：机械工业出版社，2017.

[8] 中国建设工程造价管理协会 . 工程造价信息化建设战略研究报告 [M]. 北京：中国建筑工业出版社，2017.

[9] 惠雅莉 . BIM 建筑工程计量与计价实训（陕西版）[M]. 重庆：重庆大学出版社，2020.

[10] 肖玉锋 . 工程计量与变更签证 [M]. 北京：中国电力出版社，2015.